混凝土结构基本原理

主编 姚素玲 陈英杰

中国建材工业出版社

图书在版编目(CIP)数据

混凝土结构基本原理/姚素玲，陈英杰主编. —
北京：中国建材工业出版社，2015.7
ISBN 978-7-5160-1218-5

Ⅰ. ①混… Ⅱ. ①姚… ②陈… Ⅲ. ①混凝土结构
Ⅳ. ①TU37

中国版本图书馆 CIP 数据核字(2015)第 096237 号

内容简介

本书共分为 10 章，主要结合《混凝土结构设计规范》(GB 50010—2010)编写，内容包括：绪论，荷载和设计方法，混凝土结构材料的物理力学性能，钢筋混凝土轴心受力构件正截面承载力计算，钢筋混凝土受弯构件正截面承载力计算，钢筋混凝土偏心受力构件正截面承载力计算，钢筋混凝土斜截面承载力计算，钢筋混凝土受扭构件承载力计算，变形、裂缝，肋梁楼盖设计。书中例题和练习题有大量全国一级、二级注册结构工程师专业考试试题真题。

本书可作为高校土木工程专业、工程管理专业的专业基础课教材，也可作为注册考试的辅导用书，也可供从事混凝土结构设计、制作、施工等工程技术人员参考。

混凝土结构基本原理

主　编　姚素玲　陈英杰

出版发行 中国建材工业出版社
地　　址：北京市海淀区三里河路 1 号
邮　　编：100044
经　　销：全国各地新华书店
印　　刷：北京雁林吉兆印刷有限公司
开　　本：787mm×1092mm　1/16
印　　张：16.25
字　　数：402 千字
版　　次：2015 年 7 月第 1 版
印　　次：2015 年 7 月第 1 次
定　　价：40.00 元

本社网址：www.jccbs.com.cn　　微信公众号：zgjcgycbs
本书如出现印装质量问题，由我社网络直销部负责调换。联系电话：(010) 88386906

本书编委会

主编　姚素玲　陈英杰

参编　朱天志　邓西录　董艳英　金喜平

　　　　宋志斌　姜铭阅　辛亚军　王锦山

前　言

我想做一本教材，用一个案例讲解从内力计算到配筋设计的全过程；

我想做一本教材，不仅讲混凝土的基本知识，也讲抗震对相关内容的要求；

我想做一本教材，讲配筋要讲到能识读施工图的水平；

我想做一本教材，里面有大量一注结构、二注结构历年真题；

我想做一本教材，尽量用图说明问题。

我想做一本简易易懂的教材，没有太多的试验过程和理论分析，但有较多的结构设计和实践应用。

感谢中国建材工业出版社对我的支持和帮助，书中有一些简写，现说明如下：

(2013.1) 表示 2013 年全国一级注册结构工程师专业考试试题，(2013.2) 表示 2013 年全国二级注册结构工程师专业考试试题，以此类推。例如：【例 2-2】(2010.2)、【例 2-8】(2010.2)、【例 5-4】(2010.2)、【例 5-6】(2010.2)为 2010 年全国二级注册结构工程师专业考试试题。这几道例题讲体育场馆疏散外廊楼板设计(从荷载统计、内力计算、荷载组合到配筋设计)。书中像这样的例题和练习题还有很多。

由于作者的水平所限，错误之处在所难免，欢迎批评指正。

姚素玲

2015.1

中国建材工业出版社
China Building Materials Press

我们提供

图书出版、图书广告宣传、企业/个人定向出版、设计业务、企业内刊等外包、代选代购图书、团体用书、会议、培训，其他深度合作等优质高效服务。

编 辑 部
010-88385207

宣传推广
010-68361706

出版咨询
010-68343948

图书销售
010-88386906

设计业务
010-68361706

邮箱：jccbs-zbs@163.com　　网址：www.jccbs.com.cn

发展出版传媒　　服务经济建设

传播科技进步　　满足社会需求

目　录

1 绪 论

1.1 钢筋混凝土的一般概念

混凝土的抗压能力很好，抗拉能力却很弱，受拉很容易出现裂缝，出现裂缝即断裂，表现出明显的脆性。钢筋的抗压和抗拉能力都很好，在混凝土的受拉部位布置钢筋可以有效改善混凝土的受力性能。

如图 1-1 所示，两根简支梁，跨度 3m，截面尺寸 $b \times h = 150mm \times 300mm$，混凝土强度等级为 C20，一根为素混凝土梁，另一根在梁的受拉区配置了两根直径为 16mm 钢筋（HRB335 级，记作 2Φ16）的钢筋混凝土梁。由试验结果可知，素混凝土梁由于混凝土的抗拉强度很低，在荷载作用下，受拉区边缘混凝土一旦开裂，裂缝迅速发展，梁瞬时脆断而破坏[图 1-1(a)]，此时受压区混凝土的抗压强度还远远没有充分利用，梁的承载力很低，只有 10kN 左右。对于在受拉区配置钢筋的梁，当受拉区混凝土开裂后，裂缝不会迅速发展，裂缝截面处混凝土的拉力转由钢筋来承担，故荷载还可以进一步增加，直到加荷到 55.7kN 时，受拉钢筋的应力达到屈服强度，随后截面受压区混凝土被压碎，梁即被破坏。试件破坏前，裂缝充分发展，梁的变形迅速增大，有明显的破坏预兆[图 1-1(b)]。因此，在混凝土中配置一定数量的钢筋形成钢筋混凝土构件后，可以使构件的承载能力得到很大提高，构件的受力性能也得到明显改善[33]。

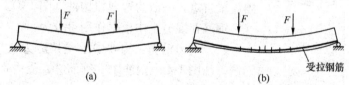

图 1-1[33]　素混凝土梁与钢筋混凝土梁的破坏情况对比
(a) 素混凝土梁；(b) 钢筋混凝土梁

钢筋和混凝土两种不同的材料之所以能共同工作、共同变形是因为：
①钢筋和混凝土之间有良好的粘结性能；
②钢筋和混凝土两种材料的温度线膨胀系数很接近。钢筋的线膨胀系数为 1.2×10^{-5}，混凝土的线膨胀系数为 $1.0 \times 10^{-5} \sim 1.5 \times 10^{-5}$，二者不会产生较大的温度应力。

1.2　钢筋混凝土构件

钢筋混凝土结构由不同的结构构件组合而成，这些构件主要有板、梁、柱、墙、楼梯、雨篷、基础等（图 1-2）。
（1）楼板：主要承担楼板面的荷载和楼板自重，为受弯构件；
（2）梁：主要承担楼板传来的荷载及梁自重，一般为弯剪构件，也可能是弯剪扭构件；

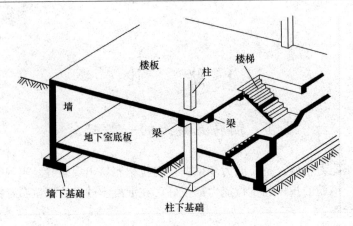

图 1-2[25]　多层钢筋混凝土结构房屋

（3）柱：主要承担梁传来的荷载及柱自重，一般为压弯构件；

（4）墙：主要承担楼板、梁、楼梯传来的荷载及墙体的自重，若埋在地下，还需承担土的侧向压，一般为压弯构件；

（5）墙下基础：主要承担墙传来的荷载并将其传给基础；

（6）柱下基础：主要承担柱传来的荷载并将其传给基础；

（7）楼梯：主要承担楼梯面的荷载及楼梯自重，一般为受弯构件；

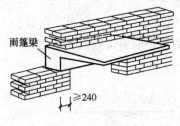

图 1-3　雨篷

（8）雨篷：主要承担雨篷面的荷载及雨篷自重，一般为受弯构件；

（9）雨篷梁：主要承担梁上墙段、雨篷传来的荷载及雨篷梁自重，一般为弯剪扭构件（图 1-3）。

钢筋在混凝土中根据作用可分为：

（1）受力钢筋：构件中承受拉应力或是承受压应力的钢筋，如图 1-4 中钢筋①、钢筋②。受力钢筋多数是直的，有时也有弯起的，称为弯起钢筋，如图 1-4 中钢筋②。

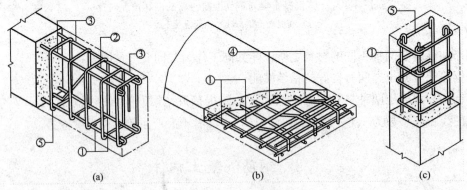

图 1-4[55]　钢筋的名称

（a）梁类；（b）板类；（c）柱类

（2）箍筋：箍筋的作用是固定受力钢筋，也用来承受外力所产生的剪力，如图 1-4 中钢筋⑤。

（3）架立钢筋：架立钢筋是用来固定箍筋间距不变的，使钢筋骨架更易成型，如图 1-4 中钢筋③。

（4）分布钢筋：分布钢筋一般用于板中，与板中的受力钢筋垂直放置，它是用来改善板的受力状况和固定受力钢筋的。如图 1-4 中钢筋④。

（5）其他构造钢筋：这种钢筋完全是根据构造要求设置的，如放射状分布筋、吊筋等。

1.3　学习本课程需要注意的问题

学习本课程需要注意的问题如下：

可能同学们已经习惯了 $1+1=2$，习惯了罗尔定理、拉格朗日定理，习惯了简支梁在均布荷载作用下跨中弯矩是 $ql^2/8$，……，这些都是固定的，没有变化的，答案是唯一的，自从牛顿发现三大定律，教材里有关三大定律的内容多少年来都没有变化过。

可混凝土配筋设计及结构设计不是这样的。本书涉及的国家规范大概每 10 年修订一次，某些内容的计算就会变化一次，混凝土的学习必须紧跟国家规范。

还有一点，设计不是唯一的，你们要学会说："这样是可以的。"

连续梁截面高度取跨度的 $1/10 \sim 1/18$，跨度为 8000mm 的梁，截面高度可以取 500mm，也可以取 700mm，这样是可以的。

若需要钢筋面积为 960mm²，你可以选配 2 Φ 25（$A_s=982$mm²），也可以选配 2 Φ 22＋1 Φ 16（$A_s=961.1$mm²），这样是可以的。

承受剪力的钢筋称为腹筋，有弯起钢筋和箍筋，你可以配弯起钢筋，也可以配箍筋，或者同时配弯起钢筋和箍筋，这样是可以的。

听到这里，同学们可能要问了，这样也行，那样也行，难道就没有最优的吗？确实有最优的，但如果你连是否可行都不能确定的话，你能找出哪个是最优的吗？

做工程设计不需要你有多聪明，只需要你有严谨的科学作风，知道有几种破坏模式，计算是针对哪种破坏模式，其他破坏模式采取什么措施予以避免就行了。

混凝土结构设计来源于实践，它的很多公式都是通过试验，进行数据分析得出的，还有很多内容（我们称作构造措施）干脆就是经验的累积，你不遵从就可能发生危险。

所以学混凝土结构，同学们要认真理解、记忆，理解公式，记忆繁复的构造措施。

2 荷载和设计方法

2.1 基本概念

2.1.1 作用、作用效应、抗力

1. 作用

国际标准《结构可靠性总原则》（ISO 2394：2008）和我国《工程结构可靠性设计统一标准》（GB 50153—2008）将作用定义为：施加在结构上的集中力或分布力（直接作用，也称为荷载）和引起结构外加变形或约束变形的原因（间接作用）。间接作用有地震、地基沉降、混凝土收缩和温度变化等。

结构上的作用按随时间的变异可分为：

（1）永久作用：在设计基准期内量值不随时间变化，或其变化与平均值相比可以忽略不计的作用。如结构自重、土压力、预应力等；水位不变的水压力为永久作用，水位变化的水压力为可变作用。

（2）可变作用：在设计基准期内量值随时间变化，且其变化与平均值相比不可忽略的作用。如楼面活荷载、风荷载、雪荷载、吊车荷载、温度作用等。

（3）偶然作用：在设计基准期内不一定出现，而一旦出现其量值很大且持续时间很短的作用。如爆炸力、撞击力等。

"设计基准期"是指为确定可变作用及与时间有关的材料性能等取值而选用的时间参数，例如建筑结构和港口结构的设计基准期为 50 年，桥梁结构为 100 年。设计基准期与设计使用年限有一定的联系，但两者并不完全相等。

2. 作用效应

由作用引起的结构或结构构件的反应，例如内力（如弯矩、剪力、轴力、扭矩）、变形（如挠度、转角）和裂缝等。

3. 抗力

结构或结构构件承受作用效应的能力，如承载能力等。

2.1.2 可靠性和可靠度

设计使用年限是指：设计规定的结构或结构构件不需进行大修即可按其预定目的使用的时期，结构的设计使用年限应按表 2-1 采用。

表 2-1 设计使用年限分类

类 别	设计使用年限（年）	示例
1	5	临时性结构
2	25	易于替换的结构构件
3	50	普通房屋和构筑物
4	100	纪念性建筑和特别重要的建筑结构

结构在规定的设计使用年限内应满足下列功能要求：

（1）安全性：即结构构件能承受在正常施工和正常使用时可能出现的各种作用，以及在设计规定的偶然事件发生时及发生后，仍能保持必需的整体稳定性。

（2）适用性：即在正常使用时，结构构件具有良好的工作性能，不出现过大的变形和过宽的裂缝。

（3）耐久性：即在正常的维护下，结构构件具有足够的耐久性能，不发生锈蚀和风化现象。

1. 可靠性

结构在规定的时间内，在规定的条件下，完成预定功能的能力。

2. 可靠度

结构在规定的时间内，在规定的条件下，完成预定功能的概率。

结构的可靠度是结构可靠性的概率度量。

所谓"规定的时间"是指"设计使用年限"；"规定的条件"是指正常设计、正常施工和正常使用，即不考虑人为过失的影响，人为过失应通过其他措施予以避免；"预定功能"是指结构的安全性、适用性和耐久性。

2.1.3 功能函数

设 R 为结构抗力，S 为作用效应，我们将

$$Z = R - S \qquad (2\text{-}1)$$

称为结构的功能函数。

（1）$Z > 0$，即结构抗力大于作用效应，意味着结构可靠；

（2）$Z < 0$，即结构抗力小于作用效应，意味着结构失效；

（3）$Z = 0$，即结构抗力等于作用效应，意味着结构处于极限状态。

结构抗力 R 和作用效应 S 均为随机变量，故功能函数 Z 也为随机变量。假定 R 和 S 是相互独立的，而且都服从正态分布（图 2-1），则功能函数 Z 也服从正态分布。记结构抗力 R 和作用效应 S 的平均值分别为 μ_R 和 μ_S，标准差分别为 σ_R 和 σ_S，则有

平均值： $$\mu_Z = \mu_R - \mu_S$$

标准差： $$\sigma_Z = \sqrt{\sigma_R^2 + \sigma_S^2}$$

图 2-2 为结构功能函数 Z 的分布曲线，纵坐标以左（$Z < 0$），即图中阴影部分为结构的失效概率，用 p_f 表示；纵坐标以右（$Z > 0$），即分布曲线和坐标轴所围成的面积为结构的可靠概率，用 p_s 表示。

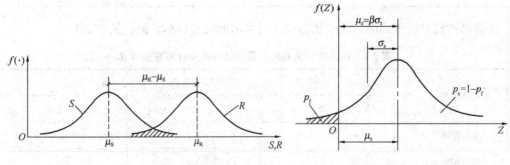

图 2-1　R 和 S 的概率密度函数　　　　图 2-2　Z 的概率密度函数

$$p_{\mathrm{f}} = \int_{-\infty}^{0} f(Z)\mathrm{d}Z \tag{2-2}$$

$$p_{\mathrm{s}} = \int_{0}^{+\infty} f(Z)\mathrm{d}Z \tag{2-3}$$

结构的失效概率 p_{f} 和可靠概率 p_{s} 的关系为

$$p_{\mathrm{f}} + p_{\mathrm{s}} = 1 \tag{2-4}$$

因此，在讨论结构的可靠性时，可以用可靠概率 p_{s} 来度量，也可以用失效概率 p_{f} 来度量。

2.1.4 可靠指标 β

令

$$\beta = \frac{\mu_{Z}}{\sigma_{Z}} \tag{2-5}$$

可以建立 β 与 p_{f} 数值上的对应关系（表2-2），β 越大，p_{f} 就越小，即结构越可靠。

表 2-2　可靠指标 β 与失效概率 p_{f} 的对应关系

β	2.7	3.2	3.7	4.2
p_{f}	3.5×10^{-3}	6.9×10^{-4}	1.1×10^{-4}	1.3×10^{-5}

我国规范采用可靠指标 β 来衡量结构的可靠度，β 可根据统计资料所得有关荷载效应 S 和结构抗力 R 的概率分布及相关统计参数（平均值、标准差）求得。

建筑结构设计时，应根据结构破坏可能产生的后果（危机人的生命、造成经济损失、产生社会影响等）的严重性，采用不同的安全等级，见表2-3。影剧院、体育馆和高层建筑等重要的工业与民用建筑的安全等级为一级，大量的一般工业与民用建筑的安全等级为二级，次要建筑的安全等级为三级。纪念性建筑及其他有特殊要求的建筑，其安全等级可按具体情况另行确定。

表 2-3　建筑结构的安全等级

安全等级	破坏后果	建筑物类型
一级	很严重	重要的房屋
二级	严重	一般的房屋
三级	不严重	次要的房屋

各类结构构件按承载能力极限状态设计时采用的可靠指标 β 值，见表2-4。

表 2-4　结构构件承载能力极限状态的设计可靠指标 β

破坏类型	安全等级		
	一级	二级	三级
延性破坏	3.7	3.2	2.7
脆性破坏	4.2	3.7	3.2

2.2 荷　载

2.2.1　荷载代表值

不同的荷载具有不同的性质和变异性，但在结构设计中，不可能直接引用反映荷载统计特性的各种参数来进行具体设计。因此，在设计时，对荷载应赋予一个规定的量值，称为荷载代表值。荷载可根据不同的设计要求，规定不同的代表值，以使之能确切反映其在设计中的特点。《建筑结构荷载规范》（GB 50009—2012）规定的荷载代表值有：标准值、组合值、频遇值和准永久值。

标准值：荷载的基本代表值，为设计基准期内最大荷载统计分布的特征值（例如均值、众值、中值或某个分位值）。

组合值：对可变荷载，使组合后的荷载效应在设计基准期内的超越概率，能与该荷载单独出现时的相应概率趋于一致的荷载值；或使组合后的结构具有统一规定的可靠指标的荷载值。

频遇值：对可变荷载，在设计基准期内，其超越的总时间为规定的较小比率或超越频率为规定频率的荷载值。

准永久值：对可变荷载，在设计基准期内，其超越的总时间约为设计基准期一半的荷载值。

1. 永久荷载

永久荷载采用标准值作为代表值。

自重是结构最主要的永久荷载。结构自重的标准值一般按结构设计图纸的尺寸和材料的平均重量密度计算。

当自重的变异性很小时，可取其平均值。对某些自重变异性较大的材料或结构，当其增加对结构不利时，采用高分位值作为标准值；当其增加对结构有利时，采用低分位值作为标准值。当结构的安全性受其自重控制且受变异性的影响非常敏感时，即使变异性很小也应采用两个标准值[13]。

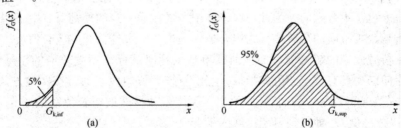

图 2-3[13]　结构或结构构件自重低分位值和高分位值的定义

（a）低分位值；（b）高分位值

2. 可变荷载

可变荷载的代表值包括标准值、组合值、频遇值和准永久值。可变荷载的标准值是确定其他荷载代表值的基础，其他代表值是以标准值为基础乘以适当的系数后得到的。在概念上，我国规定的荷载标准值与国外规范的荷载特征值（characteristic value）是相对应的[13]。

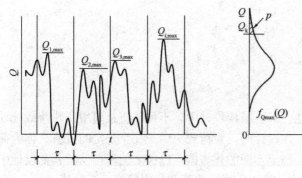

图 2-4[13]　设计基准期及可变荷载标准值的定义

（1）标准值

图 2-4 所示为可变荷载在一段时间内的变化历程。在未来的给定时间段中，荷载的变化过程是未知的，但服从其本身的统计规律。

结构的安全性与所取时间段内荷载的最大值有关，时间段越长，荷载出现更大值的机会越大。所以，定义可变荷载的标准值，首先需要规定一个固定的时间段，这一时间段称为结构设计基准期 T。如果将整个时间段划分为若干个小的时间段 τ（称为时段），且这些时间段足够长，使得不同时间段内的荷载最大值不相关（图 2-4），则在每一时段内荷载都会有一个极值，这样可得到一个极值荷载序列 $Q_{1,max}$，$Q_{2,max}$，$\cdots$，$Q_{n,max}$，根据荷载的最大值原理可得到设计基准期 T 内可变荷载最大值 $Q_{max} = \max（Q_{1,max}，Q_{2,max}，\cdots，Q_{n,max}）$ 的概率分布 $F_{Qmax}(Q)$ 或 $F_{QT}(Q)$，进而根据概率分布的统计特征值定义可变荷载的标准值 Q_k。最常用的统计特征值有平均值、中值（一组数中间的值）和众值（概率密度函数最大值对应的值），也可采用其他的指定概率的分位值[13]。

按上述方法定义荷载标准值时需要有足够的可变荷载统计资料，但一些荷载的统计资料很难获得或无法获得，在这种情况下，荷载标准值是根据经验确定的，称为荷载的名义值。按统计方法和经验方法确定的荷载值统称为可变荷载的标准值[13]。

在很多情况下，特别是对于自然荷载，如风、雪、洪水等，采用统计理论的重现期表达可变荷载的标准值 Q_k 可能更为方便，工程中习惯称为"T_R 年一遇"。如《建筑结构荷载规范》（GB 5009—2012）附录 E 中的风压和雪压。

（2）组合值

当两个或两个以上的可变荷载同时出现时，这些可变荷载同时达到设计基准期最大值（即标准值）的概率不大。在这种情况下，所有可变荷载均取标准值进行组合将会使设计过于保守，经济上也是不合理的。为此，在设计中需要按照一定的规则对其中一些可变荷载的标准值进行折减，折减后的荷载值称为组合值。理论上，可变荷载的组合值可按概率方法确定，使组合后荷载效应的超越概率与该荷载单独出现时其标准荷载效应的超越概率趋于一致，或组合后使结构具有规定的可靠指标；当没有统计资料时，通常按经验方法确定。《建筑结构荷载规范》（GB 5009—2012）中给出了不同可变荷载的组合值系数 ψ_c，将荷载组合值系数 ψ_c 乘以标准值 Q_k 即得到可变荷载的组合值[13]。

（3）频遇值

顾名思义，可变荷载的频遇值为结构设计基准期内会经常出现的值，其值显然比标准值小。《建筑结构荷载规范》（GB 5009—2012）中给出了不同可变荷载的频遇值系数 ψ_f，将频遇值系数 ψ_f 乘以标准值 Q_k 即得到荷载的频遇值。

（4）准永久值

如果考虑结构的长期性能，有必要将可变荷载折合为一个等效的永久荷载，相应的荷载值称为可变荷载的准永久值。可变荷载的准永久值为准永久值系数 ψ_q 乘以标准值 Q_k 即得到荷载的准永久值。

如前所述，荷载的标准值是在规定设计基准期内最大荷载的意义上确定的，相对整个设计基准期，荷载标准值的持续时间很短，因此当结构需要进行变形、裂缝、振动等正常使用极限状态计算时，如果仍取荷载标准值显然过于保守。根据荷载随时间变化的特性（此时可变荷载可认为是随机过程），在正常使用极限状态计算时，可取可变荷载超过某一水平的累积总持续时间的荷载值来进行计算（图 2-5），这就是采用可变荷载的频遇值和准永久值的目的，两者的区别只是超过某一荷载水平的累积总持续时间有所差别。频遇值总持续时间较短，准永久值总持续时间约为设计基准期的一半。

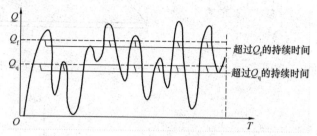

图 2-5[20]　可变荷载的频遇值和准永久值

图 2-6 表示了可变荷载标准值、组合值、频遇值和准永久值之间的关系，即标准值＞组合值＞频遇值＞准永久值。图 2-6 也给出了可变荷载的设计值 $\gamma_Q Q_k$。可变荷载设计值不属于可变荷载的代表值，它不是单独根据可变荷载统计特性和设计中对荷载取值的要求确定的，而是决定于规定的结构目标可靠指标，即取决于结构设计的安全水平[13]。

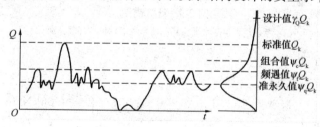

图 2-6[13]　可变荷载的代表值和设计值

【例 2-1】（2010.1）按我国现行规范的规定，试判断下列说法中何项不妥？
（A）材料强度标准值的保证率为 95％
（B）永久荷载的标准值的保证率一般为 95％
（C）活荷载的准永久值的保证率为 50％
（D）活荷载的频遇值的保证率为 95％

【解】（D）。活荷载的频遇值在设计基准期内，其超越的总时间为规定的较小比率。

【例 2-2】（2010.2）某滨海风景区体育建筑中的钢筋混凝土悬挑板疏散外廊如图 2-7 所示。挑板及栏板建筑面层做法为双面抹灰各 20mm。混凝土容重 25kN/m³，抹灰容重 20kN/m³。试确定悬挑板疏散外廊的计算简图并计算在各种荷载作用下的板端负弯矩标准值。

提示：①应考虑栏板活荷载参与组合；

②挑板计算长度 $l=1.5$m，栏板计算高度 $h=1.2$m。

9

【解】(1) 计算简图。取 1m 板带计算（图 2-8 阴影部分），计算简图如图 2-9 所示。

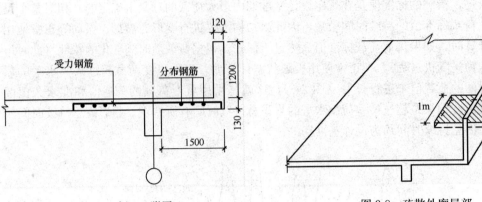

图 2-7 例 2-2 附图   图 2-8 疏散外廊局部

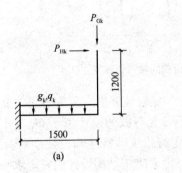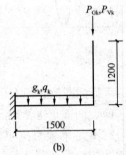

图 2-9 计算简图

（a）考虑栏板顶部水平荷载；（b）考虑栏板顶部竖向荷载

永久荷载标准值

混凝土楼板自重及抹灰

$$g_k = 25 \times 0.13 \times 1 + 20 \times 0.02 \times 1 \times 2 = 4.05 \text{kN/m}$$

栏板自重及抹灰

$$P_{Gk} = 25 \times 0.12 \times 1.2 \times 1 + 20 \times 0.02 \times 1.2 \times 1 \times 2 = 4.56 \text{kN}$$

可变荷载标准值

楼面活荷载标准值（组合值系数 0.7）

$$q_k = 3.5 \text{kN/m}$$

栏板顶部水平荷载标准值（组合值系数 0.7）

$$P_{Hk} = 1.0 \text{kN}$$

栏板顶部竖向荷载标准值（组合值系数 0.7）

$$P_{Vk} = 1.2 \text{kN}$$

栏板顶部水平荷载和竖向荷载分别考虑。

(2) 支座负弯矩标准值

永久荷载产生的弯矩标准值

$$M_{gk} = \frac{1}{2} g_k l_0^2 = \frac{1}{2} \times 4.05 \times 1.5^2 = 4.556 \text{kN} \cdot \text{m}$$

$$M_{PGk} = P_{Gk}l_0 = 4.56 \times 1.5 = 6.840 \text{kN} \cdot \text{m}$$

可变荷载产生的弯矩标准值

$$M_{qk} = \frac{1}{2}q_k l_0^2 = \frac{1}{2} \times 3.5 \times 1.5^2 = 3.938 \text{kN} \cdot \text{m}$$

$$M_{PHk} = P_{Hk} \times 1.2 = 1 \times 1.2 = 1.20 \text{kN} \cdot \text{m}$$

$$M_{PVk} = P_{Vk} \times l_0 = 1.2 \times 1.5 = 1.80 \text{kN} \cdot \text{m}$$

2.3 概率极限状态设计方法

2.3.1 极限状态的定义与分类

前面从可靠度的概念出发，引出了失效概率，再从失效概率出发，引出了可靠指标。照理说，根据可靠指标便可以进行结构设计。然而，按可靠指标设计在概念上虽然比较合理，但计算过程复杂，而且需要掌握足够的实测数据，包括各种影响因素的统计特征值，这只有在比较简单的情况下才可以确定。还有许多因素具有不定性，暂时还不能用统计方法确定，因此直接采用可靠度理论或可靠指标的设计方法不能普遍用于实际工程中[29]。

为了方便工程设计，《建筑结构荷载规范》（GB 5009—2012）以可靠度理论为基础，以标准值和分项系数等实现极限状态设计方法。这种极限状态设计方法是以结构的功能函数为目标函数，以概率论为分析方法，故称为概率极限状态设计方法。

1. 极限状态的定义

整个结构或结构的一部分，超过某一特定状态就不能满足设计规定的某一功能（安全、适用或耐久）要求，此特定状态称为该功能的极限状态。

2. 极限状态的分类

《建筑结构荷载规范》（GB 5009—2012）将结构的极限状态分为两类：

（1）承载能力极限状态

结构或结构构件达到最大承载力、出现疲劳破坏、发生不适于继续承载的变形或因结构局部破坏而引发的连续倒塌。

（2）正常使用极限状态

结构或结构构件达到正常使用的某项规定限值或耐久性能的某种规定状态。

2.3.2 按承载力极限状态的计算方法

1. 承载力极限状态的计算方法

混凝土结构的承载能力极限状态计算应包括下列内容：

（1）结构构件应进行承载力（包括失稳）计算；

（2）直接承受重复荷载的构件应进行疲劳验算；

（3）有抗震设防要求时，应进行抗震承载力计算；

（4）必要时尚应进行结构的倾覆、滑移、漂浮验算；

（5）对于可能遭受偶然作用，且倒塌可能引起严重后果的重要结构，宜进行防连续倒塌设计。

2. 承载力极限状态的计算公式

对于承载能力极限状态，应按荷载的基本组合或偶然组合计算荷载组合的效应设计值。

不考虑地震作用时，应采用下列设计表达式进行设计

$$\gamma_0 S_d \leqslant R_d \tag{2-6}$$

式中　γ_0——结构重要性系数，应按各有关建筑结构设计规范的规定采用；《混凝土结构设计规范》（GB 50010—2010）规定：在持久设计状况和短暂设计状况下，对安全等级为一级的结构构件不应小于 1.1，对安全等级为二级的结构构件不应小于 1.0，对安全等级为三级的结构构件不应小于 0.9，对地震设计状况下应取 1.0；

　　S_d——荷载组合的效应设计值，即轴向力、弯矩、剪力、扭矩等的设计值；

　　R_d——结构构件抗力的设计值，即结构构件承载力设计值，应按各有关建筑结构设计规范的规定确定。

考虑地震作用时，应采用下列设计表达式进行设计

$$S_d \leqslant \frac{R_d}{\gamma_{RE}} \tag{2-7}$$

式中　γ_{RE}——承载力抗震调整系数，按表 2-5 采用；

表 2-5[1]　承载力抗震调整系数 γ_{RE}

结构构件类别	正截面承载力计算					斜截面承载力计算	受冲切承载力计算	局部受压承载力计算
	受弯构件	偏心受压柱		偏心受拉构件	剪力墙	各类构件及框架节点		
		轴压比小于 0.15	轴压比不小于 0.15					
γ_{RE}	0.75	0.75	0.8	0.85	0.85	0.85	0.85	1.0

1）基本组合

（1）对于基本组合，不考虑地震作用时，荷载效应的设计值 S_d 应从下列组合值中取最不利值确定。

① 由可变荷载控制的效应设计值：

$$S_d = \sum_{j=1}^{m} \gamma_{G_j} S_{G_jk} + \gamma_{Q_1} \gamma_{L_1} S_{Q_1k} + \sum_{i=2}^{n} \gamma_{Q_i} \gamma_{L_i} \psi_{c_i} S_{Q_ik} \tag{2-8}$$

$\gamma_{G_j} = 1.2$ 或 1.0，$\gamma_{Q_i} = 1.4$ 或 1.3。

② 由永久荷载控制的效应设计值：

$$S_d = \sum_{j=1}^{m} \gamma_{G_j} S_{G_jk} + \sum_{i=1}^{n} \gamma_{Q_i} \gamma_{L_i} \psi_{c_i} S_{Q_ik} \tag{2-9}$$

$\gamma_{G_j} = 1.35$，$\gamma_{Q_i} = 1.4$ 或 1.3。

式中　γ_{G_j}——第 j 个永久荷载的分项系数，当永久荷载效应对结构不利时，对由可变荷载效应控制的组合应取 1.2，对由永久荷载效应控制的组合应取 1.35；当永久荷载效应对结构有利时应取 1.0；对结构的倾覆、滑移或漂浮验算，荷载的分项系数应按有关的结构设计规范的规定采用；

　　γ_{Q_i}——第 i 个可变荷载的分项系数，其中 γ_{Q_1} 为主导可变荷载 Q_1 的分项系数；一般

情况下取 1.4；对标准值大于 $4kN/m^2$ 的工业房屋楼面结构的活荷载取 1.3；

γ_{L_i}——第 i 个可变荷载考虑设计使用年限的调整系数，其中 γ_{L_1} 为主导可变荷载 Q_1 考虑设计使用年限的调整系数。楼面和屋面活荷载，结构设计使用年限为 5 年时取 0.9；50 年时取 1.0；100 年时取 1.1；雪荷载和风荷载，应取重现期为设计使用年限；对于荷载标准值可控制的活荷载（例如楼面活荷载中的书库、储藏室、机房、停车库以及工业楼面均布活荷载）γ_{L_i} 取 1.0；

$S_{G_j k}$——按第 j 个永久荷载标准值 G_{jk} 计算的荷载效应值；

$S_{Q_i k}$——按第 i 个可变荷载标准值 Q_{ik} 计算的荷载效应值，其中 $S_{Q_1 k}$ 为诸可变荷载效应中期控制作用者；

ψ_{ci}——第 i 个可变荷载 Q_i 的组合值系数，风荷载组合值系数取 0.6，楼面活荷载组合值系数见附录 B，其中绝大部分楼面活荷载组合值系数取 0.7，书库、档案库、贮藏室、通风机房、电梯机房因其楼面活载较大，且存在时间较长，其组合值系数取 0.9；

m——参与组合的永久荷载数；

n——参与组合的可变荷载数。

对于民用建筑的楼板来说，只有恒载和楼面活载，若设计使用年限为 50 年，则式（2-8）和式（2-9）可以写成：

$$S_d = 1.2(或 1.0)S_{Gk} + 1.4S_{Qk} \tag{2-10}$$

$$S_d = 1.35S_{Gk} + 1.4 \times 0.7 \times S_{Qk} \tag{2-11}$$

民用建筑的框架梁和框架柱除了受到恒载和楼板传来的楼面活载作用外，还受到风荷载作用，若设计使用年限为 50 年，则式（2-8）和式（2-9）可以写成：

$$S_d = 1.2(或 1.0)S_{Gk} + 1.4S_{Qk} + 1.4 \times 0.6 \times S_{wk} \tag{2-12}$$

或

$$S_d = 1.2(或 1.0)S_{Gk} + 1.4S_{wk} + 1.4 \times 0.7 \times S_{Qk} \tag{2-13}$$

和

$$S_d = 1.35S_{Gk} + 1.4 \times (0.7 \times S_{Qk} + 0.6 \times S_{wk}) \tag{2-14}$$

注：若为书库、档案库、贮藏室、通风机房、电梯机房，式（2-10）～（2-14）中楼面活载组合值系数取 0.7 的场合应取为 0.9。

（2）对于基本组合，考虑地震作用时，荷载效应的设计值 S_d 应按下式计算：

$$S_d = \gamma_G S_{GE} + \gamma_{Eh} S_{Ehk} + \gamma_{Ev} S_{Evk} + \psi_w \gamma_w S_{wk} \tag{2-15}$$

式中　S_{GE}——重力荷载代表值的效应；

S_{Ehk}——水平地震作用标准值的效应；

S_{Evk}——竖向地震作用标准值的效应；

γ_G——重力荷载分项系数，一般情况应采用 1.2，当重力荷载效应对构件承载能力有利时，不应大于 1.0；

γ_{Eh}、γ_{Ev}——分别为水平、竖向地震作用分项系数，见表 2-6；

γ_w——风荷载分项系数，应采用 1.4；

ψ_w——风荷载组合值系数，应取 0.20。

计算地震作用时，楼面活荷载和构件自重放在一起考虑，称为重力荷载代表值，其值取永久荷载标准值和可变荷载组合值之和。可变荷载组合值系数应按下列规定采用：

① 不考虑屋面活荷载，即屋面活荷载的组合值系数取 0.0；

② 雪荷载取 0.5；

③ 楼面活荷载按等效均布活荷载计算时，一般民用建筑取 0.5，藏书库、档案库、库房取 0.8；楼面活荷载按实际情况计算时取 1.0。

表 2-6[4]　考虑地震作用时荷载和作用的分项系数

参与组合的荷载和作用	γ_G	γ_{Eh}	γ_{Ev}	γ_w	说　明
重力荷载及水平地震作用	1.2	1.3	—	—	抗震设计的高层建筑结构均应考虑
重力荷载及竖向地震作用	1.2	—	1.3	—	9 度抗震设计时考虑；水平长悬臂和大跨度结构 7 度（0.15g）、8 度、9 度抗震设计时考虑
重力荷载、水平地震作用及竖向地震作用	1.2	1.3	0.5	—	9 度抗震设计时考虑；水平长悬臂和大跨度结构 7 度（0.15g）、8 度、9 度抗震设计时考虑
重力荷载、水平地震作用及风荷载	1.2	1.3	—	1.4	60m 以上的高层建筑考虑
重力荷载、水平地震作用、竖向地震作用及风荷载	1.2	1.3	0.5	1.4	60m 以上的高层建筑，9 度抗震设计时考虑；水平长悬臂和大跨度结构 7 度（0.15g）、8 度、9 度抗震设计时考虑
	1.2	0.5	1.3	1.4	水平长悬臂和大跨度结构 7 度（0.15g）、8 度、9 度抗震设计时考虑

注：当重力荷载效应对构件承载力有利时，表中 γ_G 不应大于 1.0。

假设荷载设计值取值越大越不利，且重力荷载效应起不利作用时，由表 2-6 可得不同结构需计算的荷载组合：

① 普通结构

$$S_d = 1.2S_{GE} + 1.3S_{Ehk}$$

② 设防烈度为 9 度时的结构

$$S_d = 1.2S_{GE} + 1.3S_{Evk}$$

$$S_d = 1.2S_{GE} + 1.3S_{Ehk} + 0.5S_{Evk}$$

③ 60m 以上的高层建筑

$$S_d = 1.2S_{GE} + 1.3S_{Ehk} + 1.4 \times 0.2 \times S_{wk}$$

④ 60m 以上的高层建筑，且设防烈度为 9 度时

$$S_d = 1.2S_{GE} + 1.3S_{Evk}$$

$$S_d = 1.2S_{GE} + 1.3S_{Ehk} + 0.5S_{Evk} + 1.4 \times 0.2 \times S_{wk}$$

⑤ 水平长悬臂和大跨度结构，且设防烈度为 7 度（0.15g）、8 度、9 度时

$$S_d = 1.2S_{GE} + 1.3S_{Ehk} + 0.5S_{Evk} + 1.4 \times 0.2 \times S_{wk}$$

$$S_d = 1.2S_{GE} + 0.5S_{Ehk} + 1.3S_{Evk} + 1.4 \times 0.2 \times S_{wk}$$

2）偶然组合

承载能力极限状态除了基本组合外，还有偶然组合，可按下列规定采用：

① 用于承载能力极限状态计算的效应设计值，应按下式进行计算：

$$S_d = \sum_{j=1}^m S_{G_j k} + S_{A_d} + \psi_{f_1} S_{Q_1 k} + \sum_{i=2}^n \psi_{q_i} S_{Q_i k} \tag{2-16}$$

式中　S_{A_d}——按偶然荷载标准值 A_d 计算的荷载效应值；

ψ_{f_1}——第 1 个可变荷载的频遇值系数；

ψ_{q_i}——第 i 个可变荷载的准永久值系数。

② 用于偶然事件发生后受损结构整体稳定性验算的效应设计值，应按下式进行计算：

$$S_d = \sum_{j=1}^{m} S_{G_j k} + \psi_{f_1} S_{Q_1 k} + \sum_{i=2}^{n} \psi_{q_i} S_{Q_i k} \tag{2-17}$$

【例 2-3】 某教学楼位于非地震区，设计使用年限为 50 年。二层某梁梁端的部分中间计算结果见表 2-7，试计算该梁端弯矩设计值。

表 2-7 例 2-3 附表

荷载	恒荷载	楼面活荷载	风荷载
梁端弯矩标准值（kN·m）	10	12	4

分析：从题目中不能看出是可变荷载起控制作用还是永久荷载起控制作用。可变荷载有两个：楼面活荷载和风荷载，也无法判断哪个为主导荷载，那就把各种组合都计算出来，然后选一个最不利的作为设计值。

【解】① 由可变荷载控制的梁端弯矩设计值：

楼面活荷载为主导荷载时：

$$1.2 \times 10 + 1.4 \times 12 + 1.4 \times 0.6 \times 4 = 32.16 \text{kN·m}$$

风荷载为主导荷载时：

$$1.2 \times 10 + 1.4 \times 4 + 1.4 \times 0.7 \times 12 = 29.36 \text{kN·m}$$

② 由永久荷载控制的梁端弯矩设计值：

$$1.35 \times 10 + 1.4 \times (0.7 \times 12 + 0.6 \times 4) = 28.62 \text{kN·m}$$

取较大值，故该梁的梁端弯矩设计值为 32.16kN·m。

【例 2-4】 某三层书库采用钢筋混凝土框架结构，设计使用年限为 100 年，首层某根梁在恒载作用下的跨中弯矩标准值为 100kN·m，在楼面活载作用下的跨中弯矩标准值为 200kN·m，试计算该梁跨中弯矩设计值。

【解】设计使用年限为 100 年，因是书库，故 $\gamma_L = 1.0$，$\psi_c = 0.9$

① 由可变荷载控制的跨中弯矩设计值：

$$1.2 \times 100 + 1.4 \times 1.0 \times 200 = 400 \text{kN·m}$$

② 由永久荷载控制的跨中弯矩设计值：

$$1.35 \times 100 + 1.4 \times 1.0 \times 0.9 \times 200 = 387 \text{kN·m}$$

取较大值，故该梁的跨中弯矩设计值为 400kN·m。

【例 2-5】 某工厂工作平台净重 5.4kN/m²，活荷载 2.0kN/m²，组合值系数为 0.7。设计年限 50 年。求荷载组合设计值。

【解】① 由可变荷载控制的荷载设计值：

$$1.2 \times 5.4 + 1.4 \times 2.0 = 9.28 \text{kN/m}^2$$

② 由永久荷载控制的荷载设计值：

$$1.35 \times 5.4 + 1.4 \times 0.7 \times 2 = 9.25 \text{kN/m}^2$$

取较大值，故该工作平台的荷载设计值为 9.28kN/m²。

讨论：该题目中永久荷载比可变荷载大许多，但还是不能起控制作用，那么情况下永久荷载才能起控制作用呢?

先假定几个前提条件:

① 设计使用年限为 50 年;

② 只有 1 个可变荷载和 1 个永久荷载;

③ 可变荷载的组合值系数为 0.7。

永久荷载起控制作用时要求 $1.35S_{Gk} + 1.4 \times 0.7S_{Qk} \geqslant 1.2S_{Gk} + 1.4S_{Qk}$,即

$$S_{Gk} \geqslant 2.8S_{Qk} \qquad (2\text{-}18)$$

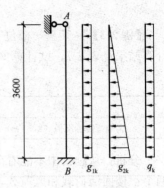

【例 2-6】(2011.1) 某多层现浇钢筋混凝土结构,设两层地下车库,设计年限为 50 年。假定地下一层外墙简化为上端铰接、下端刚接的受弯构件进行计算,如图 2-10 所示。取每延米宽为计算单元,由土压力产生的均布荷载标准值 $g_{1k}=10kN/m$,由土压力产生的三角形荷载标准值 $g_{2k}=33kN/m$,由地面活荷载产生的均布荷载标准值 $q_k=4kN/m$。试问,该墙体下端截面支座弯矩设计值 $M_B(kN \cdot m)$ 与下列何项数值最为接近?

图 2-10　例 2-6 附图

提示:① 活荷载组合值系数 $\psi_c=0.7$,不考虑地下水压力的作用;

② 均布荷载 q 作用下 $M_B = \frac{1}{8}ql^2$,三角形荷载 q 作用下 $M_B = \frac{1}{15}ql^2$。

(A) 46　　　　(B) 53　　　　(C) 63　　　　(D) 66

【解】(D)

土压力是随时间单调变化而能趋于限值的荷载,故可作为永久荷载。

由均布土压力产生的 B 端弯矩标准值为:

$$M_{G_1k} = \frac{1}{8}ql^2 = \frac{1}{8} \times 10 \times 3.6^2 = 16.2kN \cdot m$$

由三角形土压力产生的 B 端弯矩标准值为:

$$M_{G_2k} = \frac{1}{15}ql^2 = \frac{1}{15} \times 33 \times 3.6^2 = 28.51kN \cdot m$$

由均布地面活荷载产生的 B 端弯矩标准值为:

$$M_{Qk} = \frac{1}{8}ql^2 = \frac{1}{8} \times 4 \times 3.6^2 = 6.48kN \cdot m$$

可变荷载起控制作用的组合:

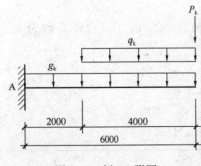

$$M_B = 1.2 \times 16.2 + 1.2 \times 28.51 + 1.4 \times 6.48$$
$$= 62.72kN \cdot m$$

永久荷载起控制作用的组合:

$$M_B = 1.35 \times (16.2 + 28.51) + 1.4 \times 0.7 \times 6.48$$
$$= 66.7kN \cdot m$$

取较大值 $M_B = 66.7kN \cdot m$

【例 2-7】(2011.2) 某钢筋混凝土 T 形悬臂梁,安全等级为二级,设计使用年限为 50 年,不考虑抗震设计。荷载简图如图 2-11 所示,梁上作用有均布恒载标

图 2-11　例 2-7 附图

准值 g_k（已计入梁自重），局部均布活载标准值 q_k，集中恒载标准值 P_k。

已知：$g_k = 15kN/m$，$q_k = 6kN/m$，$P_k = 20kN$，活荷载的分项系数为 1.4，活荷载的组合值系数为 0.7。试问，构件承载能力设计时，悬臂梁根部截面按荷载效应组合的最大弯矩设计值 M_A（kN·m）与下列何项数值最为接近？

(A) 580   (B) 600   (C) 620   (D) 640

【解】（C）

均布恒载 g_k 在 A 端产生的弯矩标准值：

$$M_{G_1k} = \frac{1}{2}g_k l^2 = \frac{1}{2} \times 15 \times 6^2 = 270kN \cdot m$$

集中恒载 P_k 在 A 端产生的弯矩标准值：

$$M_{G_2k} = P_k l = 20 \times 6 = 120kN \cdot m$$

局部活载 q_k 在 A 端产生的弯矩标准值：

$$M_{Qk} = 6 \times 4 \times 4 = 96kN \cdot m$$

可变荷载起控制作用的组合：

$$M_A = 1.2 \times (270 + 120) + 1.4 \times 96 = 602.4kN \cdot m$$

永久荷载起控制作用的组合：

$$M_A = 1.35 \times (270 + 120) + 1.4 \times 0.7 \times 96 = 620.58kN \cdot m$$

取较大值 $M_A = 620.58kN \cdot m$

【例 2-8】（2010.2）已知条件同例 2-2

当按可变荷载效应控制的组合计算时，试问，悬挑板按每延米宽计算的支座负弯矩设计值 M（kN·m），与下列何项数值最为接近？

提示：① 应考虑栏板活荷载参与组合；

         ② 挑板计算长度 $l = 1.5m$，栏板计算高度 $h = 1.2m$。

(A) 18   (B) 19   (C) 20   (D) 21

【解】（D）

可变荷载控制的组合

图 2-9（a）：因 M_{qk} 和 M_{PHk} 的组合值系数都是 0.7，故谁大谁起控制作用。

$M = 1.2 \times 4.556 + 1.2 \times 6.84 + 1.4 \times 3.938 + 1.4 \times 0.7 \times 1.2 = 20.36kN \cdot m$

图 2-9（b）：$M_{qk} > M_{PVk}$，M_{qk} 起控制作用。

$M = 1.2 \times 4.556 + 1.2 \times 6.84 + 1.4 \times 3.938 + 1.4 \times 0.7 \times 1.8 = 20.95kN \cdot m$

取较大值，$M = 20.95kN \cdot m$。

【例 2-9】某四层现浇钢筋混凝土框架结构，设计使用年限为 50 年。某柱的中间计算过程见表 2-8，试求该柱的轴向压力设计值。

表 2-8 例 2-9 附表

荷载作用	恒荷载	楼面活荷载	水平地震作用
柱顶轴力标准值（kN）	7400	2000	500

提示：① 计算重力荷载代表值时楼面活荷载的组合值系数取 0.5，其他情况下取 0.7；

         ② 不考虑风荷载。

【解】 应分别计算不考虑地震和考虑地震的组合，取最不利值。

（1）不考虑地震的组合
$$N_{Gk} = 7400\text{kN} \geqslant 2.8 N_{Qk} = 2.8 \times 2000 = 5600\text{kN}$$

故永久荷载起控制作用
$$N = 1.35 \times 7400 + 1.4 \times 0.7 \times 2000 = 11950\text{kN}$$

（2）考虑地震作用的组合

首先形成重力荷载代表值的效应
$$N_{GE} = 7400 + 0.5 \times 2000 = 8400\text{kN}$$

轴向力设计值为
$$N = 1.2 \times 8400 + 1.3 \times 500 = 10730\text{kN}$$

取最大值，该柱的轴压力设计值为 11950kN。

【例2-10】（2011.2）某8层办公楼，采用现浇钢筋混凝土框架结构，高30m，设防烈度为8度，已知二层某跨框架边梁AB，在地震作用及各类荷载作用下B端的弯矩标准值如表2-9所示。试问，AB梁B端考虑地震作用组合的最不利弯矩设计值 M_B（kN·m）与下列何项数值最为接近？

（A）−430   （B）−440   （C）−530   （D）−540

表2-9　例2-10附表

荷载	恒荷载	楼面活荷载	风荷载	水平地震作用
B端弯矩标准值（kN·m）	−65	−20	±70	±260

【解】（A）

按照题意，只计算考虑地震作用的组合；

高度不足60m，不用考虑风荷载；

首先形成重力荷载代表值的效应，活载的组合值系数取0.5；
$$M_{GE} = -65 + 0.5 \times (-20) = -75\text{kN·m}$$

考虑地震作用组合的B端弯矩设计值
$$M_B = 1.2 \times (-75) + 1.3 \times (-260) = -428\text{kN·m}$$

2.3.3　按正常使用极限状态的验算方法

混凝土结构构件应根据其使用功能及外观要求，按下列规定进行正常使用极限状态验算：

（1）对需要控制变形的构件，应进行变形验算；

（2）对不允许出现裂缝的构件，应进行混凝土拉应力验算；

（3）对允许出现裂缝的构件，应进行受力裂缝宽度验算；

（4）对舒适度有要求的楼盖结构，应进行竖向自振频率验算。

对于正常使用极限状态，应根据不同的设计要求，采用荷载的标准组合、频遇组合或准永久组合，并应按下列设计表达式进行设计：

$$S_d \leqslant C \tag{2-19}$$

式中　S_d——变形、裂缝等荷载效应的设计值；

C——结构或结构构件达到正常使用要求的规定限值，例如变形、裂缝、振幅、加速度、应力等的限值，应按有关建筑结构设计规范的规定采用。

变形、裂缝等荷载效应的设计值 S_d 应符合下列规定：

① 标准组合：
$$S_d = \sum_{j=1}^{m} S_{G_jk} + S_{Q_1k} + \sum_{i=2}^{n} \psi_{c_i} S_{Q_ik} \tag{2-20}$$

② 频遇组合：
$$S_d = \sum_{j=1}^{m} S_{G_jk} + \psi_{f_1} S_{Q_1k} + \sum_{i=2}^{n} \psi_{q_i} S_{Q_ik} \tag{2-21}$$

③ 准永久组合：
$$S_d = \sum_{j=1}^{m} S_{G_jk} + \sum_{i=1}^{n} \psi_{q_i} S_{Q_ik} \tag{2-22}$$

【例 2-11】 **（2012.2）** 某 2 层钢筋混凝土办公楼浴室的简支楼面梁，安全等级为二级，从属面积为 $13.5mm^2$，计算跨度为 6.0m，梁上作用恒荷载标准值 $g_k = 14.0kN/m$（含梁自重），按等效均布荷载计算的梁上活荷载标准值 $p_k = 4.5kN/m$，如图 2-12 所示。试问，梁跨中弯矩基本组合设计值 M（kN·m）、标准组合设计值 M_k（kN·m）、准永久组合设计值 M_q（kN·m）分别与下列何项数值最为接近？

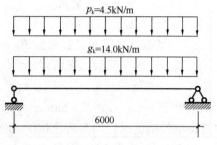

图 2-12　【例 2-11】附图

(A) $M = 105$，$M_k = 83$，$M_q = 71$　　　　(B) $M = 104$，$M_k = 77$，$M_q = 63$

(C) $M = 105$，$M_k = 83$，$M_q = 63$　　　　(D) $M = 104$，$M_k = 83$，$M_q = 73$

【解】 根据《建筑结构荷载规范》（GB 5009—2012）（或附录 B），办公楼浴室活荷载组合值系数取 0.7、准永久值系数取 0.5。

梁的从属面积 $13.5m^2 < 25.0m^2$，不用考虑活荷载的折减。

恒载作用下跨中弯矩标准值：
$$M_{gk} = \frac{1}{8} \times 14 \times 6^2 = 63kN·m$$

活载作用下跨中弯矩标准值：
$$M_{pk} = \frac{1}{8} \times 4.5 \times 6^2 = 20kN·m$$

基本组合

可变荷载起控制作用的组合：
$$1.2 \times 63 + 1.4 \times 20 = 104kN·m$$

永久荷载起控制作用的组合：
$$1.35 \times 63 + 1.4 \times 0.7 \times 20 = 105kN·m$$

取较大值 $M = 105kN·m$

标准组合
$$63 + 20 = 83kN·m$$

准永久组合
$$63 + 0.5 \times 20 = 73kN·m$$

2012 年的注册结构考试按《建筑结构荷载规范》（GB 5009—2001）计算，在《建筑结构荷载规范》（GB 5009—2001）中，办公楼浴室活荷载准永久值系数取 0.4，答案选（A），有兴趣的同学自己算一下。

习　　题

2-1 （2011.2）一片高 1000mm、宽 6000mm、厚 370mm 的墙体，如图 2-13 所示，墙面一侧承受水平荷载标准值：$g_k=2.0\text{kN/m}^2$（静荷载）、$q_k=1.0\text{kN/m}^2$（活荷载），墙体嵌固在底板顶面处，不考虑墙体自重产生的轴力影响。试问，该墙的墙底截面的弯矩设计值及剪力设计值（kN·m；kN）与下列何项数值最为接近？

提示：取 1m 长墙体计算。

(A) 1.9；1.9　　　(B) 1.9；3.8　　　(C) 3.8；1.9　　　(D) 3.8；3.8

2-2 某钢筋混凝土梁截面为 300mm×600mm，混凝土为 C30，该梁计算简图如图 2-14 所示，其中，永久荷载标准值 $G_k=20\text{kN}$，活荷载标准值 $Q_k=10\text{kN}$；永久荷载标准值 $g_k=5.5\text{kN/m}$（含梁的自重），活荷载标准值 $q_k=1.5\text{kN/m}$。该梁的挠度限值为 $[f]=l_0/300$，短期刚度 $B_s=65\times10^{12}\text{N·mm}^2$，考虑荷载长期作用对挠度增大的影响系数 $\theta=1.85$，试问，验算该梁的挠度时，均布荷载和集中荷载作用下跨中弯矩分别为多少？

提示：① 活荷载的准永久值系数取 0.4；

② 均布荷载作用下 $f=\dfrac{5ql^4}{384EI}=\dfrac{5l^2}{48B}\times M_{max}$，跨中集中荷载作用下 $f=\dfrac{Pl^3}{48EI}=\dfrac{l^2}{12B}M_{max}$

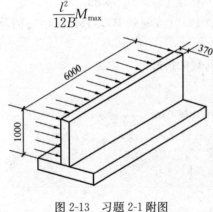

图 2-13　习题 2-1 附图

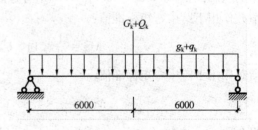

图 2-14　习题 2-2 附图

3　混凝土结构材料的物理力学性能

3.1　混　凝　土

《混凝土结构设计规范》（GB 50010—2010）规定：混凝土强度等级应按立方体抗压强度标准值（$f_{cu,k}$）确定。

立方体抗压强度标准值是指：按标准方法制作、养护的边长为 150mm 的立方体试件（20℃±2℃、湿度不小于 95％），在龄期 28d 或设计规定的龄期（例如 60d、90d 或 180d）测得的具有 95％保证率的抗压强度值。例如，对于强度等级为 C30 的混凝土，即相当于 $f_{cu,k}=30\text{N}/\text{mm}^2$。《混凝土结构设计规范》（GB 50010—2010）规定的混凝土强度等级有 C15、C20、C25、C30、C35、C40、C45、C50、C55、C60、C65、C70、C75 和 C80，共 14 个等级。其中，C50～C80 属高强度混凝土范畴。

3.1.1　混凝土的强度等级

1. 轴心抗压强度

在实际工程中，一般的受压构件不是立方体而是棱柱体，棱柱体的强度要比立方体的强度低一些，称为轴心抗压强度，用 f_{ck} 表示。轴心抗压强度更有实际工程上的意义，混凝土抗压强度设计值是由轴心抗压强度确定的。

轴心抗压强度是对立方体抗压强度修正后确定的。根据以往的经验，结合试验数据分析并参考其他国家的有关规定，取修正系数为 0.88。图 3-1 是根据我国所做的混凝土棱柱体与

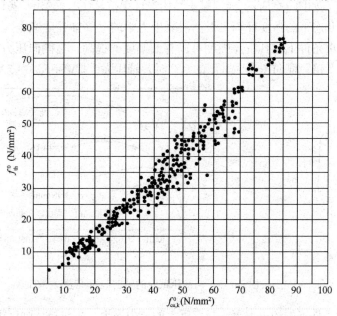

图 3-1　混凝土轴心抗压强度与立方体抗压强度的关系

立方体抗压强度对比试验的结果，图中的上标 0 表示是试验值。轴心抗压强度标准值与立方体抗压强度标准值的关系按下式确定：

$$f_{ck} = 0.88\alpha_{c1}\alpha_{c2}f_{cu,k} \tag{3-1}$$

式中　　α_{c1}——轴心抗压强度与立方体抗压强度之比值：对 C50 及以下普通混凝土取 0.76；对高强混凝土 C80 取 0.82，中间按线性插值；

　　　　α_{c2}——脆性折减系数，C40 以上的混凝土考虑：对 C40 取 1.00，对 C80 取 0.87，中间按线性插值。

例如，对于 C30 混凝土，f_{ck}＝0.88×0.76×1.00×30＝20.1N/mm²。混凝土轴心抗压强度标准值见表 3-1。

表 3-1　混凝土轴心抗压强度标准值（N/mm²）

强度	混凝土强度等级													
	C15	C20	C25	C30	C35	C40	C45	C50	C55	C60	C65	C70	C75	C80
f_{ck}	10.0	13.4	16.7	20.1	23.4	26.8	29.6	32.4	35.5	38.5	41.5	44.5	47.4	50.2

混凝土的轴心抗压强度设计值由轴心抗压强度标准值除以混凝土材料分项系数 γ_c 确定，γ_c＝1.40。混凝土轴心抗压强度设计值见表 3-2。

表 3-2　混凝土轴心抗压强度设计值（N/mm²）

强度	混凝土强度等级													
	C15	C20	C25	C30	C35	C40	C45	C50	C55	C60	C65	C70	C75	C80
f_c	7.2	9.6	11.9	14.3	16.7	19.1	21.1	23.1	25.3	27.5	29.7	31.8	33.8	35.9

国外的试验研究表明，对轴向受压的混凝土圆柱体，如果在其侧向施加均匀的液体压力，混凝土的轴向抗压强度比侧向无约束的情况有较大程度的提高，提高的幅度大体上与侧向压应力 σ_2 的大小成正比，如图 3-2 所示。《混凝土结构设计规范》（GB 50010—2010）附录 C 给出了混凝土在多轴应力状态下的强度计算。根据混凝土力学的"多轴强度准则"，受压混凝土在有侧向压力的围箍约束条件下，其抗压强度可以有大幅度的提高。当侧向压力为轴压的 0.1 时，轴压强度提高到 1.8 倍；侧向压力为轴压的 0.2 时，轴压强度提高到 3.0 倍[12]。

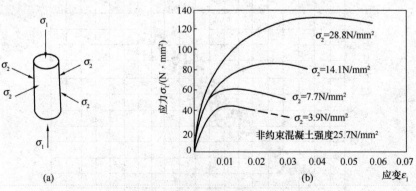

图 3-2　混凝土圆柱体三向受压试验的轴向应力-应变关系曲线

处于三向受压条件下的约束混凝土具有巨大的抗力潜力，不仅抗压强度可以有大幅度的提高，而且延性也大有改善。在实际结构工程中，利用封闭箍筋对受压构件（立柱）的侧向膨胀（泊松比）进行围箍-约束（被动约束），从而形成"约束混凝土"。约束混凝土在不改变混凝土材料性能的条件下，通过受力状态的改变而大大改善了其力学性能（承载力、延性）。这比单纯提高混凝土强度等级有效得多，应成为今后混凝土理论和科研的重要发展方向[12]。

开发"约束混凝土"抗力的巨大潜力，远比单纯提高其强度等级有效得多，目前应用较多的钢管混凝土，其原理也是利用了"多轴强度准则"确定了"约束混凝土"的巨大抗力。这种原理在混凝土结构设计中也早有应用。例如，局部承压问题中的间接钢筋，抗震设计中的梁柱端部箍筋加密区等。[12]。

2. 轴心抗拉强度

图 3-3 是混凝土轴心抗拉强度与立方体抗压强度对比试验的结果。

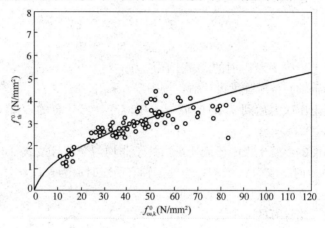

图 3-3　混凝土轴心抗拉强度与立方体抗压强度的关系

混凝土的抗拉强度很低，想用试验准确测定也很难，《混凝土结构设计规范》（GB 50010—2010）考虑了从普通强度混凝土到高强度混凝土的变化规律，取轴心抗拉强度标准值 f_{tk} 与立方体抗压强度标准值 $f_{cu,k}$ 的关系为：

$$f_{tk} = 0.88 \times 0.395 f_{cu,k}^{0.55} (1 - 1.645\delta)^{0.45} \alpha_{c2} \tag{3-2}$$

其中系数 0.395 和指数 0.55 为轴心抗拉强度与立方体抗压强度的折算系数，是根据试验数据进行统计分析以后确定的。混凝土轴心抗拉强度标准值见表 3-3。

表 3-3　混凝土轴心抗拉强度标准值（N/mm²）

强度	混凝土强度等级													
	C15	C20	C25	C30	C35	C40	C45	C50	C55	C60	C65	C70	C75	C80
f_{tk}	1.27	1.54	1.78	2.01	2.20	2.39	2.51	2.64	2.74	2.85	2.93	2.99	3.05	3.11

混凝土轴心抗拉强度的分项系数 γ_c 是 1.40，其结果见表 3-4。

表 3-4　混凝土轴心抗拉强度设计值（N/mm²）

强度	混凝土强度等级													
	C15	C20	C25	C30	C35	C40	C45	C50	C55	C60	C65	C70	C75	C80
f_t	0.91	1.10	1.27	1.43	1.57	1.71	1.80	1.89	1.96	2.04	2.09	2.14	2.18	2.22

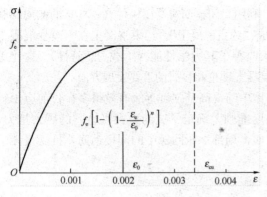

图 3-4 混凝土压应力-应变曲线

3. 混凝土的应力-应变曲线

混凝土受压的应力与应变关系按下列规定取用（图 3-4）：

当 $\varepsilon_c \leqslant \varepsilon_0$ 时

$$\sigma_c = f_c \left[1 - \left(1 - \frac{\varepsilon_c}{\varepsilon_0} \right)^n \right] \qquad (3\text{-}3)$$

当 $\varepsilon_0 < \varepsilon_c \leqslant \varepsilon_{cu}$ 时

$$\sigma_c = f_c \qquad (3\text{-}4)$$

其中：

$$n = 2 - \frac{1}{60}(f_{cu,k} - 50) \qquad (3\text{-}5)$$

$$\varepsilon_0 = 0.002 + 0.5(f_{cu,k} - 50) \times 10^{-5} \qquad (3\text{-}6)$$

$$\varepsilon_{cu} = 0.0033 - (f_{cu,k} - 50) \times 10^{-5} \qquad (3\text{-}7)$$

式中　σ_c ——混凝土压应变为 ε_c 时的混凝土压应力；

　　　f_c ——混凝土轴心抗压强度设计值，按表 3-2 采用；

　　　ε_0 ——混凝土压应力达到 f_c 时的混凝土压应变，当计算的 ε_0 值小于 0.002 时，取为 0.002；

　　　ε_{cu} ——正截面的混凝土极限压应变，当处于非均匀受压且按式（3-7）计算的值大于 0.0033 时，取为 0.0033；当处于轴心受压时取为 ε_0；

　　　$f_{cu,k}$ ——混凝土立方体抗压强度标准值；

　　　n ——系数，当计算的 n 值大于 2.0 时，取为 2.0。

混凝土的弹性模量 E_c 见表 3-5，混凝土的剪切变形模量 G_c 可按相应弹性模量值的 40% 采用。混凝土泊松比可按 0.2 采用。

表 3-5　混凝土的弹性模量（$\times 10^4 \text{N/mm}^2$）

混凝土强度等级	C15	C20	C25	C30	C35	C40	C45	C50	C55	C60	C65	C70	C75	C80
E_c	2.20	2.55	2.08	3.00	3.15	3.25	3.35	3.45	3.55	3.60	3.65	3.70	3.75	3.80

注：1. 当有可靠试验依据时，弹性模量可根据实测数据确定；

　　2. 当混凝土中掺有大量矿物掺合料时，弹性模量可按规定龄期根据实测数据确定。

3.1.2　构件对混凝土强度的要求

我国建筑工程实际应用的混凝土强度和钢筋强度均低于发达国家。我国结构安全度总体上比国际水平低，但材料用量并不少。国际上较高的安全度是依靠较高的材料利用率实现的，为提高材料的利用率，工程中应用的混凝土强度等级宜适当提高。

《混凝土结构设计规范》（GB 50010—2010）规定：素混凝土结构的混凝土强度等级不应低于 C15；钢筋混凝土结构的混凝土强度等级不应低于 C20；采用强度等级 400MPa 及以上的钢筋时，混凝土强度等级不应低于 C25。预应力混凝土结构的混凝土强度等级不宜低于 C40，且不应低于 C30。承受重复荷载的钢筋混凝土构件，混凝土强度等级不应低于 C30。

【例 3-1】（2008.1）关于混凝土抗压强度设计值的确定，下列何项所述正确？

（A）混凝土立方体抗压强度标准值乘以混凝土材料分项系数

　　（B）混凝土立方体抗压强度标准值除以混凝土材料分项系数
　　（C）混凝轴心抗压强度标准值乘以混凝土材料分项系数
　　（D）混凝轴心抗压强度标准值除以混凝土材料分项系数
【解】（D）

3.2　钢　筋

3.2.1　钢筋及其强度

　　我国所用钢筋为热轧钢筋，由低碳钢、普通低合金钢在高温状态下轧制而成，按其表面形状可分为光圆钢筋和带肋钢筋（或称变形钢筋）两类。

　　光圆钢筋买来的时候是成捆运输到工地上的，多用于板筋和箍筋，如图 3-5 所示。

图 3-5　光圆钢筋

　　光圆钢筋的一般直径（mm）为 6、8、10、12、14、16、18、20 和 22。

　　带肋钢筋的直径（mm）一般为 6、8、10、12、14、16、18、20、22、25、28、32、36、40 和 50，如图 3-6 所示。

图 3-6　带肋钢筋

　　热轧钢筋根据其力学指标的高低分为 HPB300、HRB335、HRBF335、HRB400、HRBF400、RRB400、HRB500 和 HRBF500。后面的数字是指钢筋的屈服强度标准值，其值应具有不小于 95％的保证率。具体内容见表 3-6。

  HPB 是指 hot rolled plain bars，即光圆钢筋；

  HRB 是指 hot rolled ribbed bars，即带肋钢筋；

  RRB 是指 remained heat treatment ribbed bars，即余热处理钢筋；

  HRBF 是指 hot roiled ribbed bars of fine grains，即细晶粒热轧钢筋。

表 3-6 普通钢筋强度标准值（N/mm²）

牌 号	符 号	公称直径 d （mm）	屈服强度标准值 f_{yk}	极限强度标准值 f_{stk}
HPB300	Φ	6～22	300	420
HRB335 HRBF335	Φ ΦF	6～50	335	455
HRB400 HRBF400 RRB400	Φ ΦF ΦR	6～50	400	540
HRB500 HRBF500	Φ ΦF	6～50	500	630

  钢筋的强度设计值由强度标准值除以材料分项系数 γ_s 确定。延性较好的热轧钢筋 γ_s 取 1.10。但对新列入的高强度 500MPa 级钢筋适当提高安全储备，γ_s 取为 1.15。按上述原则计算并考虑工程经验适当调整，列于表 3-7 中。

表 3-7 普通钢筋强度设计值（N/mm²）

牌 号	抗拉强度设计值 f_y	抗压强度设计值 f_y'
HPB300	270	270
HRB335、HRBF335	300	300
HRB400、HRBF400、RRB400	360	360
HRB500、HRBF500	435	410

  钢筋的弹性模量 E_s 见表 3-8。

表 3-8 普通钢筋的弹性模量（×10⁵N/mm²）

牌号或种类	弹性模量 E_s
HPB300 钢筋	2.10
HRB335、HRB400、HRB500 钢筋 HRBF335、HRBF400、HRBF500 钢筋 RRB400 钢筋	2.00

3.2.2 构件对钢筋的要求

  《混凝土结构设计规范》（GB 50010—2010）规定：

  (1) 纵向受力普通钢筋宜采用 HRB400、HRB500、HRBF400、HRBF500 钢筋，也可采用 HPB300、HRB335、HRBF335、RRB400 钢筋；

（2）梁、柱纵向受力普通钢筋应采用 HRB400、HRB500、HRBF400、HRBF500 钢筋；

（3）箍筋宜采用 HRB400、HRBF400、HPB300、HRB500、HRBF500 钢筋，也可采用 HRB335、HRBF335 钢筋；

（4）根据试验研究，当用作受剪、受扭、受冲切承载力计算时，箍筋的抗拉强度设计值 f_{yv} 大于 360N/mm² 时应取 360N/mm²，但用作围箍约束混凝土的间接配筋时，其强度设计值不限。

（5）当构件中配有不同牌号和强度等级的钢筋时，可采用各自的强度设计值进行计算。因为尽管强度不同，但极限状态下各种钢筋先后均已达到屈服。

3.3　钢筋的锚固与连接

3.3.1　钢筋的锚固

1. 基本锚固长度 l_{ab}

《混凝土结构设计规范》（GB 50010—2010）规定的受拉钢筋锚固长度 l_{ab} 为钢筋的基本锚固长度。

在图 3-7 给出的钢筋受拉锚固长度的示意图中，取钢筋为隔离体，直径为 d 的普通钢筋，当其应力达到抗拉强度设计值 f_y 时，拔出拉力为 $f_y \pi d^2 / 4$，设锚固长度 l_{ab} 内粘结应力的平均值为 τ，则由混凝土对钢筋提供的总粘结力为 $\tau \pi d l_{ab}$。假设 $\tau = f_t / (4\alpha)$，则由力的平衡条件得[23]：

$$l_{ab} = \alpha \frac{f_y}{f_t} d \tag{3-8}$$

式中　l_{ab}——受拉钢筋的基本锚固长度；

f_y——钢筋抗拉强度设计值；

f_t——混凝土轴心抗拉强度设计值，当混凝土强度等级高于 C60 时，按 C60 取值；

d——锚固钢筋直径；

α——锚固钢筋的外形系数，按表 3-9 取值。

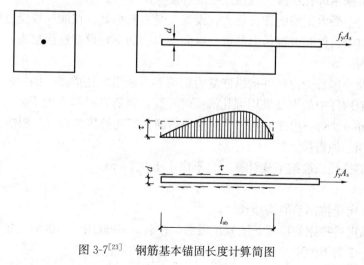

图 3-7[23]　钢筋基本锚固长度计算简图

可见，受拉钢筋的基本锚固长度是钢筋直径的倍数，例如 $30d$。

表 3-9 锚固钢筋的外形系数

钢筋类型	光圆钢筋	带肋钢筋	螺旋肋钢丝	三股钢绞线	七股钢绞线
α	0.16	0.14	0.13	0.16	0.17

注：光圆钢筋末端应做 $180°$ 弯钩，弯后平直段长度不应小于 $3d$，但用作受压钢筋时可不做弯钩。

2. 受拉钢筋的锚固

（1）受拉钢筋的锚固长度 l_a

受拉钢筋的锚固长度应根据锚固条件按下列公式计算，且不应小于 200mm：

$$l_a = \zeta_a l_{ab} \tag{3-9}$$

式中　l_a——受拉钢筋的锚固长度；

ζ_a——锚固长度修正系数，对于普通钢筋按下列要求取用，当多于 1 项时，可按连乘计算，但不应小于 0.6；对于预应力筋，可取 1.0。

① 当带肋钢筋的公称直径大于 25mm 时取 1.10；

② 环氧树脂涂层带肋钢筋取 1.25；

③ 施工过程中易受扰动的钢筋取 1.10；

④ 当纵向受力钢筋的实际配筋面积大于其设计计算面积时，修正系数取设计计算面积与实际配筋面积的比值，但对有抗震设防要求及直接承受动力荷载的结构构件，不应考虑此项修正；

⑤ 锚固钢筋的保护层厚度为 $3d$ 时修正系数可取 0.80，保护层厚度为 $5d$ 时修正系数可取 0.70，中间按内插取值，此处 d 为锚固钢筋的直径。

（2）当纵向受拉钢筋末端采用弯钩或机械锚固时，应满足相关措施要求。

3. 受压钢筋的锚固

混凝土结构中的纵向受压钢筋，当计算中充分利用其抗压强度时，锚固长度不应小于相应受拉锚固长度的 70%。

3.3.2　钢筋的连接

钢筋连接可采用绑扎搭接、机械连接或焊接（图 3-8）。

混凝土结构中受力钢筋的连接接头宜设置在受力较小处。在同一根受力钢筋上宜少设接头。在结构的重要构件和关键传力部位，纵向受力钢筋不宜设置连接接头。

1. 绑扎搭接

轴心受拉及小偏心受拉杆件的纵向受力钢筋不得采用绑扎搭接，例如桁架和拱的拉杆的纵向钢筋；其他构件中的钢筋采用绑扎搭接时，受拉钢筋直径不宜大于 25mm，受压钢筋直径不宜大于 28mm。同一构件中相邻纵向受力钢筋的绑扎搭接接头宜互相错开。

（1）受拉钢筋的搭接

受拉钢筋的搭接长度按下式计算，且不应小于 300mm。

$$l_l = \zeta_l l_a \tag{3-10}$$

式中　l_l——纵向受拉钢筋的搭接长度；

ζ_l——纵向受拉钢筋搭接长度修正系数，按表 3-10 取用。当纵向搭接钢筋接头面积百分率为表的中间值时，修正系数可按内插取值。

图 3-8 绑扎搭接和机械连接

表 3-10 纵向受拉钢筋搭接长度修正系数

纵向搭接钢筋接头面积百分率（％）	≤25	50	100
ζ $_l$	1.2	1.4	1.6

钢筋绑扎搭接接头连接区段的长度为搭接长度的 1.3 倍，凡搭接接头中点位于该连接区段长度内的搭接接头均属于同一连接区段（图 3-9）。同一连接区段内纵向受力钢筋搭接接头面积百分率为该区段内有搭接接头的纵向受力钢筋与全部纵向受力钢筋截面面积的比值。当直径不同的钢筋搭接时，按直径较小的钢筋计算。

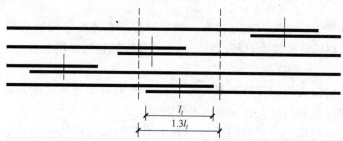

l_l

$1.3l_l$

图 3-9[1] 同一连接区段内纵向受拉钢筋的绑扎搭接接头
注：图中所示同一连接区段内的搭接接头钢筋为两根，当钢筋直径相同
时，钢筋搭接接头面积百分率为 50％

位于同一连接区段内的受拉钢筋搭接接头面积百分率：对梁类、板类及墙类构件，不宜大于 25％；对柱类构件，不宜大于 50％。当工程中确有必要增大受拉钢筋搭接接头面积百分率时，对梁类构件，不宜大于 50％；对板、墙、柱及预制构件的拼接处，可根据实际情况放宽。

并筋采用绑扎搭接连接时，应按每根单筋错开搭接的方式连接。接头面积百分率应按同一连接区段内所有的单根钢筋计算。并筋中钢筋的搭接长度应按单筋分别计算。

（2）受压钢筋的搭接

构件中的纵向受压钢筋当采用搭接连接时，其受压搭接长度不应小于纵向受拉钢筋搭接长度的 70％，且不应小于 200mm。

2. 机械连接

纵向受力钢筋的机械连接接头宜相互错开（图 3-10）。钢筋机械连接区段的长度为 $35d$，d 为连接钢筋的较小直径。凡接头中点位于该连接区段长度内的机械连接接头均属于同一连接区段。

图 3-10　机械连接（该图片来自网络）

位于同一连接区段内的纵向受拉钢筋接头面积百分率不宜大于 50%；但对板、墙、柱及预制构件的拼接处，可根据实际情况放宽。纵向受压钢筋的接头百分率可不受限制。

机械连接套筒的保护层厚度宜满足有关钢筋最小保护层厚度的规定。机械连接套筒的横向净间距不宜小于 25mm；套筒处箍筋的间距仍应满足相应的构造要求。

直接承受动力荷载结构构件中的机械连接接头，除应满足设计要求的抗疲劳性能外，位于同一连接区段内的纵向受力钢筋接头面积百分率不应大于 50%。

3. 焊接连接

细晶粒热轧带肋钢筋以及直径大于 28mm 的带肋钢筋，其焊接应经试验确定；余热处理钢筋不宜焊接。

纵向受力钢筋的焊接接头应相互错开。钢筋焊接接头连接区段的长度为为 $35d$ 且不小于 500mm，d 为连接钢筋的较小直径，凡接头中点位于该连接区段长度内的焊接接头均属于同一连接区段。

纵向受拉钢筋的接头面积百分率不宜大于 50%，但对预制构件的拼接处，可根据实际情况放宽。纵向受压钢筋的接头百分率可不受限制。

需进行疲劳验算的构件，其纵向受拉钢筋不得采用绑扎搭接接头，也不宜采用焊接接头，除端部锚固外不得在钢筋上焊有附件。

当直接承受吊车荷载的钢筋混凝土吊车梁、屋面梁及屋架下弦的纵向受拉钢筋采用焊接接头时，应符合下列规定：

（1）应采用闪光接触对焊，并去掉接头的毛刺及卷边；

（2）同一连接区段内纵向受拉钢筋焊接接头面积百分率不应大于 25%，焊接接头连接区段的长度应取为 $45d$，d 为纵向受力钢筋的较大直径。

【例 3-2】（2009. 2）某钢筋混凝土次梁，混凝土强度等级为 C30，其跨中纵向受拉钢筋为 4 Φ 20，采用绑扎搭接接头，接头方式如图 3-11 所示。

当同一连接区段的接头面积百分率为 50% 时，试问，其最小连接区段长度 l_s（mm），与下列何项数值最为接近？

图 3-11　例 3-2 附图

（A）700　　　（B）800　　　（C）950　　　（D）1100

说明：《混凝土结构设计规范》（GB 50010—2002），梁纵向受力钢筋可以用 HRB335 钢筋。

【解】（D）

$$l_{ab} = \alpha \frac{f_y}{f_t} d = 0.14 \times \frac{300}{1.43} \times 20 = 587\text{mm}$$

$$l_a = \zeta_a l_{ab} = 1 \times 587 = 587\text{mm}$$

$$l_1 = \zeta_1 l_a = 1.4 \times 587 = 822\text{mm}$$

最小连接区段长度：$l_s \geqslant 1.3 l_1 = 1.3 \times 822 = 1069\text{mm}$。

习　题

3-1（2009.2）当受拉钢筋采用不同直径的钢筋搭接时，下列关于计算同一连接区段接头面积百分率和搭接长度的不同主张，何项正确？

（A）按粗钢筋截面面积计算接头面积百分率，按细钢筋直径计算搭接长度

（B）按细钢筋截面面积计算接头面积百分率，按粗钢筋直径计算搭接长度

（C）按粗钢筋截面面积计算接头面积百分率，按粗钢筋直径计算搭接长度

（D）按细钢筋截面面积计算接头面积百分率，按细钢筋直径计算搭接长度

3-2（2012.1）某现浇钢筋混凝土梁，混凝土强度等级 C30，梁底受拉纵筋按并筋方式配置了 2×2 Φ25 的 HRB400 普通热轧带肋钢筋。已知纵筋混凝土保护层厚度为 40mm，该纵筋配置比设计计算所需的钢筋面积大了 20%。该梁无抗震设防要求也不直接承受动力荷载，采取常规方法施工，梁底钢筋采用搭接连接，接头方式如图 3-12 所示。若要求同一连接区段内钢筋接头面积不大于总面积的 25%。试问，图中所示的搭接接头中点之间的最小间距 l（mm）应与下列何项数值最为接近？

（A）1400　　　（B）1600　　　（C）1800　　　（D）2000

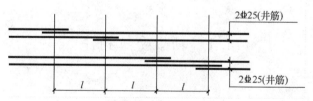

图 3-12　习题 3-2 附图

3-3（2008.2）某跨度为 6m 的钢筋混凝土简支起重机梁，安全等级为二级，环境类别为一类，计算跨度 $l_0 = 5.8$m，承受两台 A5 级起重量均为 10t 的电动软钩桥式起重机。

起重机梁的截面及配筋见图 3-13，当起重机梁纵向受拉钢筋采用焊接接头，且同一连接区段内接头面积百分率不大于 25% 时，试问，起重机梁纵向受拉钢筋焊接接头连接区段的长度 l（mm），取下列何项数值才最为合适？

（A）900　　　（B）700

（C）600　　　（D）500

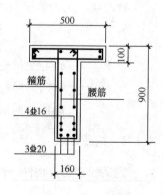

图 3-13　习题 3-3 附图

4 钢筋混凝土轴心受力构件正截面承载力计算

从承载能力状态出发，应满足：

$$\gamma_0 N \leqslant N_u \tag{4-1}$$

当轴向力作用线与构件截面形心轴线重合时，即为轴心受力构件，如图 4-1 所示。

对于正截面承载的构件，其受力包括以下七种类型：轴压、小偏压、大偏压、受弯、大偏拉、小偏拉、轴拉，如图 4-2 所示。弯矩 $M=0$ 时，为轴心受压或轴心受拉状态；当 $N=0$ 时，为纯弯状态。根据弯矩和轴力相对大小的不同，又分为小偏压、大偏压构件和小偏拉、大偏拉构件。

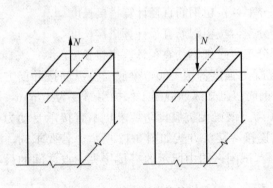

图 4-1　轴心受力构件

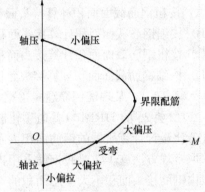

图 4-2[12]　正截面承载力的受力类型

4.1 轴心受拉构件

4.1.1 计算规定

轴心受拉构件的正截面受拉承载力可按下式计算：

$$N_u = f_y A_s \tag{4-2}$$

式中　N_u ——轴心受拉构件的正截面受拉承载力；

f_y ——纵向钢筋抗拉强度设计值；

A_s ——纵向普通钢筋的全部截面面积。

4.1.2 构造要求

定义轴心受拉构件一侧受拉钢筋的配筋率 ρ

$$\rho = \frac{A_s}{bh} \tag{4-3}$$

式中　b,h——截面的宽和高。

轴心受拉构件一侧受拉钢筋的最小配筋率 ρ_{min} 取 0.2% 和 $0.45\dfrac{f_t}{f_y}$ 的较大值。

【例4-1】 某钢筋混凝土屋架下弦截面尺寸为 $200mm \times 140mm$，由恒荷载产生的轴向拉力标准值 $N_{GK} = 130kN$，由活荷载产生的轴向拉力标准值 $N_{QK} = 48kN$，组合值系数为 0.7。结构的重要性系数 $\gamma_0 = 1.0$，设计年限调整系数 $\gamma_L = 1.0$。混凝土采用C30，纵向钢筋采用HRB400，环境类别为一类。试计算其所需纵向受拉钢筋面积，并选配钢筋。

【解】（1）轴向拉力设计值

由可变荷载起控制作用的组合

$$N_1 = 1.2 \times 130 + 1.4 \times 48 = 223.2kN$$

由永久荷载起控制作用的组合

$$N_1 = 1.35 \times 130 + 1.4 \times 0.7 \times 48 = 222.54kN$$

取较大值 $N = 223.2kN$

（2）配筋设计

取轴向力设计值等于受拉承载力

$$A_s = \frac{N}{f_y} = \frac{223.2 \times 10^3}{360} = 620mm^2$$

选用 $4\ \Phi14$（$A_s = 615mm^2$，误差小于 5%），配筋图如图4-3所示。

一侧钢筋的配筋面积为 $2\ \Phi14$（$308mm^2$），

$$\rho = \frac{308}{140 \times 200} = 1.1\% > \rho_{min}$$

$$= \max\left(0.2\%, 0.45\frac{f_t}{f_y}\right) = 0.2\%$$

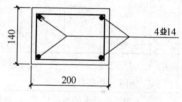

图4-3　例4-1附图

4.2　轴心受压构件

4.2.1　配有普通箍筋的轴心受压构件

配有普通箍筋的轴压短柱的破坏如图4-4所示。

当混凝土强度等级小于等于C50时，认为混凝土的压应变达到 0.002 时构件宣告破坏，此时对于 $400MPa$、$500MPa$ 和 $335MPa$ 的钢筋，其应力

$$\sigma_s' = E_s \varepsilon_s' = 2.0 \times 10^5 \times 0.002 = 400N/mm^2$$

此值已大于 $400MPa$、$335MPa$ 钢筋的抗压强度设计值。对于 $500MPa$ 的钢筋其抗压强度设计值 f_y' 取 $410N/mm^2$。

配有普通箍筋的轴压长柱的破坏如图4-5所示。

轴压长柱的破坏要求考虑长细比的影响，长细比越大，承载力相比短柱降低越多，长细比很大的柱，还可能发生失稳破坏。《混凝土结构设计规范》（GB 50010—2010）用稳定系数 φ 来表示长柱承载力的降低程度，见表4-1。

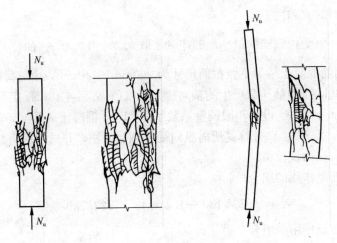

图 4-4[23]　轴压短柱的破坏　　　图 4-5[23]　轴压长柱的破坏

表 4-1　钢筋混凝土轴心受压构件的稳定系数

l_0/b	≤8	10	12	14	16	18	20	22	24	26	28
l_0/d	≤7	8.5	10.5	12	14	15.5	17	19	21	22.5	24
l_0/i	≤28	35	42	48	55	62	69	76	83	90	97
φ	1.0	0.98	0.95	0.92	0.87	0.81	0.75	0.70	0.65	0.60	0.56
l_0/b	30	32	34	36	38	40	42	44	46	48	50
l_0/d	26	28	29.5	31	33	34.5	36.5	38	40	41.5	43
l_0/i	104	111	118	125	132	139	146	153	160	167	174
φ	0.52	0.48	0.44	0.40	0.36	0.32	0.29	0.26	0.23	0.21	0.19

注：1. l_0 为构件的计算长度，按《混凝土结构设计规范》（GB 50010—2010）第 6.2.20 条的规定取用（见附录 D 表 D-15、表 D-16）；

　　2. b 为矩形截面的短边尺寸，d 为圆形截面的直径，i 为截面的最小回转半径。

　　构件的计算长度 l_0 与构件端部的支承情况有关，几种理想支承柱的计算长度如图 4-6 所示。在实际工程中，由于支座情况并非理想的不动铰支座或固定端，应按规范的有关规定采用。

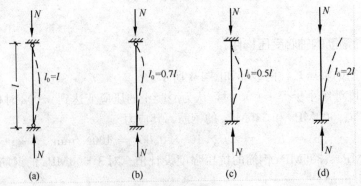

图 4-6　柱的计算长度

（a）两端铰支；（b）一端铰支，一端固定；（c）两端固定；（d）一端固定，一端自由

1. 计算规定

钢筋混凝土轴心受压构件，其正截面受压承载力可按下式计算：

$$N \leqslant 0.9\varphi(f_c A + f'_y A'_s) \tag{4-4}$$

式中　N——轴向压力设计值；

　　　φ——钢筋混凝土构件的稳定系数，按表 4-1 采用；

　　　f_c——混凝土轴心抗压强度设计值；

　　　f'_y——纵向钢筋抗压强度设计值；

　　　A——混凝土截面面积；一般情况下不用扣除纵向钢筋的截面面积，当纵向钢筋的配筋率大于 3‰ 时，A 应改用 $(A-A'_s)$；

　　　A'_s——全部纵向钢筋的截面面积；

　　　0.9——系数，是为保证与偏心受压构件正截面承载力有相近的可靠度而确定的。

2. 构造要求

柱中纵向钢筋的配置应符合下列规定：

（1）纵向受力钢筋直径不宜小于 12mm；全部纵向钢筋的配筋率不宜大于 5‰；

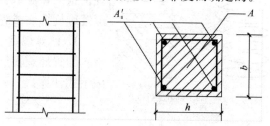

图 4-7[1]　配置普通箍筋的钢筋混凝土轴心受压构件

（2）柱中纵向钢筋的净间距不应小于 50mm，且不宜大于 300mm；

（3）圆柱中纵向钢筋不宜少于 8 根，不应少于 6 根，且宜沿周边均匀布置；

（4）受压构件的最小配筋率见附录 D。

定义受压构件纵向钢筋的配筋率 ρ'

$$\rho' = \frac{A'_s}{bh} \tag{4-5}$$

【例 4-2】　截面尺寸为 400mm×400mm 的钢筋混凝土轴心受压柱，计算长度 $l_0=6$m，承受轴向力设计值 $N=2800$kN，采用 C30 混凝土，纵向钢筋采用 HRB400，设计使用年限为 50 年，环境类别为一类，试计算其所需纵向受压钢筋面积，并选配钢筋。

【解】　（1）稳定系数 φ

$$\frac{l_0}{b} = \frac{6000}{400} = 15，查表 4-1 内插得 \varphi = 0.895$$

（2）配筋设计

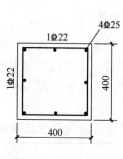

图 4-8　例 4-2 附图

$$A'_s = \frac{1}{f'_y}\left(\frac{N}{0.9\varphi} - f_c A\right)$$

$$= \frac{1}{360}\left(\frac{2800 \times 10^3}{0.9 \times 0.895} - 14.3 \times 400 \times 400\right) = 3300\text{mm}^2$$

选配 4Φ25＋4Φ22（$A'_s=1964+1520=3484\text{mm}^2$），配筋图如图 4-8 所示。

全部纵向钢筋的配筋率：

$$0.55\% < \rho' = \frac{3484}{400 \times 400} = 2.18\% < 5\%$$

$$< 3\%$$

一侧纵向钢筋的配筋率

$$\rho' = \frac{982 + 380.1}{400 \times 400} = 0.85\% > 0.20\%$$

纵向钢筋净距

$$50\text{mm} < \frac{400 - 2 \times 30 - 2 \times 25 - 22}{2} = 134\text{mm} < 300\text{mm}$$

4.2.2 配置螺旋式或焊接环式间接钢筋的轴心受压构件

从第 3 章知道，混凝土受到约束时，其抗压强度显著提高。当某些轴心受压构件荷载设计值很大，承载力不满足要求，截面又不能扩大时，可考虑配置螺旋箍筋或焊接环式箍筋，如图 4-9 所示。

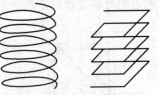

图 4-9　螺旋式或焊接环式间接钢筋的形式

1. 计算规定

配置螺旋箍筋或焊接环式箍筋时，其正截面受压承载力按下式计算：

$$N \leqslant 0.9(f_c A_{cor} + f'_y A'_s + 2\alpha f_{yv} A_{ss0}) \qquad (4-6)$$

$$A_{ss0} = \frac{\pi d_{cor} A_{ss1}}{s} \qquad (4-7)$$

式中　f_{yv}——箍筋的抗拉强度设计值；

A_{cor}——构件的核心截面面积，取箍筋内表面范围内的混凝土截面面积；

A_{ss0}——螺旋式或焊接环式箍筋的换算截面面积；

d_{cor}——构件的核心截面直径，取箍筋内表面之间的距离；

A_{ss1}——螺旋式或焊接环式单根箍筋的截面面积；

s——箍筋沿构件轴线方向的间距；

α——箍筋对混凝土约束的折减系数：当混凝土强度等级不超过 C50 时取 1.0，当混凝土的强度等级为 C80 时，取 0.85，其间按线性内插法确定。

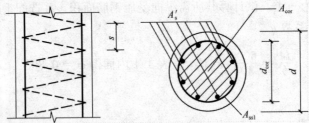

图 4-10[1]　配置螺旋式或焊接环式间接钢筋的混凝土轴心受压构件

约束混凝土是以封闭箍筋对受压构件（立柱）的混凝土进行围箍—约束（被动约束）而形成的。实际是以受拉钢筋的强度换取混凝土的抗压强度和延性，因此可以有效地利用钢筋的高强度提高柱的抗力。

在应用公式（4-6）时，应满足以下条件：

（1）按公式（4-6）算得的构件受压承载力不应大于按公式（4-4）算得的构件受压承载力的 1.5 倍；

（2）当遇到下列任意一种情况时，不应计入箍筋的影响，而应按公式（4-4）计算：

①当 $l_0/d > 12$ 时，此时长细比较大，有可能因纵向弯曲使得螺旋箍筋不起作用。

②当按公式（4-6）算得的构件受压承载力小于按公式（4-4）算得的构件受压承载力时。

③当箍筋的换算截面面积 A_{ss0} 小于纵向钢筋全部面积的 25% 时，此时可以认为间接钢筋太少，约束混凝土的效果不明显。

2. 构造要求

在计算中考虑间接钢筋的作用时，其螺距（或焊接环式箍筋间距）s 不应大于 80mm 及 $d_{cor}/5$，同时亦不应小于 40mm。

【例 4-3】 某大厅现浇钢筋混凝土圆柱，直径 $d = 470$mm，一类环境，承受轴心压力设计值 $N = 6000$kN，从基础顶面至二层楼面高度 $H = 5.2$m。混凝土采用 C40，纵筋采用 HRB400，箍筋采用 HPB300，试进行其配筋设计。

【解】（1）先按普通纵筋和箍筋柱计算

$$l_0 = H = 5.2\text{m}$$

$$\frac{l_0}{d} = \frac{5200}{470} = 11.06，查表 4-1 内插得 \varphi = 0.938$$

$$A = \frac{\pi d^2}{4} = \frac{3.14 \times 470^2}{4} = 17.34 \times 10^4 \text{mm}^2$$

$$A'_s = \frac{1}{f'_y}\left(\frac{N}{0.9\varphi} - f_c A\right)$$

$$= \frac{1}{360}\left(\frac{6000 \times 10^3}{0.9 \times 0.938} - 19.1 \times 17.34 \times 10^4\right)$$

$$= 10543 \text{mm}^2$$

$$\rho' = \frac{A'_s}{A} = \frac{10543}{17.34 \times 10^4} = 6.1\% > 5\%$$

配筋不满足要求。若混凝土强度不再提高，圆柱截面不再增加，可以考虑配螺旋箍筋。

（2）螺旋箍筋设计

$$\frac{l_0}{d} = 11.06 < 12，可以配螺旋箍筋。假定纵筋配筋率 \rho' = 4.5\%，则$$

$$A'_s = 4.5\% \times 17.34 \times 10^4 = 7803 \text{mm}^2$$

选用 16 Φ 25（$A'_s = 7854$mm²）。混凝土保护层厚度 $c = 20$mm，估计箍筋直径为 10mm

$$d_{cor} = d - 2 \times 30 = 470 - 60 = 410 \text{mm}$$

$$A_{cor} = \frac{\pi d_{cor}^2}{4} = \frac{3.14 \times 410^2}{4} = 13.20 \times 10^4 \text{mm}^2$$

$$A_{ss0} = \frac{1}{2f_{yv}}\left(\frac{N}{0.9} - (f_c A_{cor} + f'_y A'_s)\right)$$

$$= \frac{1}{2 \times 270}\left[\frac{6000 \times 10^3}{0.9} - (19.1 \times 13.20 \times 10^4 + 360 \times 7854)\right]$$

$$= 2441 \text{mm}^2$$

$$> 0.25 A'_s = 0.25 \times 7854 = 1964 \text{mm}^2$$

取螺旋箍筋直径 10mm，则 $A_{ss1} = 78.5$mm²

$$s = \frac{\pi d_{cor} A_{ss1}}{A_{ss0}} = \frac{3.14 \times 410 \times 78.5}{2441} = 41.4 \text{mm}$$

取 $s = 40\text{mm} < 80\text{mm}$

$$< \frac{d_{\text{cor}}}{5} = \frac{410}{5} = 82\text{mm}$$

(3) 验算公式条件

$$0.9\varphi(f_c A + f'_y A'_s)$$
$$= 0.9 \times 0.938 \times [19.1 \times (17.34 \times 10^4 - 7854) + 360 \times 7854]$$
$$= 5056.23\text{kN}$$

$$A_{\text{ss0}} = \frac{\pi d_{\text{cor}} A_{\text{ss1}}}{s} = \frac{3.14 \times 410 \times 78.5}{40} = 2527\text{mm}^2$$

$$N_u = 0.9(f_c A_{\text{cor}} + f'_y A'_s + 2\alpha f_{yv} A_{\text{ss0}})$$
$$= 0.9(19.1 \times 13.20 \times 10^4 + 360 \times 7854 + 2 \times 1 \times 270 \times 2527) \times 10^{-3}$$
$$= 6041.88\text{kN} > 6000\text{kN}$$
$$< 1.5 \times 5056.23 = 7584.35\text{kN}$$

都满足要求。

习　题

4-1　已知某多层四跨现浇框架结构的第二层内柱，截面 $350\text{mm} \times 350\text{mm}$，轴心压力设计值 $N = 1200\text{kN}$，层高 $H = 6\text{m}$，设计使用年限 50 年，环境类别为一类，采用 C30 混凝土，HRB400 钢筋，试计算其所需纵向受压钢筋面积，并选配钢筋。

4-2　已知圆形截面现浇钢筋混凝土柱，直径不超过 350mm，承受轴心压力设计值 $N = 2900\text{kN}$，计算长度 $l_0 = 4\text{m}$，混凝土采用 C40，纵筋采用 HRB400，箍筋采用 HPB300，试设计该柱截面。

5 钢筋混凝土受弯构件正截面承载力计算

5.1 梁和板的构造措施

从承载能力状态出发，应满足：

$$\gamma_0 M \leqslant M_u \tag{5-1}$$

受弯构件正截面承载力计算通常只考虑荷载的作用。温度变形、收缩、徐变等对截面承载力的影响不容易计算，一般采取构造措施加以解决。所谓构造就是考虑施工、受力及使用等方面因素的综合影响而采取的针对性措施。这些措施主要是根据工程经验规定的，可防止因计算中未考虑或过于复杂而难以考虑的因素对结构构件造成破坏。影响混凝土结构性能的因素非常多，也非常复杂，因此，混凝土结构设计中构造措施十分重要。《混凝土结构设计规范》（GB 50010—2010）中的构造要求也比较多、比较细，这是学习混凝土结构设计应注意的问题。

5.1.1 梁的构造措施

1. 截面尺寸

梁的截面高度 h 与跨度及荷载大小有关，主要取决于构件刚度。根据工程经验，工业与民用建筑结构中梁的高跨比 h/l_0，可参照表 5-1 选用。当梁高 $h \leqslant 800$mm 时，h 以 50mm 为模数；$h > 800$mm 时，以 100mm 为模数。梁的常用高度（mm）$h = 250$、300、350、…、750、800、900、1000 等尺寸。

矩形截面梁的高宽比 h/b 一般取 2.0～3.0，T 形截面梁的 h/b 一般取为 2.5～4.0（此处 b 为梁肋宽）。梁宽以 50mm 为模数，梁的常用宽度（mm）$b = 200$、250、300、350 等。

表 5-1[15]　梁截面高度

梁的种类		梁截面高度	常用跨度 (m)	适用范围	备注
现浇整体楼盖	普通主梁	$l_0/10 \sim l_0/18$	$\leqslant 9$	民用建筑框架结构、框架-剪力墙结构、框架-筒体结构	—
	框架扁梁	$l_0/16 \sim l_0/22$			
	次梁	$l_0/12 \sim l_0/20$			
悬臂梁		$l_0/5 \sim l_0/7$	$\leqslant 4$	—	—
井字梁		$l_0/15 \sim l_0/20$	$\leqslant 15$	长宽比小于 1.5 的楼（屋）盖	梁距小于 3.6m 且周边应有边梁
框支梁		$l_0/6 \sim l_0/8$	$\leqslant 9$	框支剪力墙结构	

注：l_0 为梁的计算跨度，井字梁为短跨。

根据近 10 多年来的实践经验，对于一般民用建筑的框架结构主梁的高度，可以取得较小，远远小于我国 20 世纪 50～70 年代的一般习惯做法。当主梁高度为跨度的 1/12～1/18 时，对于一般荷载不很大的建筑物，其刚度都能满足规范的要求。有的书刊载文说，当梁的高度较小时（例如梁高为跨度的 1/15 左右），应将梁的宽度加大做成"宽扁梁"，这其实是一种误解。有许多梁高较小的工程实例，如 8m 柱网时，框架主梁高度为 450mm 或 500mm，梁宽为 350～400mm，使用后没有问题。有的工程主梁高跨比达到 1/23（普通混凝土梁，未加预应力），经过荷载试验验证，效果良好[14]。美国规范规定两端连续梁高跨比为 1/21，新西兰规范规定两端连续梁高跨比为：1/26（钢筋 300MPa），1/22（钢筋 430MPa）。可以看出，美国、新西兰规范所规定的梁最小高度比我们过去规范中所规定的梁高小很多。

有抗震设防的地区，框架梁截面宽度不宜小于 200mm，截面的高宽比 h/b 不宜大于 4，净跨与截面高度的比值不宜小于 4。框支梁、一级抗震等级的框架梁混凝土强度等级不应低于 C30，其他梁不应低于 C20。

2. 梁的钢筋

（1）梁的纵向受力钢筋

梁中纵向受力钢筋应采用 HRB400、HRB500、HRBF400、HRBF500。常用直径为 10～28mm（桥梁中一般为 14～40mm），当梁高 $h \geq 300$mm 时，纵向钢筋直径 $d \geq 10$mm，梁高 $h < 300$mm 时，纵向钢筋直径 $d \geq 8$mm。

纵向钢筋根数不得少于 2 根，并优先布置在截面的角部，以便与箍筋形成钢筋骨架。梁内受力钢筋的直径宜尽可能相同。

对有抗震设防的地区，《混凝土结构设计规范》（GB 50010—2010）规定沿梁全长顶面和底面至少应各配置两根通长的纵向钢筋，对一、二级抗震等级，钢筋直径不应小于 14mm，且分别不应少于梁两端顶面和底面纵向受力钢筋中较大截面面积的 1/4；对三、四级抗震等级，钢筋直径不应小于 12mm。

为了便于浇筑混凝土，保证钢筋与混凝土之间的粘结，纵筋的净间距应满足图 5-1 的要求。但在钢筋配置较多的情况下，可以采用并筋（钢筋束），即将几根钢筋放置在一起。

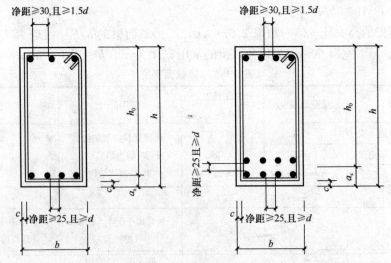

图 5-1[23]　梁钢筋净距、保护层厚度及有效高度

（2）梁的上部纵向构造钢筋

①架立钢筋

当梁内配置箍筋且在梁顶面箍筋角点处无纵向受力钢筋时，应在梁受压区设置和纵向受

力钢筋平行的架立钢筋（图 5-2），用以固定箍筋，并承受收缩和温度变化所产生的内应力。

架立钢筋的根数一般为两根，直径与梁的跨度 l 有关：

当 $l < 4m$ 时，直径不宜小于 8mm；

当 $4m \leq l \leq 6m$ 时，直径不应小于 10mm；

当 $l > 6m$ 时，直径不宜小于 12mm。

②梁端纵向构造钢筋

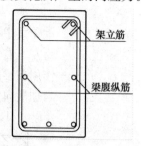

图 5-2[19]　架立钢筋与
梁腹纵筋（腰筋）

当梁端按简支计算但实际受到部分约束时，应在支座区上部设置纵向构造钢筋。其截面面积不应小于梁跨中下部纵向受力钢筋计算所需截面面积的 1/4，且不应少于 2 根。该纵向构造钢筋自支座边缘向跨内伸出的长度不应小于 $l_0/5$，l_0 为梁的计算跨度。

（3）梁侧向构造钢筋（腰筋）

当梁的截面较高时，梁侧面容易产生垂直梁轴线的收缩裂缝，因此，当梁的腹板高度 $h_w \geq 450mm$ 时（h_w 见图 7-13），在梁的两个侧面应沿高度配置纵向构造钢筋，也称为"腰筋"，如图 5-3 所示。每侧纵向构造钢筋（不包括梁上、下部受力钢筋及架立钢筋）的间距不宜大于 200mm，截面面积不应小于腹板截面积（bh_w）的 0.1%，但当梁宽较大时可以适当放松。梁两侧的腰筋以拉筋联系，拉筋直径与箍筋相同，间距一般为箍筋间距的两倍。

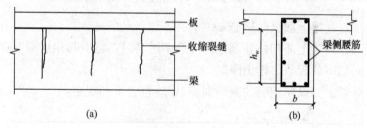

图 5-3　梁侧防裂的纵向构造钢筋
（a）梁侧裂缝；（b）梁侧腰筋

（4）附加横向钢筋

位于梁下部或梁截面高度范围内的集中荷载，可能使梁下部混凝土产生斜裂缝，例如在次梁和主梁相交处（图 5-4）。为了防止斜裂缝的发生而引起局部破坏，应在次梁传来的集中力处设置附加横向钢筋。附加横向钢筋的形式有箍筋和吊筋，一般宜优先采用箍筋。

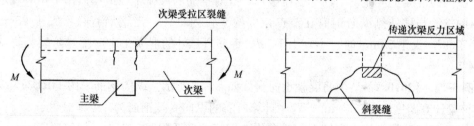

图 5-4[26]　主次梁相交处的裂缝情况

箍筋应布置在长度为 $2h_1$ 与 $3b$ 之和的范围内（图 5-5）。当采用吊筋时，弯起段应伸至梁的上边缘，且末端水平段长度应满足锚固要求。

附加横向钢筋所需的总截面面积应按下式计算：

$$A_{sv} \geq \frac{F}{f_{yv}\sin\alpha} \tag{5-2}$$

式中 A_{sv} ——承受集中荷载所需的附加横向钢筋总截面面积；当采用附加吊筋时，A_{sv} 应为左、右弯起段截面面积之和；

     F ——作用在梁的下部或梁截面高度范围内的集中荷载设计值；

     α ——附加横向钢筋与梁轴线间的夹角（图 5-5）。

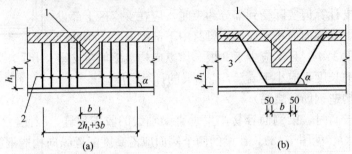

图 5-5[1]　主次梁相交处的附加横向钢筋的布置（mm）

(a) 附加箍筋；(b) 附加吊筋

1—传递集中荷载的位置；2—附加箍筋；3—附加吊筋

（5）顶层端节点处梁上部纵向钢筋

试验研究表明，当梁上部和柱外侧钢筋配筋率过高时，将引起顶层端节点核心区混凝土的斜压破坏，故对相应的配筋率作出限制。

顶层端节点处梁上部纵向钢筋的截面面积 A_s 应符合下列规定：

$$A_s \leq \frac{0.35\beta_c f_c b_b h_0}{f_y} \tag{5-3}$$

式中 b_b ——梁腹板宽度；

     h_0 ——梁截面有效高度；

     β_c ——混凝土强度影响系数：当混凝土强度等级不超过 C50 时，取 $\beta_c = 1.0$；当混凝土强度等级为 C80 时，取 $\beta_c = 0.8$；其间按线性内插法确定。

试验研究还表明，当梁上部钢筋和柱外侧纵向钢筋在顶层端节点角部的弯弧处半径过小时，弯弧内的混凝土可能发生局部受压破坏，故对钢筋的弯弧半径最小值作了相应规定：梁上部纵向钢筋与柱外侧纵向钢筋在节点角部的弯弧内半径，当钢筋直径不大于 25mm 时，不宜小于 $6d$；大于 25mm 时，不宜小于 $8d$。钢筋弯弧外的混凝土中应配置防裂、防剥落的构造钢筋。

【例 5-1】　（2010.2）某钢筋混凝土简支梁如图 5-6 所示。纵向钢筋采用 HRB335 级钢筋（Φ），该梁计算跨度 $l_0 = 7200$mm，跨中计算所需的纵向受拉钢筋为 4 Φ 25。

（1）试问，该简支梁支座区上部纵向构造钢筋的最低配置，应为下列何项所示？

(A) 2 Φ 16　　(B) 2 Φ 18　　(C) 2 Φ 20　　(D) 2 Φ 22

说明：《混凝土结构设计规范》（GB 50010—2002），梁纵向受力钢筋可以用 HRB335 钢筋。

【解】　(B)

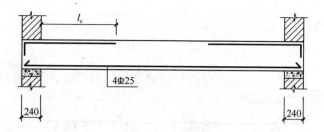

图 5-6　例 5-1 附图

$$\frac{A_s^{'}}{4} = \frac{1964}{4} = 491\text{mm}^2$$

(A) 402mm^2　　　(B) 509mm^2　　　(C) 628mm^2　　　(D) 760mm^2

(2) 试问，该简支梁支座区上部纵向构造钢筋自支座边缘向跨内伸出的最小长度 l_c（mm），选用下列何项数值最为恰当？

(A) 1500　　　(B) 1800　　　(C) 2100　　　(D) 2400

【解】 (A)

$$l_c \geqslant 0.2l_0 = 0.2 \times 7200 = 1440\text{mm}$$

【例 5-2】 （2009.2）钢筋混凝土结构中，位于主梁截面高度范围内承担次梁集中荷载的附加横向钢筋形式如图 5-7 所示。已知附加箍筋配置为 $2 \times 3 \Phi 10$（双肢），次梁集中荷载设计值 $F = 480\text{kN}$。试问，其中的附加吊筋（采用 HRB335 级钢筋）选用下列何项配置最为合适？

(A) $2 \Phi 20$　　　(B) $2 \Phi 22$　　　(C) $2 \Phi 25$　　　(D) $3 \Phi 25$

说明：《混凝土结构设计规范》（GB 50010—2002），一级钢筋（Φ）指的是 HPB235，其强度设计值为 210N/mm^2。

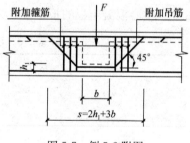

图 5-7　例 5-2 附图

【解】 (B)

$$F_v = A_{sv}f_{yv} = 6 \times 2 \times 78.5 \times 210 \times 10^{-3} = 198\text{kN}$$

$$A_s = \frac{F - F_v}{2f_{yv}\sin\alpha} = \frac{(480-198) \times 10^3}{2 \times 300 \times \sin 45°} = 665\text{mm}^2$$

(A) 628mm^2　　　(B) 760mm^2

(C) 982mm^2　　　(D) 1473mm^2

【例 5-3】 （2013.2）某框架结构顶层端节点处框架梁截面尺寸为 $300\text{mm} \times 700\text{mm}$，混凝土强度等级为 C30，$a_s = a_s^{'} = 60\text{mm}$，纵筋采用 HRB500 钢筋。试问，为防止框架顶层端节点处梁上部钢筋配筋率过高而引起节点核心区混凝土的斜压破坏，框架梁上部纵向钢筋的最大配筋量（mm^2）应与下列何项数值最为接近？

(A) 1500　　　(B) 1800　　　(C) 2200　　　(D) 2500

【解】 (C)

$$h_0 = 700 - 60 = 640\text{mm}$$

$$A_s \leqslant \frac{0.35\beta_c f_c b_b h_0}{f_y} = \frac{0.35 \times 1 \times 14.3 \times 300 \times 640}{435} = 2209\text{mm}^2$$

5.1.2 板的构造措施

1. 板的厚度

现浇板的宽度一般较大，设计时可取单位宽度（$b=1000\text{mm}$）进行计算。板的厚度和跨度之比 h/l_0 可参照表 5-2 确定。

表 5-2[15]　板的厚度与跨度的最小比值（h/l_0）

板的种类		h/l_0	常见跨度·（m）	适用范围	备注
单向板	简支	1/30	≤4	二级民用建筑的楼板	当 $l_0 \geq 4\text{m}$ 时应适当加厚
	连续	1/40			
双向板	简支	1/40	≤8		
	连续	1/50			
悬臂板		1/10～1/12	≤1.5	雨篷、阳台或其他悬挑构件	当 $l_0 > 1.5\text{m}$ 时宜做挑梁
普通板式楼梯		1/25～1/28	—	二级民用建筑	l_0 为楼梯水平投影长度

注：1. 表中双向板：l_0 为板的短边计算跨度；

　　2. 荷载较大时，板厚另行考虑。

考虑结构安全及舒适度（刚度）的要求，《混凝土结构设计规范》（GB 50010—2010）提出了常用混凝土板的厚度与跨度的比值：单向板不宜小于 1/30，双向板不宜小于 1/40；无梁支撑的有柱帽板不宜小于 1/35，无梁支撑的无柱帽板不宜小于 1/30。

现浇钢筋混凝土板的厚度除应满足各项功能要求外，还应满足最小厚度的要求，见表5-3[1]，实心混凝土板的板厚模数为 10mm。

表 5-3　现浇钢筋混凝土板的最小厚度（mm）

板的类别		最小厚度
单向板	屋面板	60
	民用建筑楼板	60
	工业建筑楼板	70
	行车道下的楼板	80
双向板		80
密肋楼盖	面板	50
	肋高	250
悬臂板（根部）	悬臂长度不大于 500mm	60
	悬臂长度 1200mm	100
无梁楼板		150
现浇空心楼盖		200

2. 板的钢筋

板内钢筋一般有纵向受力钢筋和分布钢筋，如图 5-8 所示。

（1）板的受力钢筋

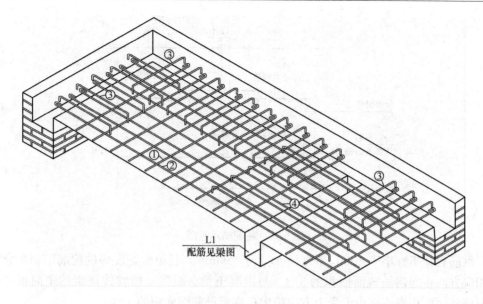

图 5-8[55]　板的配筋

①—分布钢筋，放在里侧；②—受力钢筋，放在外侧；③，④—支座负筋，放在板顶

板的受力钢筋常采用热轧带肋钢筋，直径通常采用 8mm、10mm、12mm。为了便于施工架立，支座负弯矩的上部受力钢筋直径不宜小于 10mm。

采用绑扎搭接时，受力钢筋的间距一般不小于 70mm；当板厚 $h \leqslant 150mm$ 时，不宜大于 200mm；当板厚 $h > 150mm$ 时，不宜大于 1.5h，且不宜大于 250mm，如图 5-9 所示。

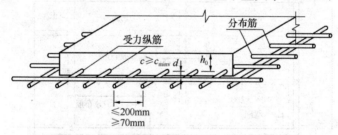

图 5-9[21]　板配筋构造要求

（2）板的分布钢筋

板的分布钢筋应布置在受力钢筋的内侧，并与受力钢筋垂直，交点处绑扎或焊接。板的分布钢筋宜采用 HPB300 级、HRB335 级钢筋，其作用是：固定受力钢筋的位置并将板面的荷载均匀地传递给受力钢筋，以及抵抗温度和混凝土收缩等引起的应力。

分布钢筋按构造配置，常用直径是 8mm，不宜小于 6mm；单位宽度上的配筋不宜小于单位宽度上受力钢筋的 15%，且配筋率不宜小于 0.15%，间距不宜大于 250mm；当集中荷载较大时，分布钢筋的配筋面积尚应增加，且间距不宜大于 200mm。

值得注意的是，分布钢筋不仅仅布置在板底，板面有负筋的地方也要布分布钢筋，而且始终布置在受力钢筋的内侧，如图 5-10 所示。

（3）非受力边的板面负筋

按简支边或非受力边设计的现浇混凝土板，当与混凝土梁、墙整体浇筑或嵌固在砌体墙上时，应设置板面构造钢筋，并符合下列要求：

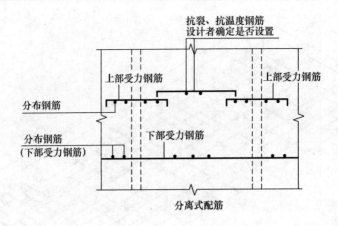

图 5-10　板配筋示意图

①钢筋直径不宜小于 8mm，间距不宜大于 200mm，且单位宽度内的配筋面积不宜小于跨中相应方向板底钢筋截面面积的 1/3。与混凝土梁、混凝土墙整体浇筑的单向板非受力边，钢筋截面面积尚不宜小于受力方向跨中板底钢筋截面面积的 1/3。

②钢筋从混凝土梁边、柱边、墙边伸入板内的长度不宜小于 $l_0/4$，砌体墙支座处钢筋伸入板边的长度不宜小于 $l_0/7$，其中计算跨度 l_0 对单向板按受力方向考虑，对双向板按短边方向考虑，如图 5-11 所示。

③在楼板角部，宜沿两个方向正交、斜向平行或放射状布置附加钢筋。

④钢筋应在梁内、墙内或柱内可靠锚固。

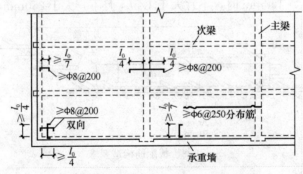

图 5-11　连续单向板非受力边板面负筋

【例 5-4】　（2010.2）某滨海风景区体育建筑中的钢筋混凝土悬挑板疏散外廊如图 5-12 所

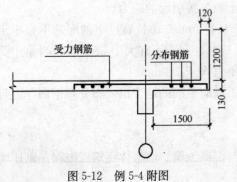

图 5-12　例 5-4 附图

示。混凝土强度等级为 C30，受力钢筋采用 HRB335 级（Φ），分布钢筋采用 HPB235 级（Φ）。假定该悬挑板的负弯矩钢筋配置为 Φ14@150，试问，其分布钢筋的配置选用下列何项最为合适？

（A）Φ6@250　　　　　　（B）Φ6@200

（C）Φ8@250　　　　　　（D）Φ8@200

说明：《混凝土结构设计规范》（GB 50010—2002），一级钢筋（Φ）指的是 HPB235，其强度设计值为 210N/mm²。

【解】 （C）

查钢筋面积表，$\Phi 14@150$ 每米板带的面积为 1026mm^2

$$1026 \times 15\% = 154\text{mm}^2/\text{m}$$

$$0.15\% \times bh = 0.15\% \times 1000 \times 130 = 195\text{mm}^2/\text{m}$$

取较大值 $195\text{mm}^2/\text{m}$，（C）选项面积为 $201\text{mm}^2/\text{m}$。

5.2　钢筋混凝土受弯构件正截面受弯试验研究

5.2.1　适筋梁正截面受力的三个阶段[25]

在单筋矩形梁的三分点处加集中荷载，做试验研究，分析其受力性能。

纵向受拉钢筋的配筋率 ρ 是指纵向受拉钢筋截面面积 A_s 与截面有效面积 bh_0 的比值，即

$$\rho = \frac{A_s}{bh_0} \tag{5-4}$$

式中　b——矩形截面高度；

h_0——纵向受拉钢筋合力点至截面受压区边缘的距离，称为截面有效高度。

变化配筋率 ρ 以研究不同配筋梁的受力性能。当梁中纵向受力钢筋的配筋率适中时（称为适筋梁），梁正截面的受弯破坏过程表现为典型的三个阶段，各阶段的应力分布如图 5-13 所示。

（1）第 Ⅰ 阶段——弹性阶段（未开裂阶段）

当荷载较小时，混凝土梁如同两种弹性材料组成的组合梁，梁截面的应力呈线性分布，卸载后几乎无残余变形［图 5-13 (a)］。当梁受拉区混凝土的最大拉应力达到混凝土的抗拉强度 f_t，且混凝土的最大拉应变达到混凝土的极限受拉应变 ε_{tu} 时，在纯弯段某一薄弱截面出现第 1 条垂直裂缝。梁开裂标志着第一阶段的结束（Ⅰ$_a$）。此时，梁承担的弯矩 M_{cr} 称为开裂弯矩［图 5-13 (b)］。

（2）第 Ⅱ 阶段——带裂缝工作阶段

梁开裂后，裂缝处混凝土退出工作，钢筋应力激增，且通过粘结力向未开裂的混凝土传递拉应力，使得梁中继续出现拉裂缝。压区混凝土中压应力也由线性分布逐步转为非线性分布［图 5-13 (c)］。当受拉钢筋屈服时标志着第二阶段的结束（Ⅱ$_a$）。此时，钢筋的最大拉应力达到钢筋的抗拉强度 f_y，钢筋的最大拉应变达到钢筋的极限受拉应变 ε_y，梁承担的弯矩称为屈服弯矩［图 5-13 (d)］。

（3）第 Ⅲ 阶段——破坏阶段

钢筋屈服后，在很小的荷载增量下，梁会产生很大的变形。裂缝的高度和宽度进一步发展，中和轴不断上移，压区混凝土应力分布曲线渐趋丰满［图 5-13 (e)］。当受压区混凝土的最大压应变达到混凝土的极限受压应变 ε_{cu} 时，压区混凝土压碎，梁正截面受弯破坏。此时，梁承担的弯矩 M_u 称为极限弯矩［图 5-13 (f)］。

5.2.2　正截面受弯的破坏形态

试验研究表明，纵向受拉钢筋的配筋率对受弯构件正截面的受力性能及其破坏形态有很大影响。根据配筋率的不同，钢筋混凝土梁的受弯破坏分为适筋梁破坏、超筋梁破坏和少筋

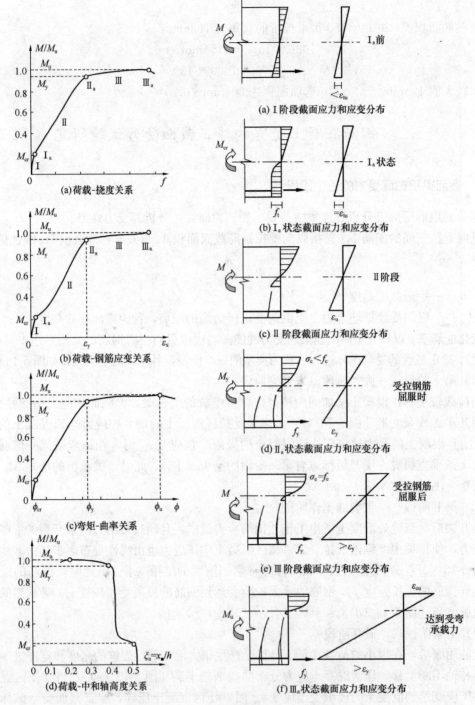

(a)荷载-挠度关系

(b)荷载-钢筋应变关系

(c)弯矩-曲率关系

(d)荷载-中和轴高度关系

(a) I 阶段截面应力和应变分布

(b) I$_a$ 状态截面应力和应变分布

(c) II 阶段截面应力和应变分布

(d) II$_a$ 状态截面应力和应变分布

(e) III 阶段截面应力和应变分布

(f) III$_a$ 状态截面应力和应变分布

图 5-13[21]　适筋梁破坏的三个阶段

梁破坏三种破坏形态,如图 5-14 所示。

(1) 适筋梁破坏

当截面纵向受拉钢筋的配筋率适当时发生适筋梁破坏。

适筋梁破坏的特点是纵向受拉钢筋首先屈服,然后受压区混凝土被压碎,这种梁在破坏

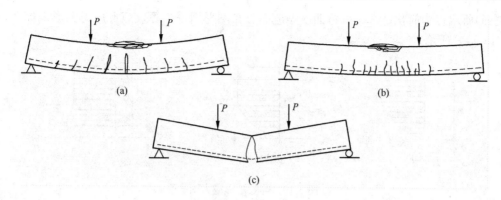

图 5-14 钢筋混凝土梁的破坏形态
(a) 适筋破坏；(b) 超筋破坏；(c) 少筋破坏

以前，由于发生了较大的塑性变形，而且裂缝急剧开展，破坏时有明显的预兆，属于塑性破坏。破坏时受拉钢筋和混凝土的强度都能得到充分利用。因此适筋梁的破坏是设计的依据。

（2）超筋梁破坏

当截面纵向受拉钢筋的配筋率过大时发生超筋梁破坏。

超筋梁的破坏特点是受压区混凝土被压碎，梁即告破坏，这时受拉区纵向钢筋达不到屈服，梁的挠度和受拉区裂缝的开展均不大，破坏前没有明显的预兆，属于脆性破坏。破坏时受拉钢筋的强度没有得到充分利用，造成浪费。因此设计中应当避免。

（3）少筋梁破坏

当截面纵向受拉钢筋的配筋率过小时发生少筋梁破坏。

少筋梁破坏的特点是受拉区混凝土一旦开裂，裂缝就急剧开展，裂缝截面处的拉力全部由受拉钢筋承受。由于受拉钢筋配置过少，钢筋无法承受混凝土转嫁而来的拉力，应力激增，并迅速越过屈服平台和强化段达到极限强度而拉断。其破坏与素混凝土梁类似，属于脆性破坏。破坏时受压区混凝土的抗压强度也未能充分利用，因此实际工程中不允许采用少筋梁。

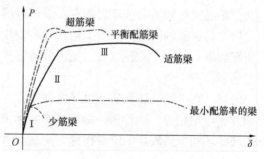

图 5-15 不同钢筋混凝土梁的荷载-位移关系曲线

图 5-15 给出了根据试验荷载和位移计的记录得出的梁的荷载-位移关系曲线。由图 5-15 中的结果可以看出，少筋梁的承载能力和变形能力均很差，超筋梁虽有较高的承载力，但其变形能力很差，二者均不是良好的结构构件；适筋梁既具有较高的承载力，又具有很好的变形能力，是良好的结构构件。

5.3 钢筋混凝土受弯构件正截面承载力分析

5.3.1 混凝土受压区等效矩形应力图

根据实验分析，当截面弯矩达到极限弯矩 M_u 时，受压区混凝土压应力图形如图

5-16（a）所示；为简化计算，可将曲线型应力分布图形用一个等效矩形应力图形来代替，如图 5-16（c）所示。

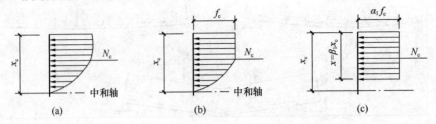

图 5-16　等效矩形应力图
（a）实际的；（b）假定的；（c）等效矩形

设截面实际受压区高度为 x_c，等效矩形应力图形的应力值为 $\alpha_1 f_c$，受压区高度 $x = \beta_1 x_c$，其中 α_1 为等效矩形应力图的应力值与混凝土轴心抗压强度设计值的比值；β_1 为等效矩形应力图形高度与实际受压区高度的比值。α_1、β_1 的取值见表 5-4。

表 5-4　混凝土受压区等效矩形应力图形系数

	≤C50	C55	C60	C65	C70	C75	C80
α_1	1.00	0.99	0.98	0.97	0.96	0.95	0.94
β_1	0.8	0.79	0.78	0.77	0.76	0.75	0.74

5.3.2　界限受压区高度与最小配筋率

在超筋破坏和适筋破坏之间存在着一种界限破坏（或称平衡破坏）。其破坏特征是在纵向受拉钢筋屈服的同时，混凝土被压碎。发生界限破坏时钢筋的配筋率称为界限配筋率（或平衡配筋率），用 ρ_{max} 表示。ρ_{max} 是区分适筋破坏和超筋破坏的定量指标，也是适筋构件的最大配筋率。

同样，在少筋破坏和适筋破坏之间也存在着一种"界限"破坏，其特征是构件的屈服弯矩和开裂弯矩相等。这种构件的配筋率实际上是适筋梁的最小配筋率，用 ρ_{min} 表示。ρ_{min} 是区分适筋破坏和少筋破坏的定量指标。配置最小配筋率的钢筋混凝土梁的变形能力最好（图 5-15）。

1. 界限受压区高度

设界限破坏时截面实际受压区高度为 x_{cb}，等效矩形应力图形的高度为 x_b。将由等效矩形应力图形计算得出的受压区高度 x 与截面有效高度 h_0 的比值定义为相对受压区高度 ξ，即

$$\xi = \frac{x}{h_0} \tag{5-5}$$

则可写出 ξ 与中和轴高度 x_c 之间的关系，即

$$\xi = \frac{x}{h_0} = \frac{\beta_1 x_c}{h_0} \tag{5-6}$$

由图 5-17 中简单的几何关系可得

$$\frac{x_{cb}}{h_0} = \frac{\varepsilon_{cu}}{\varepsilon_{cu} + \varepsilon_y} \tag{5-7}$$

定义相对界限受压区高度 $\xi_b = \dfrac{x_b}{h_0}$，并带入公式 (5-7)，有

$$\xi_b = \frac{x_b}{h_0} = \frac{\beta_1 x_{cb}}{h_0} = \beta_1 \frac{\varepsilon_{cu}}{\varepsilon_{cu} + \varepsilon_y} = \frac{\beta_1}{1 + \dfrac{\varepsilon_y}{\varepsilon_{cu}}}$$

(5-8)

对有明显屈服点的钢筋，其屈服应变 $\varepsilon_y = \dfrac{f_y}{E_s}$，带入公式 (5-8)，可得

$$\xi_b = \frac{\beta_1}{1 + \dfrac{f_y}{\varepsilon_{cu} E_s}}$$

(5-9)

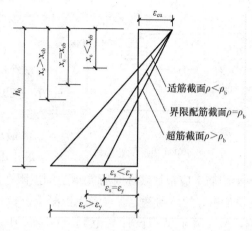

图 5-17 相对受压区高度

式中 f_y ——纵向钢筋的抗拉强度设计值；

E_s ——纵向受拉钢筋的弹性模量；

ε_{cu} ——正截面的混凝土极限压应变。

由式 (5-9) 算得的 ξ_b 值列于表 5-5 中。

表 5-5　钢筋混凝土构件配有屈服点钢筋的 ξ_b 值

钢筋级别	ξ_b						
	≤C50	C55	C60	C65	C70	C75	C80
HPB300	0.576	—	—	—	—	—	—
HRB335、HRBF335	0.550	0.541	0.531	0.522	0.512	0.503	0.493
HRB400、HRBF400、RRB400	0.518	0.508	0.499	0.490	0.481	0.472	0.463
HRB500、HRBF500	0.482	0.473	0.464	0.450	0.447	0.438	0.429

由图 5-17 可知，根据相对受压区高度 ξ 的大小可以进行受弯构件正截面破坏形态的判别，即当 $\xi > \xi_b$ 时，梁发生超筋破坏；当 $\xi < \xi_b$ 时，梁为适筋破坏（需满足最小配筋率的要求）；当 $\xi = \xi_b$ 时，梁发生的是界限破坏。

在有抗震设防的地区，考虑到延性，混凝土的受压区高度不能太大，即对 ξ 提出了限制：梁正截面受弯承载力计算中，计入纵向受压钢筋的梁端混凝土受压区高度应符合下列要求：

一级抗震等级：$\xi \leqslant 0.25$；二、三级抗震等级：$\xi \leqslant 0.35$。

2. 最大配筋率

如前所述，最大配筋率 ρ_{max} 是适筋梁配筋的上限，当纵向受拉钢筋的配筋率 $\rho > \rho_{max}$ 时，截面发生超筋梁破坏，下面介绍 ρ_{max} 的计算方法。

由图 5-18 可以建立力平衡方程

$$\alpha_1 f_c b x = f_y A_s$$

(5-10)

带入式 (5-4) 得

$$\rho = \frac{A_s}{bh_0} = \frac{x}{h_0} \frac{\alpha_1 f_c}{f_y} = \xi \frac{\alpha_1 f_c}{f_y}$$

(5-11)

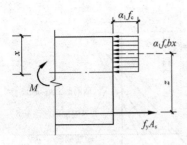

图 5-18 单筋矩形受弯构件

当 $\xi = \xi_b$ 时，对应的配筋率即为最大的配筋率，即

$$\rho_{max} = \xi_b \frac{\alpha_1 f_c}{f_y} \tag{5-12}$$

对有抗震设防的地区，《混凝土结构设计规范》（GB 50010—2010）规定：梁端纵向受拉钢筋的配筋率不宜大于 2.5%。

3. 最小配筋率

最小配筋率 ρ_{min} 是少筋梁与适筋梁的界限。理论上讲，最小配筋率应根据破坏时所能承受的极限弯矩 M_u 与同条件下素混凝土梁所能承受的开裂弯矩 M_{cr} 相等的原则确定。再考虑混凝土抗拉强度的离散性，混凝土收缩和温度应力等不利影响，《混凝土结构设计规范》（GB 50010—2010）规定：纵向受拉钢筋的最小配筋率取 0.20% 和 $45 f_t/f_y$（%）中的较大值，即

$$\rho_{min} = \max(0.2\%, 0.45 f_t/f_y) \tag{5-13}$$

板类受弯构件（不包括悬臂板）的受拉钢筋，当采用强度级别 400MPa、500MPa 的钢筋时，其最小配筋百分率应允许采用 0.15% 和 $45 f_t/f_y$（%）中的较大值。

受弯构件一侧受拉钢筋的配筋率应按全截面面积扣除受压翼缘面积 $(b'_f - b)h'_f$ 后的截面面积计算。

卧置于地基上的混凝土板，板中受拉钢筋的最小配筋率可适当降低，但不应小于 0.15%。

对有抗震设防的地区，最小配筋率的要求更严格一些，《混凝土结构设计规范》（GB 50010—2010）规定：框架梁纵向受拉钢筋的配筋率不应小于表 5-6 规定的数值。

表 5-6　框架梁纵向受拉钢筋的最小配筋百分率（%）

抗震等级	梁中位置	
	支座	跨中
一级	0.40 和 80 f_t/f_y 中的较大值	0.30 和 65 f_t/f_y 中的较大值
二级	0.30 和 65 f_t/f_y 中的较大值	0.25 和 55 f_t/f_y 中的较大值
三、四级	0.25 和 55 f_t/f_y 中的较大值	0.20 和 45 f_t/f_y 中的较大值

对结构中次要的钢筋混凝土受弯构件，当构造所需截面高度远大于承载的需求时，其纵向受拉钢筋的配筋率可按下列公式计算：

$$\rho \geqslant \frac{h_{cr}}{h} \rho_{min} \tag{5-14}$$

$$h_{cr} = 1.05 \sqrt{\frac{M}{\rho_{min} f_y b}} \tag{5-15}$$

式中　ρ —— 构件按全截面计算的纵向受拉钢筋的配筋率；

　　　ρ_{min} —— 纵向受力钢筋的最小配筋率，按公式（5-13）采用；

　　　h_{cr} —— 构件截面的临界高度，当小于 $h/2$ 时取 $h/2$；

　　　h —— 构件截面的高度；

　　　b —— 构件截面的宽度；

M——构件的正截面受弯承载力设计值。

4. 经济配筋率[38]

根据设计经验，在满足适筋梁的条件范围内，梁的截面尺寸选择过大或过小都会使造价相对提高。为了达到较好的经济效果，设计时在梁的尺寸适当的情况下，应尽可能使配筋率处于以下经济配筋率的范围之内：

钢筋混凝土板：$\rho = 0.4\% \sim 0.9\%$；

矩形截面梁：$\rho = 0.6\% \sim 1.5\%$；

T 形截面梁：$\rho = 0.8\% \sim 1.8\%$。

5.4　矩形截面受弯构件承载力计算

5.4.1　概述

钢筋混凝土梁分单筋梁和双筋梁。单筋梁只在受拉区配置钢筋，板就是典型的单筋截面。双筋梁在受压区和受拉区同时配置钢筋。由于地震的往复性，梁的受拉边可能是变化的，故工程中双筋梁居多。有时受压边和受拉边配置同样数量的钢筋，即对称配筋。

5.4.2　单筋矩形构件受弯承载力计算

1. 基本公式

单筋矩形截面在达到承载力极限状态时，其正截面计算简图如图 5-19 所示。

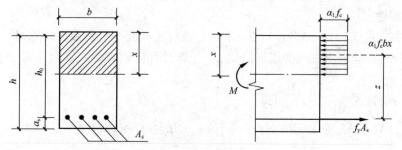

图 5-19　单筋矩形受弯构件正截面承载力

$$\Sigma X = 0 \qquad \alpha_1 f_c bx = f_y A_s \tag{5-16}$$

$$\Sigma M = 0 \qquad M \leqslant M_u = \alpha_1 f_c bx \left(h_0 - \frac{x}{2} \right) \tag{5-17}$$

或

$$M \leqslant M_u = f_y A_s \left(h_0 - \frac{x}{2} \right) \tag{5-18}$$

$$h_0 = h - a_s \tag{5-19}$$

式中　M——弯矩设计值；

M_u——正截面受弯承载力设计值；

f_c——混凝土轴心抗压强度设计值；

f_y——钢筋抗拉强度设计值；

b ——截面宽度；

A_s ——受拉区纵向钢筋面积；

x ——等效矩形应力图形的混凝土受压区高度；

h_0 ——截面有效高度；

h ——截面高度；

a_s ——受拉钢筋合力点至截面受拉区边缘的距离。当环境类别为一类时，一般可按下列数值采用：

梁的受拉钢筋为一排钢筋时：$a_s = 40\text{mm}$

梁的受拉钢筋为两排钢筋时：$a_s = 65\text{mm}$

板：$a_s = 20\text{mm}$

2. 适用条件

为了防止超筋破坏，应满足

$$\xi \leqslant \xi_b \tag{5-20}$$

或

$$x \leqslant \xi_b h_0 \tag{5-21}$$

或

$$\rho = \frac{A_s}{bh_0} \leqslant \rho_{\max} = \xi_b \frac{\alpha_1 f_c}{f_y} \tag{5-22}$$

为了防止少筋破坏，应满足

$$A_s \geqslant A_{s,\min} = \rho_{\min} bh \tag{5-23}$$

3. 计算系数

利用基本公式（5-16）、（5-17）或（5-18）进行正截面受弯承载力计算时，有时需要解一元二次方程，才能求出截面受压区高度 x，计算过程比较麻烦。下面介绍一些计算系数，以简化计算。

将 $x = \xi h_0$ 带入式（5-17）可得

$$M \leqslant M_u = \alpha_1 f_c bx \left(h_0 - \frac{x}{2} \right) = \alpha_1 f_c bh_0^2 \xi(1 - 0.5\xi) = \alpha_s \alpha_1 f_c bh_0^2 \tag{5-24}$$

若是对混凝土的作用点取矩，将 $x = \xi h_0$ 带入式（5-18）可得

$$M \leqslant M_u = f_y A_s h_0 (1 - 0.5\xi) = \gamma_s f_y A_s h_0 \tag{5-25}$$

其中

$$\alpha_s = \xi(1 - 0.5\xi) \tag{5-26}$$

$$\gamma_s = 1 - 0.5\xi \tag{5-27}$$

α_s 称为截面抵抗矩系数，γ_s 为截面内力臂系数。α_s、γ_s 和 ξ 三者之间存在着一一对应关系。

$$\xi = 1 - \sqrt{1 - 2\alpha_s} \tag{5-28}$$

4. 基本公式的应用

1）配筋设计

设计时，一般仅需对控制截面进行配筋计算。所谓控制截面，在等截面构件中一般是指弯矩设计值最大的截面；在变截面构件中则是指截面尺寸相对较小，而弯矩相对较大的截面。

截面配筋时，弯矩设计值 M、截面尺寸、材料强度等是已知的，计算步骤如下

（1）计算 α_s

取受弯承载力 M_u 等于弯矩设计值 M，代入公式（5-17），并用 α_s 表示

$$\alpha_s = \frac{M}{\alpha_1 f_c b h_0^2}$$

（2）计算 ξ

$$\xi = 1 - \sqrt{1 - 2\alpha_s}$$

ξ 有以下几种情况：

① $\xi \leqslant \xi_b$，为适筋梁，代入公式（5-16）

$$A_s = \frac{\alpha_1 f_c b \xi h_0}{f_y}$$

并满足最小配筋率的要求。

② $\xi > \xi_b$，为超筋梁，修改截面或增加混凝土强度等级重新计算；也可配受压钢筋帮助混凝土受压，做成双筋梁。

2）截面复核

截面复核时，钢筋面积 A_s 等是已知的，计算步骤如下

（1）验算配筋率，保证其不是少筋梁；

（2）计算 x。将 A_s 代入公式（5-16）

$$x = \frac{f_y A_s}{\alpha_1 f_c b}$$

x 有以下几种情况：

① $x \leqslant \xi_b h_0$，为适筋梁，代入公式（5-17）

$$M \leqslant M_u = \alpha_1 f_c b x \left(h_0 - \frac{x}{2} \right)$$

② $x > \xi_b h_0$，为超筋梁，此时受拉钢筋没有屈服，受拉钢筋的强度用应力表示重新计算混凝土受压区高度 x，进而算出受弯承载力。也可保守的取超筋梁的最低承载力，即适筋梁的最高承载力，即取 $x = x_b = \xi_b h_0$ 代入公式（5-17）

$$M \leqslant M_u = \alpha_1 f_c b \xi_b h_0 \left(h_0 - \frac{\xi_b h_0}{2} \right)$$

【例 5-5】 某公共洗衣房一单跨简支板，设计使用年限 50 年，计算跨度 $l_0 = 2.34\text{m}$，如图 5-20 所示；混凝土 C30；钢筋采用 HPB300，环境类别为一类，求板厚及纵向受拉钢筋截面面积。

【解】 查附录 B，公共洗衣房的楼面活荷载标准值为 3.0kN/m^2。板的厚度取为

$$\frac{l_0}{30} = \frac{2.34 \times 10^3}{30} = 78\text{mm}$$

取板厚 $h = 80\text{mm}$。

取 1000mm 板宽作为计算单元，则永久荷载标准值为：

$$g_k = 25 \times 0.08 \times 1.0 = 2.0\text{kN/m}$$

简支梁在均布荷载作用下，弯矩最大的截面是跨中截面，在可变荷载和永久荷载作用下，跨中弯矩标准值为：

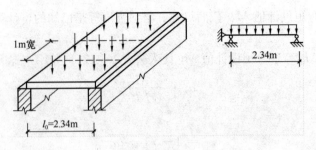

图 5-20　例 5-5 板受力图

$$M_{Qk} = \frac{1}{8} q_k l_0^2 = \frac{1}{8} \times 3 \times 2.34^2 = 2.053 \text{kN} \cdot \text{m}$$

$$M_{Gk} = \frac{1}{8} g_k l_0^2 = \frac{1}{8} \times 2.0 \times 2.34^2 = 1.369 \text{kN} \cdot \text{m}$$

可见由可变荷载起控制作用，故跨中弯矩设计值为

$$M = \gamma_G M_{Gk} + \gamma_Q M_{Qk} = 1.2 \times 1.369 + 1.4 \times 2.053 = 4.52 \text{kN} \cdot \text{m}$$

由附录 D-14 知，保护层厚度为 15mm，取 $a_s = 20$mm，故 $h_0 = 80 - 20 = 60$mm

$$\alpha_s = \frac{M}{\alpha_1 f_c b h_0^2} = \frac{4.52 \times 10^6}{1 \times 14.3 \times 1000 \times 60^2} = 0.0878$$

$$\xi = 1 - \sqrt{1 - 2\alpha_s} = 1 - \sqrt{1 - 2 \times 0.0878} = 0.092 < \xi_b = 0.576，满足要求$$

$$A_s = \frac{\alpha_1 f_c b h_0 \xi}{f_y} = \frac{1 \times 14.3 \times 1000 \times 60 \times 0.092}{270} = 292.4 \text{mm}^2 > A_{s,min}$$

$$45 \frac{f_t}{f_y} = 45 \frac{1.43}{270} = 0.24 > 0.2$$

$$A_{s,min} = 0.24\% \times 1000 \times 80 = 192 \text{mm}^2$$

查附录 D-2，选用 Φ8@170，$A_s = 296 \text{mm}^2$。

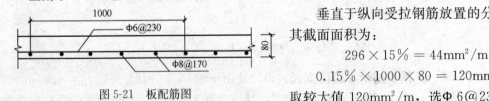

图 5-21　板配筋图

垂直于纵向受拉钢筋放置的分布钢筋，其截面面积为：

$$296 \times 15\% = 44 \text{mm}^2/\text{m}$$

$$0.15\% \times 1000 \times 80 = 120 \text{mm}^2/\text{m}$$

取较大值 120mm²/m，选 Φ6@230，$A_s = 128.5 \text{mm}^2$。配筋如图 5-21 所示。

【例 5-6】　**（2010.2）**已知条件同例 5-4

若该悬挑板按每延米宽计算的支座负弯矩设计值 $M = 27 \text{kN} \cdot \text{m}$，主筋采用 Φ12 钢筋，试问，当按单筋板计算时，该悬挑板的支座负弯矩钢筋配置，选用下列何项最为合适？

　　(A) Φ12@200　　　(B) Φ12@150　　　(C) Φ12@100　　　(D) Φ12@75

【解】（C）

查附录 D-11，该疏散外廊属于三 a 类环境，则 $c = 30$mm，

$$h_0 = 130 - 30 - \frac{12}{2} = 94 \text{mm}$$

$$\alpha_{\mathrm{s}} = \frac{M}{\alpha_1 f_{\mathrm{c}} b h_0^2} = \frac{27 \times 10^6}{1 \times 14.3 \times 1000 \times 94^2} = 0.2137$$

$$\xi = 1 - \sqrt{1 - 2\alpha_{\mathrm{s}}} = 1 - \sqrt{1 - 2 \times 0.2137} = 0.2433 < \xi_{\mathrm{b}} = 0.55, 满足要求$$

$$A_{\mathrm{s}} = \frac{\alpha_1 f_{\mathrm{c}} b \xi h_0}{f_{\mathrm{y}}} = \frac{1 \times 14.3 \times 1000 \times 0.2433 \times 94}{300} = 1090 \mathrm{mm}^2 > A_{\mathrm{s,min}}$$

$$45 \frac{f_{\mathrm{t}}}{f_{\mathrm{y}}} = 45 \frac{1.43}{300} = 0.21 > 0.2$$

$$A_{\mathrm{s,min}} = 0.21\% \times 1000 \times 130 = 273 \mathrm{mm}^2$$

其中 （A）565mm²/m （B）754 mm²/m （C）1131 mm²/m （D）1508 mm²/m

5.4.3 双筋矩形构件受弯承载力计算

1. 受压钢筋的应力

双筋截面受弯构件的受力特点和破坏特征基本上与单筋截面相似，只要满足 $\xi \leqslant \xi_{\mathrm{b}}$ 时，双筋截面的破坏仍为受拉钢筋首先屈服，经历一定的塑性伸长后，最后受压区混凝土压碎，具有适筋梁的塑性破坏特征。在建立双筋截面受弯构件正截面承载力的计算公式时，受压区混凝土仍可采用等效矩形应力图形，而受压钢筋的抗压强度设计值尚待确定。

双筋截面梁破坏时，受压钢筋的应力取决于它的应变 $\varepsilon_{\mathrm{s}}'$，如图 5-22 所示。

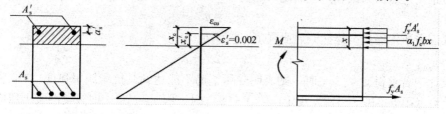

图 5-22 双筋矩形梁受压钢筋的应变和应力

当截面受压区边缘混凝土的极限压应变为 $\varepsilon_{\mathrm{cu}}$ 时，根据平截面假定，由几何关系可得受压钢筋合力点处的压应变为

$$\varepsilon_{\mathrm{s}}' = \frac{x_{\mathrm{c}} - a_{\mathrm{s}}'}{x_{\mathrm{c}}} \varepsilon_{\mathrm{cu}} = \left(1 - \frac{\beta_1 a_{\mathrm{s}}'}{x}\right) \varepsilon_{\mathrm{cu}}$$

式中 a_{s}'——受压钢筋合力点至截面受压区边缘的距离。

如果取 $x = 2a_{\mathrm{s}}'$，$\varepsilon_{\mathrm{cu}} = 0.0033$，$\beta_1 = 0.8$，则受压钢筋的应变为

$$\varepsilon_{\mathrm{s}}' = 0.0033 \times \left(1 - \frac{0.8 a_{\mathrm{s}}'}{2 a_{\mathrm{s}}'}\right) = 0.002$$

若取钢筋受压时的弹性模量 $E_{\mathrm{s}}' = 2.0 \times 10^5 \mathrm{N/mm}^2$，则受压钢筋的应力为

$$\sigma_{\mathrm{s}}' = E_{\mathrm{s}}' \varepsilon_{\mathrm{s}}' = 2.0 \times 10^5 \times 0.002 = 400 \mathrm{MPa}$$

此时，对于常用的钢筋 HPB300、HRB335、HRBF335、HRB400、HRBF400 和 RRB400，其应力均已达到强度设计值。因此受压钢筋的应力达到屈服强度的充分条件是

$$x \geqslant 2 a_{\mathrm{s}}'$$

此外，如果在计算中考虑受压钢筋作用时，箍筋应做成封闭式，其间距不应大于 $15d$（d 为受压钢筋最小直径），否则会导致混凝土保护层过早剥落并可能使纵向受压钢筋屈服鼓出。

2. 基本公式

双筋矩形截面受弯承载力计算简图如图 5-23 所示。

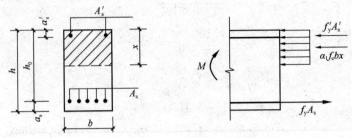

图 5-23[23]　双筋梁计算简图

$$\sum X = 0 \qquad \alpha_1 f_c bx + f'_y A'_s = f_y A_s \tag{5-29}$$

$$\sum M = 0 \qquad M \leqslant M_u = \alpha_1 f_c bx \left(h_0 - \frac{x}{2} \right) + f'_y A'_s (h_0 - a'_s) \tag{5-30}$$

式中　f'_y——钢筋的抗压强度设计值；

　　　A'_s——受压钢筋的截面面积。

3. 适用条件

为防止发生超筋梁破坏，应满足

$$x \leqslant \xi_b h_0 \tag{5-31}$$

为保证受压钢筋应力能达到屈服强度，应满足

$$x \geqslant 2a'_s \tag{5-32}$$

在设计中若求得 $x < 2a'_s$ 时，则表明受压钢筋不能达到其抗压屈服强度。《混凝土结构设计规范》（GB 50010—2010）规定：当 $x < 2a'_s$ 时，取 $x = 2a'_s$，即假设混凝土压应力合力点与受压钢筋合力点重合（图 5-24），对受压钢筋合力点取矩。这样做是忽略了混凝土压力对受压钢筋合力点的力矩，这样做是偏于安全的。此时，正截面的承载力为

$$M \leqslant M_u = f_y A_s (h_0 - a'_s) \tag{5-33}$$

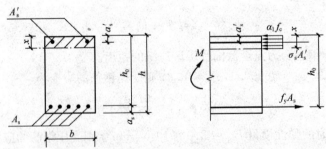

图 5-24　$x = 2a'_s$ 时双筋矩形受弯构件正截面承载力计算简图

值得注意的是，按式（5-33）求得的 A_s 可能比不考虑受压钢筋而按单筋矩形截面计算的 A_s 还大，这时应按单筋矩形截面的计算结果配筋。

设计中，一般不考虑梁端出现正弯矩或出现较小正弯矩。考虑到地震作用的随机性，在较强地震下梁端可能出现较大的正弯矩，故需在梁端底部配有一定数量的钢筋，以免下部钢筋过早屈服甚至拉断。另一方面，提高梁端底部纵向钢筋的数量，也有助于改善梁端塑性铰

在负弯矩作用下的延性性能。《混凝土结构设计规范》（GB 50010—2010）规定：框架梁梁端截面的底部和顶部纵向受力钢筋截面面积的比值，除按计算确定外，一级抗震等级不应小于0.5；二、三级抗震等级不应小于0.3。

4. 基本公式的应用

1）配筋设计

（1）受压侧钢筋 A'_s 为已知

确定 α_s。把 A'_s 代入公式（5-30），$x\left(h_0 - \dfrac{x}{2}\right)$ 用 $h_0^2\alpha_s$ 表示，其中 $\alpha_s = \xi(1 - 0.5\xi)$

$$\alpha_s = \frac{M - f'_y A'_s (h_0 - a'_s)}{\alpha_1 f_c b h_0^2}$$

确定混凝土受压区高度 x

$$\xi = 1 - \sqrt{1 - 2\alpha_s}$$
$$x = \xi h_0$$

① $x < 2a'_s$，为适筋梁，但受压区高度太小，受压侧钢筋没有屈服，代入公式（5-33）

$$A_s = \frac{M}{f_y(h_0 - a'_s)}$$

并满足最小配筋率的要求。

② $2a'_s \leqslant x \leqslant \xi_b h_0$，为适筋梁，代入公式（5-29）

$$A_s = \frac{\alpha_1 f_c b x + f'_y A'_s}{f_y}$$

并满足最小配筋率的要求。

③ $x > \xi_b h_0$，为超筋梁；说明受压钢筋 A'_s 配置太少，按 A_s 和 A'_s 均未知重新计算。

（2）A_s 和 A'_s 均未知

确定 A'_s。为使配筋经济，取混凝土受压区高度 $x = x_b = \xi_b h_0$，代入公式（5-30）

$$A'_s = \frac{M - \alpha_1 f_c b x_b \left(h_0 - \dfrac{x_b}{2}\right)}{f'_y(h_0 - a'_s)}$$

确定 A_s。把 A'_s 代入公式（5-29）

$$A_s = \frac{\alpha_1 f_c b x_b + f'_y A'_s}{f_y}$$

并满足最小配筋率的要求。

2）截面复核

截面复核时，钢筋面积 A_s、A'_s 等是已知的。

（1）验算配筋率，保证其不是少筋梁；

（2）计算 x。将 A_s 代入公式（5-29）

$$x = \frac{f_y A_s - f'_y A'_s}{\alpha_1 f_c b}$$

x 有以下几种情况：

① $x < 2a'_s$，为适筋梁，但受压区高度太小，受压侧钢筋没有屈服，代入公式（5-33）

$$M \leqslant M_u = f_y A_s(h_0 - a'_s)$$

② $2a'_s \leqslant x \leqslant \xi_b h_0$，为适筋梁，代入公式（5-30）

$$M \leqslant M_u = \alpha_1 f_c bx \left(h_0 - \frac{x}{2}\right) + f'_y A'_s (h_0 - a'_s)$$

③ $x > \xi_b h_0$，为超筋梁，此时受拉钢筋没有屈服，受拉钢筋的强度用应力表示重新计算混凝土受压区高度 x，进而算出受弯承载力。也可保守的取超筋梁的最低承载力，即适筋梁的最高承载力，即取 $x = x_b = \xi_b h_0$ 代入公式（5-30）

$$M \leqslant M_u = \alpha_1 f_c b \xi_b h_0 \left(h_0 - \frac{\xi_b h_0}{2}\right) + f'_y A'_s (h_0 - a'_s)$$

【例 5-7】 某梁支座截面，梁截面尺寸 $b = 250\text{mm}$，$h = 550\text{mm}$，选用 C30 混凝土和 HRB400 级纵向钢筋，环境类别为一类，截面所承担的弯矩设计值 $M = 400\text{kN·m}$。求所需的纵向钢筋。

【解】 $\xi_b = 0.518$，$c = 20\text{mm}$

因弯矩设计值较大，预计受拉钢筋需排成两排，取 $a_s = 65\text{mm}$，故

$$h_0 = 550 - 65 = 485\text{mm}$$

取 $\xi = \xi_b = 0.518$，$a'_s = 40\text{mm}$

$$
\begin{aligned}
A'_s &= \frac{M - \alpha_1 f_c b h_0^2 \xi_b (1 - 0.5\xi_b)}{f'_y (h_0 - a'_s)} \\
&= \frac{400 \times 10^6 - 1 \times 14.3 \times 250 \times 485^2 \times 0.518(1 - 0.5 \times 0.518)}{360 \times (485 - 40)} \\
&= 482.0\text{mm}^2
\end{aligned}
$$

$$
\begin{aligned}
A_s &= \frac{\alpha_1 f_c b h_0 \xi_b + f'_y A'_s}{f_y} = \frac{1 \times 14.3 \times 250 \times 485 \times 0.518 + 360 \times 482}{360} \\
&= 2976.8\text{mm}^2
\end{aligned}
$$

受压筋选用 $2 \, \Phi \, 18$（$A'_s = 509\text{mm}^2$），所需最小截面为：

$\max(18, 25) + 2 \times 18 + 2 \times 20 + 2 \times 10 = 121\text{mm} < 250\text{mm}$，可以。

受拉筋选用 $8 \, \Phi \, 22 \, 4/4$（$A_s = 3041\text{mm}^2$），所需最小截面为

$3 \times \max(1.5 \times 22, 30) + 4 \times 22 + 2 \times 20 + 2 \times 10 = 247\text{mm} < 250\text{mm}$，可以。

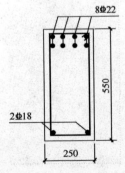

图 5-25 例 5-7 附图

注：$8 \, \Phi \, 22 \, 4/4$ 表示上一排纵筋为 $4 \, \Phi \, 22$，下一排纵筋为 $4 \, \Phi \, 22$，如图 5-25 所示。选筋时，原则上与计算面积相差在 5% 以内，考虑到受压钢筋可以减轻混凝土的压力，从而改善构件的塑性，故在不浪费的前提下 A'_s 可以多配一些。梁跨中截面的受拉筋也可以多配一些，但梁的支座截面配筋误差尽量控制在 5% 以内。

【例 5-8】 已知条件同例 5-7，但截面的受压区已配置受压钢筋 $3 \, \Phi \, 22$（$A'_s = 1140\text{mm}^2$），求所需的受拉钢筋。

【解】 $\rho_{\min} = \max(0.2\%, \ 0.45 f_t / f_y) = \max(0.2\%, \ 0.18\%)$
$= 0.2\%$

$$A_{s,min} = \rho_{min}bh = 0.2\% \times 250 \times 550 = 275mm^2$$

$$\alpha_s = \frac{M - f'_y A'_s(h_0 - a'_s)}{\alpha_1 f_c bh_0^2} = \frac{400 \times 10^6 - 360 \times 1140 \times (485 - 41)}{1 \times 14.3 \times 250 \times 485^2} = 0.2590$$

$$\xi = 1 - \sqrt{1 - 2\alpha_s} = 1 - \sqrt{1 - 2 \times 0.2590} = 0.3057 < 0.518, 且$$

$$x = \xi h_0 = 0.3057 \times 485 = 148mm > 2a'_s = 82mm, 满足要求$$

$$A_s = \frac{\alpha_1 f_c bx + f'_y A'_s}{f_y} = \frac{1 \times 14.3 \times 250 \times 148}{360} + 1140 = 2610mm^2 > A_{s,min}$$

选配 3 Φ 25/3 Φ 22（$A_s = 1140 + 1473 = 2613mm^2$），所需最小截面为

$2 \times \max(1.5 \times 25, 30) + 3 \times 25 + 2 \times 20 + 2 \times 10 = 210mm < 250mm$，满足要求

注：3 Φ 25/3 Φ 22 表示上一排纵筋为 3 Φ 25，下一排纵筋为 3 Φ 22，如图 5-26 所示。

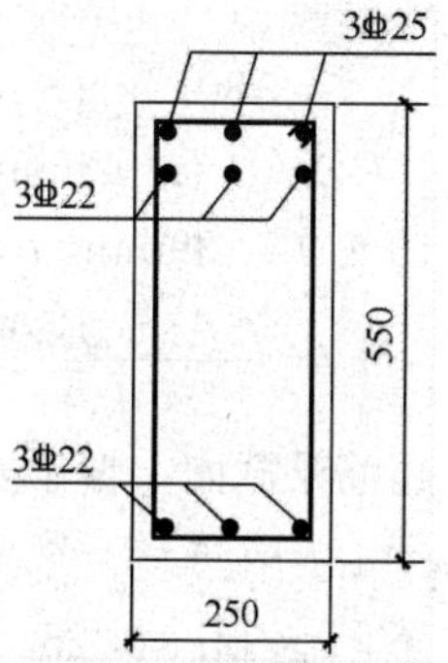

【例 5-9】 已知条件同例 5-7，但截面的受压区已配置受压钢筋 2 Φ 14（$A'_s = 308mm^2$），求所需的受拉钢筋。

【解】

$$\alpha_s = \frac{M - f'_y A'_s(h_0 - a'_s)}{\alpha_1 f_c bh_0^2}$$

$$= \frac{400 \times 10^6 - 360 \times 226 \times (485 - 36)}{1 \times 14.3 \times 250 \times 485^2} = 0.4322$$

$$\xi = 1 - \sqrt{1 - 2\alpha_s} = 1 - \sqrt{1 - 2 \times 0.4322} = 0.6318 > 0.518$$

图 5-26 例 5-8 附图

说明已配的受压钢筋不足，需按 A'_s 和 A_s 都未知的情况重新计算，计算过程同例 5-7。

【例 5-10】 已知条件同例 5-7，但截面的受压区已配置受压钢筋 4 Φ 25（$A'_s = 1964mm^2$），求所需的受拉钢筋。

【解】

$$\alpha_s = \frac{M - f'_y A'_s(h_0 - a'_s)}{\alpha_1 f_c bh_0^2} = \frac{400 \times 10^6 - 360 \times 1964 \times (485 - 43)}{1 \times 14.3 \times 250 \times 485^2} = 0.1040$$

$$\xi = 1 - \sqrt{1 - 2\alpha_s} = 1 - \sqrt{1 - 2 \times 0.1040} = 0.1101 < 0.518$$

$$x = \xi h_0 = 0.1101 \times 485 = 53mm < 2a'_s = 86mm$$

受压区高度太小，受压区钢筋没有屈服，此时，应按式（5-33）计算受拉钢筋

$$A_s = \frac{M}{f_y(h_0 - a'_s)} = \frac{400 \times 10^6}{360(485 - 43)} = 2514mm^2 > A_{s,min}$$

选用 8 Φ 20 4/4（$A_s = 2513mm^2$），所需最小截面为

$3 \times \max(1.5 \times 20, 30) + 4 \times 20 + 2 \times 20 + 2 \times 10 = 230mm < 250mm$，满足要求

【例 5-11】 已知梁截面尺寸 $b = 250mm$，$h = 600mm$，选用 C30 混凝土和 HRB400 级纵向钢筋，环境类别为一类，试求下列各种情况下截面的抗弯承载力。

（1）当梁中配置 4 Φ 22 的受拉钢筋，2 Φ 18 的受压钢筋时；

（2）当梁中配置 8 Φ 28 4/4 的受拉钢筋，2 Φ 18 的受压钢筋时；

（3）当梁中配置 4 Φ 22 的受拉钢筋，4 Φ 22 的受压钢筋时。

【解】 $\rho_{min} = \max(0.2\%, 0.45f_t/f_y) = \max(0.2\%, 0.18\%) = 0.2\%$

$$A_{s,min} = \rho_{min}bh = 0.2\% \times 250 \times 600 = 300mm^2$$

$$\xi_b = 0.518, \quad c = 20\text{mm}$$

(1) $A_s = 1520\text{mm}^2 > A_{s,\min}$，$A'_s = 509\text{mm}^2$，$a_s = 20 + 10 + 11 = 41\text{mm}$，$a'_s = 20 + 10 + 9 = 39\text{mm}$，$h_0 = 600 - 41 = 559\text{mm}$

$$x = \frac{f_y A_s - f'_y A'_s}{\alpha_1 f_c b} = \frac{360(1520 - 509)}{1 \times 14.3 \times 250} = 102\text{mm}$$

$$78\text{mm} = 2a'_s < x < \xi_b h_0 = 0.518 \times 559 = 290\text{mm}$$

为适筋梁截面。

$$M_u = \alpha_1 f_c b x \left(h_0 - \frac{x}{2}\right) + f'_y A'_s (h_0 - a'_s)$$

$$= \left[1 \times 14.3 \times 250 \times 102 \times (559 - 0.5 \times 102) + 360 \times 509 \times (559 - 39)\right] \times 10^{-6}$$

$$= 280.5\text{kN} \cdot \text{m}$$

(2) $A_s = 4926\text{mm}^2 > A_{s,\min}$，$A'_s = 509\text{mm}^2$，$a_s = 20 + 10 + 28 + 14 = 72\text{mm}$，$a'_s = 20 + 10 + 9 = 39\text{mm}$，$h_0 = 600 - 72 = 528\text{mm}$

$$x = \frac{f_y A_s - f'_y A'_s}{\alpha_1 f_c b} = \frac{360(4926 - 509)}{1 \times 14.3 \times 250} = 445\text{mm} > \xi_b h_0 = 0.518 \times 528 = 274\text{mm}$$

为超筋梁截面，偏于安全的，可近似取 $\xi = \xi_b = 0.518$

$$M_u = \alpha_1 f_c b h_0^2 \xi_b (1 - 0.5\xi_b) + f'_y A'_s (h_0 - a'_s)$$

$$= \left[1 \times 14.3 \times 250 \times 528^2 \times 0.518 \times (1 - 0.5 \times 0.518) + 360 \times 509 \times (528 - 39)\right] \times 10^{-6}$$

$$= 472.2\text{kN} \cdot \text{m}$$

(3) $A_s = A'_s = 1520\text{mm}^2 > A_{s,\min}$，$a_s = a'_s = 20 + 10 + 11 = 41\text{mm}$，$h_0 = 600 - 41 = 559\text{mm}$

$$x = \frac{f_y A_s - f'_y A'_s}{\alpha_1 f_c b} = \frac{360(1520 - 1520)}{1 \times 14.3 \times 250} = 0\text{mm} < 2a'_s = 82\text{mm}$$

说明受压区高度太小，受压区钢筋没有屈服，此时，应按式（5-33）计算受弯承载力

$$M_u = f_y A_s (h_0 - a'_s) = 360 \times 1520 \times (559 - 41) \times 10^{-6} = 283.4\text{kN} \cdot \text{m}$$

与本例中第（1）中情况的计算结果进行比较，受压钢筋的用量超过一定限值后，压区混凝土压碎时，受压钢筋不能屈服。此时，增加受压钢筋的用量并不能提高截面的抗弯能力。

5.5 T 形截面受弯构件承载力计算

5.5.1 概述

梁配筋的控制截面如图 5-27 所示，梁顶纵筋按支座负弯矩计算，如图 5-27 的 *B-B* 截面，*B-B* 截面上侧受拉，计算截面为矩形；梁底纵筋按跨中最大弯矩计算，如图 5-27 的 *A-A* 截面，*A-A* 截面下侧受拉，上侧受压，位于梁两侧的混凝土板会参与梁的受压，计算截面为 T 形。如果是边梁，则只有一侧有混凝土板，跨中的计算截面为倒 L 形（图 5-28 中阴影部分）。

在理论上，T 形截面翼缘宽度 b'_f 越大，截面受力性能越好。因为在弯矩 M 作用下，随着 T 形截面翼缘宽度 b'_f 的增大，可使受压区高度减小，内力臂增大，因而可减小受拉钢筋截面面积。但试验研究与理论分析证明，T 形截面受弯构件翼缘的纵向压应力沿翼缘宽度方

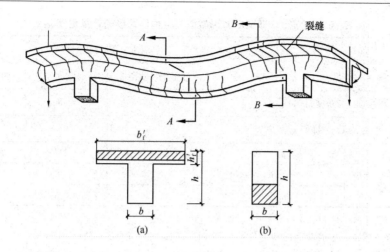

图 5-27　T 形截面应用实例

（a）A-A 截面（跨中计算截面）；（b）B-B 截面（支座计算截面）

向分布不均匀，靠近梁肋处翼缘压应力较大，离肋部越远翼缘中压应力越小如图 5-29（a）、（c）所示，可见翼缘参与受压的有效宽度是有限的。为简化计算，在设计时可采用翼缘的有效宽度 b'_f，即认为在 b'_f 宽度范围内翼缘全部参与工作，并假定其压应力均匀分布，b'_f 宽度范围以外的翼缘则不考虑其受力 [图 5-29（b）、（d）]。

翼缘有效宽度 b'_f 也称为翼缘计算宽度。

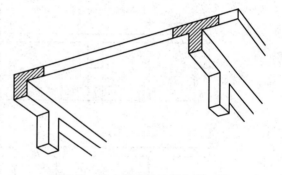

图 5-28　跨中截面的 T 形和倒 L 形

b'_f 与翼缘厚度、梁跨度和受力条件（独立梁、现浇肋形楼盖梁）等因素有关。《混凝土结构设计规范》（GB 50010—2010）规定按表 5-7 所列情况中的最小值取用。

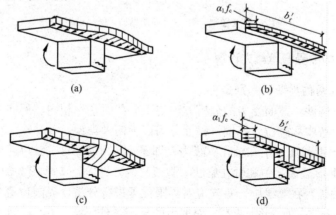

图 5-29　T 形截面应力分布图

（a）压区在翼缘内的压应力图；（b）压区在翼缘内的简化压应力图；

（c）压区进入腹板的压应力图；（d）压区进入腹板的简化压应力图

表 5-7　T形、I形及倒 L形截面受弯构件翼缘的计算宽度 b'_f

情　况		T形、I形截面		倒 L形截面
		肋形梁、肋形板	独立梁	肋形梁、肋形板
1	按计算跨度 l_0 考虑	$l_0/3$	$l_0/3$	$l_0/6$
2	按梁（纵肋）净距 s_n 考虑	$b+s_n$	—	$b+s_n/2$
3 按翼缘高度 h'_f 考虑	$h'_f/h_0 \geqslant 0.1$	—	$b+12h'_f$	—
	$0.1 > h'_f/h_0 \geqslant 0.05$	$b+12h'_f$	$b+6h'_f$	$b+5h'_f$
	$h'_f/h_0 < 0.05$	$b+12h'_f$	b	$b+5h'_f$

注：1. 表中 b 为梁的腹板厚度；

　　2. 肋形梁在梁跨内设有间距小于纵肋间距的横肋时，可不考虑表中情况 3 的规定；

　　3. 加腋的 T形、I形和倒 L形截面，当受压区加腋的高度 h_h 不小于 h'_f 且加腋的长度 b_h 不大于 $3h_h$ 时，其翼缘计算跨度可按表表中情况 3 的规定分别增加 $2b_h$（T形、I形截面）和 b_h（倒 L形截面）；

　　4. 独立梁受压区的翼缘板在荷载作用下经验算沿纵肋方向可能产生裂缝时，其计算宽度应取腹板宽度 b。

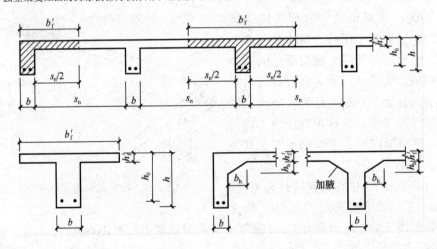

图 5-30　表 5-7 说明附图

(a) 整浇肋梁楼盖剖面图；(b) T形截面；(c) 加腋示意图

5.5.2　单筋 T形构件受弯承载力计算

1. T形截面的两种类型及判别条件

T形截面受弯构件正截面受力的分析方法与矩形截面基本相同，不同之处在于需要考虑受压翼缘的作用。按中和轴位置不同，截面分为以下两种类型：

(1) 第一类 T形截面：中和轴在翼缘内，即 $x \leqslant h'_f$ [图 5-31 (a)]。

(2) 第二类 T形截面：中和轴在梁肋（腹板）内，即 $x > h'_f$ [图 5-31 (b)]。

要判断中和轴是否在翼缘中，首先应对界限位置进行分析，界限位置为中和轴在翼缘与梁肋交界处，即 $x = h'_f$ 处（图 5-32）。根据力的平衡条件

$$\sum X = 0 \qquad\qquad \alpha_1 f_c b'_f h'_f = f_y A_s \qquad\qquad (5-34)$$

$$\sum M = 0 \qquad\qquad M_u = \alpha_1 f_c b'_f h'_f \left(h_0 - \frac{h'_f}{2}\right) \qquad\qquad (5-35)$$

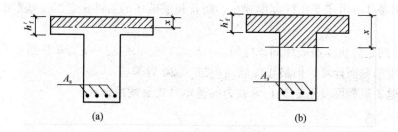

图 5-31　两类 T 形截面

(a) 第一类 T 形截面；(b) 第二类 T 形截面

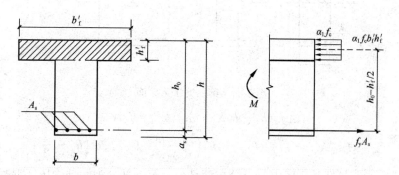

图 5-32　$x = h'_f$ 时的 T 形截面

对于第 I 类 T 形截面，有 $x \leqslant h'_f$，则

$$\alpha_1 f_c b'_f h'_f \geqslant f_y A_s \tag{5-36}$$

$$M \leqslant \alpha_1 f_c b'_f h'_f \left(h_0 - \frac{h'_f}{2}\right) \tag{5-37}$$

对于第 II 类 T 形截面，有 $x > h'_f$，则

$$\alpha_1 f_c b'_f h'_f < f_y A_s \tag{5-38}$$

$$M > \alpha_1 f_c b'_f h'_f \left(h_0 - \frac{h'_f}{2}\right) \tag{5-39}$$

2. 第一类 T 形截面承载力的基本公式及适用条件

(1) 基本公式　按宽度为 b'_f 的矩形截面计算（图 5-33）。

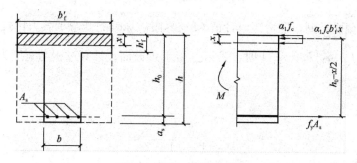

图 5-33　第一类 T 形截面

（2）适用条件　由于受压区高度较小，防止超筋破坏的条件 $x \leqslant \xi_b h_0$ 基本都能满足，不必验算。

值得注意的是防止少筋破坏的条件 $A_s \geqslant A_{s,\min}$，这里 $A_{s,\min} = \rho_{\min} bh$。虽然承载力计算时按 $b'_f \times h$ 的矩形截面计算，但最小配筋面积按 $\rho_{\min} bh$ 计算。

3. 第二类 T 形截面（图 5-34）承载力的基本公式及适用条件

（1）基本公式

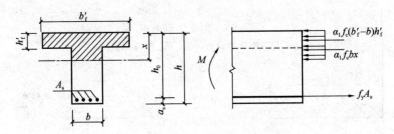

图 5-34　第二类 T 形截面

$$\sum X = 0 \qquad \alpha_1 f_c (b'_f - b) h'_f + \alpha_1 f_c b x = f_y A_s \tag{5-40}$$

$$\sum M = 0 \qquad M \leqslant M_u = \alpha_1 f_c (b'_f - b) h'_f \left(h_0 - \frac{h'_f}{2} \right) + \alpha_1 f_c b x \left(h_0 - \frac{x}{2} \right) \tag{5-41}$$

以上公式实际上是把受压区混凝土分成两部分，第一部分为肋部受压区混凝土，第二部分为挑出翼缘的受压混凝土，如图 5-35 所示。

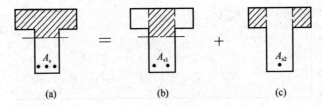

图 5-35　第二类 T 形截面分解示意图

（2）适用条件

① $x \leqslant \xi_b h_0$

② $A_s \geqslant \rho_{\min} bh$ 或 $\rho = \dfrac{A_s}{bh} \geqslant \rho_{\min}$。

4. 基本公式的应用

1）配筋设计

首先要判断截面类型，取弯矩设计值 M 与界限破坏时的受弯承载力比较

（1）$M \leqslant \alpha_1 f_c b'_f h'_f \left(h_0 - \dfrac{h'_f}{2} \right)$ 时，为第一类 T 形截面；计算过程与宽度为 b'_f 的矩形单筋梁相同，即

$$\alpha_s = \frac{M}{\alpha_1 f_c b'_f h_0^2}$$

$$\xi = 1 - \sqrt{1 - 2\alpha_s}$$

若 $\xi \leqslant \xi_b$，则

$$A_s = \frac{\alpha_1 f_c b'_f \xi h_0}{f_y}$$

A_s 满足最小配筋率的要求。

(2) $M > \alpha_1 f_c b'_f h'_f \left(h_0 - \dfrac{h'_f}{2}\right)$ 时，为第二类 T 形截面。

$$\alpha_s = \frac{M - \alpha_1 f_c (b'_f - b) h'_f \left(h_0 - \dfrac{h'_f}{2}\right)}{\alpha_1 f_c b h_0^2}$$

$$\xi = 1 - \sqrt{1 - 2\alpha_s}$$

① $\xi \leqslant \xi_b$ 时，为适筋梁

$$A_s = \frac{\alpha_1 f_c (b'_f - b) h'_f + \alpha_1 f_c b \xi h_0}{f_y}$$

A_s 满足最小配筋率的要求。

② $\xi > \xi_b$ 时，建议做成双筋梁。

2) 截面复核

截面复核时，钢筋面积 A_s 等是已知的。

(1) 验算配筋率，保证其不是少筋梁；

(2) 判断截面类型

若 $\alpha_1 f_c b'_f h'_f \geqslant f_y A_s$ 时，为第一类 T 形截面；

$$x = \frac{f_y A_s}{\alpha_1 f_c b'_f}$$

若 $x \leqslant \xi_b h_0$，则

$$M \leqslant M_u = \alpha_1 f_c b'_f x \left(h_0 - \frac{x}{2}\right)$$

若 $\alpha_1 f_c b'_f h'_f < f_y A_s$ 时，为第二类 T 形截面

$$x = \frac{f_y A_s - \alpha_1 f_c (b'_f - b) h'_f}{\alpha_1 f_c b}$$

① $x \leqslant \xi_b h_0$，为适筋梁，代入公式（5-41）

$$M \leqslant M_u = \alpha_1 f_c (b'_f - b) h'_f \left(h_0 - \frac{h'_f}{2}\right) + \alpha_1 f_c b x \left(h_0 - \frac{x}{2}\right)$$

② $x > \xi_b h_0$，为超筋梁，此时受拉钢筋没有屈服，受拉钢筋的强度用应力表示，重新计算混凝土受压区高度 x，进而算出受弯承载力。也可保守地取超筋梁的最低承载力，即适筋梁的最高承载力，即取 $x = x_b = \xi_b h_0$ 代入公式（5-41）

$$M \leqslant M_u = \alpha_1 f_c (b'_f - b) h'_f \left(h_0 - \frac{h'_f}{2}\right) + \alpha_1 f_c b x_b \left(h_0 - \frac{x_b}{2}\right)$$

【例 5-12】已知某现浇肋形楼盖的次梁，计算跨度 $l_0 = 6.3m$，间距为 2.3m，截面尺寸如图 5-36 所示。跨中最大正弯矩设计值 $M = 105kN \cdot m$，混凝土强度等级为 C30，钢筋采用 HRB400，环境类别为一类，试计算该次梁所需的纵向受拉钢筋的截面面积。

【解】$\xi_b = 0.518$，$c = 20mm$，$a_s = 40mm$，$h_0 = 450 - 40 = 410mm$

按计算跨度 l_0 考虑　　　　　$b'_f = l_0/3 = 2100mm$

按净距 s_n 考虑　　　　　$b'_f = b + s_n = 200 + 2100 = 2300mm$

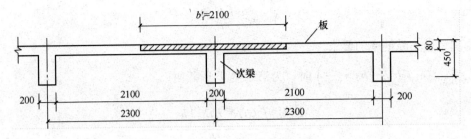

图 5-36 例5-12附图

按翼缘高度 h'_f 考虑　　$h'_f/h_0 = 80/410 = 0.2 > 0.1$，故 b'_f 不受此项限制。

b'_f 取上述三项中最小值，$b'_f = 2100\text{mm}$

$$\alpha_1 f_c b'_f h'_f \left(h_0 - \frac{h'_f}{2}\right) = 1 \times 14.3 \times 2100 \times 80 \times \left(410 - \frac{80}{2}\right) \times 10^{-6}$$

$$= 888.888\text{kN} \cdot \text{m} > 105\text{kN} \cdot \text{m}$$

故属于第一类 T 形截面。

$$\alpha_s = \frac{M}{\alpha_1 f_c b'_f h_0^2} = \frac{105 \times 10^6}{1 \times 14.3 \times 2100 \times 410^2} = 0.0208$$

$$\xi = 1 - \sqrt{1 - 2\alpha_s} = 1 - \sqrt{1 - 2 \times 0.0208} = 0.0210 < 0.518$$

$$x = \xi h_0 = 0.0210 \times 410 = 9\text{mm} < h'_f = 80\text{mm}$$

$$A_s = \frac{\alpha_1 f_c b'_f x}{f_y} = \frac{1 \times 14.3 \times 2100 \times 9}{360} = 751\text{mm}^2 > A_{s,\min}$$

$$45\frac{f_t}{f_y} = 45\frac{1.43}{360} = 0.18 < 0.2$$

$$A_{s\min} = 0.2\% \times 200 \times 450 = 180\text{mm}^2$$

选 3 Φ 18（$A_s = 763\text{mm}^2$），所需最小截面为

$2 \times \max(18,25) + 3 \times 18 + 2 \times 20 + 2 \times 10 = 164\text{mm} < 200\text{mm}$，满足要求。

【例 5-13】（2005.1） 某钢筋混凝土 T 形截面简支梁，安全等级为二级，混凝土强度等级为 C30。荷载简图及截面尺寸如图 5-37 所示。

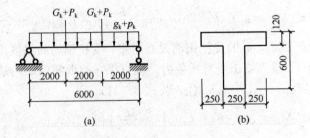

图 5-37 例5-13附图
(a) 荷载简图；(b) 梁截面尺寸

1. 已知：$a_s = 65\text{mm}$，$f_c = 14.3\text{N/mm}^2$，$f_y = 300\text{N/mm}^2$。当梁纵向受拉钢筋采用 HRB335 级钢筋且不配置受压钢筋时，试问，该梁能承受的最大弯矩设计值 M（kN·m），与下列何项数值最为接近？

(A) 550　　　　　　(B) 623　　　　　(C) 800　　　　　(D) 815

说明：《混凝土结构设计规范》(GB 50010—2002)，梁纵向受力钢筋可以用 HRB335 钢筋。

【解】(D)

当 $\xi=\xi_b=0.55$ 时，该 T 形梁的受弯承载力最大，此时

$$x=x_b=\xi_b h_0=0.55\times535=294\text{mm}>h'_f=120\text{mm}$$

为第二类 T 形截面

$$M_u=\alpha_1 f_c b x_b\left(h_0-\frac{x_b}{2}\right)+\alpha_1 f_c(b'_f-b)h'_f\left(h_0-\frac{h'_f}{2}\right)$$

$$=\left[1\times14.3\times250\times294\times\left(535-\frac{294}{2}\right)+1\times14.3\times500\times120\times\left(535-\frac{120}{2}\right)\right]\times10^{-6}$$

$$=815.4\text{kN}\cdot\text{m}$$

【例 5-14】(2008.2) 某厂房楼盖预制钢筋混凝土槽形板的截面及配筋如图 5-38 所示，混凝土强度等级为 C30，肋底部配置的 HRB335 级纵向受力钢筋为 $2\Phi18$ ($A_s=509\text{mm}^2$)。

试问，当不考虑受压区纵向钢筋的作用时，该槽形板的跨中正截面受弯承载力设计值 M (kN·m) 与以下何项数值最为接近？

提示：$a_s=30\text{mm}$，$a'_s=20\text{mm}$

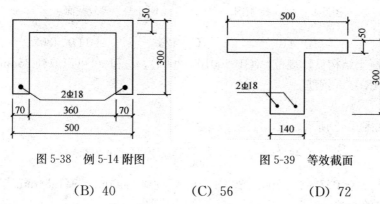

图 5-38 例 5-14 附图   图 5-39 等效截面

(A) 35   (B) 40   (C) 56   (D) 72

【解】(B)

等效截面如图 5-39 所示。

$$0.45\frac{f_t}{f_y}=0.45\times\frac{1.43}{300}=0.214\%>0.2\%$$

$$A_{s,min}=0.214\%\times140\times300=90\text{mm}^2<509\text{mm}^2$$

满足最小配筋量的要求。

$$f_y A_s=300\times509\times10^{-3}=152.7\text{kN}$$

$$\alpha_1 f_c b'_f h'_f=1\times14.3\times500\times50\times10^{-3}=357.5\text{kN}>152.7\text{kN}$$

属于第一类 T 形截面。

$$x=\frac{f_y A_s}{\alpha_1 f_c b'_f}=\frac{152700}{1\times14.3\times500}=21\text{mm}<\xi_b h_0=0.55\times270=148\text{mm}$$

$$<h'_f=50\text{mm}$$

属于适筋梁。

$$M_u=\alpha_1 f_c b'_f x\left(h_0-\frac{x}{2}\right)=1\times14.3\times500\times21\times\left(270-\frac{21}{2}\right)\times10^{-6}=39.0\text{kN}\cdot\text{m}$$

【例 5-15】(2009.1) 某承受竖向力作用的钢筋混凝土箱形截面梁，截面尺寸如图 5-40

所示，作用在梁上的荷载为均布荷载；混凝土强度等级为 C25，纵向受力钢筋采用 HRB335级。$a_s = a'_s = 35mm$。

已知该梁下部纵向钢筋配置为 6 Φ 20。试问，该梁跨中正截面受弯承载力设计值 M（$kN \cdot m$），与下列何项数值最为接近？

提示：不考虑侧面纵向钢筋及上部受压钢筋作用

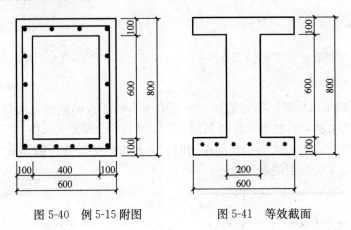

图 5-40　例 5-15 附图　　　图 5-41　等效截面

（A）365　　　　（B）410　　　　（C）425　　　　（D）480

说明：《混凝土结构设计规范》（GB 50010—2002），a_s 和 a'_s 可以取到 35mm；梁纵向受力钢筋可以用 HRB335 钢筋。

【解】（B）

等效截面如图 5-42 所示。

$$0.45 \frac{f_t}{f_y} = 0.45 \times \frac{1.27}{300} = 0.19\% < 0.2\%$$

$$A_{smin} = 0.2\% \times (200 \times 800 + 100 \times 400) = 400mm^2 < 1884mm^2$$

满足最小配筋量的要求。

$$f_y A_s = 300 \times 1884 \times 10^{-3} = 565.2kN$$

$$\alpha_1 f_c b'_f h'_f = 1 \times 11.9 \times 600 \times 100 \times 10^{-3} = 714kN > 565.2kN$$

属于第一类 T 形截面。

$$x = \frac{f_y A_s}{\alpha_1 f_c b'_f} = \frac{565200}{1 \times 11.9 \times 600} = 79mm < \xi_b h_0 = 421mm$$
$$< h'_f = 100mm$$

属于适筋梁。

$$M_u = \alpha_1 f_c b'_f x \left(h_0 - \frac{x}{2}\right) = 1 \times 11.9 \times 600 \times 79 \times \left(765 - \frac{79}{2}\right) \times 10^{-6} = 409.2kN \cdot m$$

5.5.3　双筋 T 形构件受弯承载力计算

当满足下列条件时，应按宽度为 b'_f 的矩形截面计算：

$$f_y A_s \leqslant \alpha_1 f_c b'_f h'_f + f'_y A'_s \tag{5-42}$$

当不满足公式（5-42）的条件时，应按下列公式计算

$$\sum X = 0 \qquad \alpha_1 f_c (b'_f - b) h'_f + \alpha_1 f_c b x = f_y A_s - f'_y A'_s \tag{5-43}$$

$$\sum M = 0$$

$$M \leqslant \alpha_1 f_c (b'_f - b) h'_f \left(h_0 - \frac{h'_f}{2} \right) + \alpha_1 f_c b x \left(h_0 - \frac{x}{2} \right) + f'_y A'_s (h_0 - a'_s) \tag{5-44}$$

式中，混凝土受压区高度需满足

$$2a'_s \leqslant x \leqslant \xi_b h_0 \tag{5-45}$$

1. 配筋设计

1）受压侧钢筋 A'_s 为已知

（1）$M \leqslant \alpha_1 f_c b'_f h'_f \left(h_0 - \frac{h'_f}{2} \right) + f'_y A'_s (h_0 - a'_s)$，为第一类 T 形截面，按宽度为 b'_f 的矩形截面计算；

（2）$M > \alpha_1 f_c b'_f h'_f \left(h_0 - \frac{h'_f}{2} \right) + f'_y A'_s (h_0 - a'_s)$，为第二类 T 形截面，计算过程如下

$$\alpha_s = \frac{M - \alpha_1 f_c (b'_f - b) h'_f \left(h_0 - \dfrac{h'_f}{2} \right) - f'_y A'_s (h_0 - a'_s)}{\alpha_1 f_c b h_0^2}$$

$$\xi = 1 - \sqrt{1 - 2\alpha_s}$$

$$x = \xi h_0$$

① $2a'_s \leqslant x \leqslant \xi_b h_0$，为适筋梁。

$$A_s = \frac{\alpha_1 f_c (b'_f - b) h'_f + \alpha_1 f_c b x + f'_y A'_s}{f_y}$$

且满足最小配筋率的要求。

② $x > \xi_b h_0$，为超筋梁；说明受压钢筋 A'_s 配置太少，按 A_s 和 A'_s 均未知重新计算。

2）A_s 和 A'_s 均未知

首先确定 A'_s。为使配筋经济，取混凝土受压区高度 $x = x_b = \xi_b h_0$。若 $x > h'_f$，则

$$A'_s = \frac{M - \alpha_1 f_c (b'_f - b) h'_f \left(h_0 - \dfrac{h'_f}{2} \right) - \alpha_1 f_c b x_b \left(h_0 - \dfrac{x_b}{2} \right)}{f'_y (h_0 - a'_s)}$$

$$A_s = \frac{\alpha_1 f_c (b'_f - b) h'_f + \alpha_1 f_c b x_b + f'_y A'_s}{f_y}$$

且满足最小配筋率的要求。

2. 截面复核

截面复核时，钢筋面积 A_s、A'_s 等是已知的。

（1）验算配筋率，保证其不是少筋梁；

（2）若 $f_y A_s \leqslant \alpha_1 f_c b'_f h'_f + f'_y A'_s$，为第一类 T 形截面，按宽度为 b'_f 的矩形截面验算。

若 $f_y A_s > \alpha_1 f_c b'_f h'_f + f'_y A'_s$，为第二类 T 形截面，计算过程如下

$$x = \frac{f_y A_s - f'_y A'_s - \alpha_1 f_c (b'_f - b) h'_f}{\alpha_1 f_c b}$$

① $x \leqslant \xi_b h_0$，为适筋梁。

$$M \leqslant \alpha_1 f_c (b'_f - b) h'_f \left(h_0 - \frac{h'_f}{2} \right) + \alpha_1 f_c b x \left(h_0 - \frac{x}{2} \right) + f'_y A'_s (h_0 - a'_s)$$

② $x > \xi_b h_0$，为超筋梁，此时受拉钢筋没有屈服，受拉钢筋的强度用应力表示，重新计

算混凝土受压区高度 x，进而算出受弯承载力。也可保守地取超筋梁的最低承载力，即适筋梁的最高承载力，即取 $x = x_b = \xi_b h_0$

$$M \leqslant \alpha_1 f_c (b'_f - b) h'_f \left(h_0 - \frac{h'_f}{2} \right) + \alpha_1 f_c b x_b \left(h_0 - \frac{x_b}{2} \right) + f'_y A'_s (h_0 - a'_s)$$

【例 5-16】(2009. 2) 某办公楼现浇钢筋混凝土三跨连续梁如图 5-42 所示，其结构安全等级为二级，混凝土强度等级为 C30，纵向钢筋采用 HRB335 级钢筋。

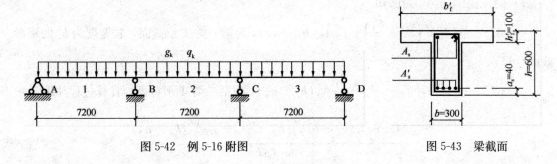

图 5-42　例 5-16 附图　　　　　　　　图 5-43　梁截面

（1）该梁的截面如图 5-43 所示。截面尺寸 $b \times h = 300\text{mm} \times 600\text{mm}$，翼缘高度（楼板厚度）$h'_f = 100\text{mm}$，楼面梁净距 $s_n = 3\text{m}$。试问，当进行正截面受弯承载力计算时，该梁跨中截面受压区的翼缘计算宽度 b'_f (mm) 取下列何项数值最为合适？

　　(A) 900　　　　　　(B) 1500　　　　　(C) 2400　　　　　(D) 3300

（2）该梁 AB 跨跨中纵向受拉钢筋为 4Φ25 ($A_s = 1964\text{mm}^2$)，跨中纵向受压钢筋为 2Φ22 ($A'_s = 760\text{mm}^2$)，截面尺寸如图 5-43 所示。$b'_f = 900\text{mm}$，$a_s = a'_s = 40\text{mm}$。试问，该 T 形梁跨中截面受弯承载力设计值 M (kN·m)，与以下何项数值最为接近？

　　(A) 289　　　　　　(B) 306　　　　　　(C) 317　　　　　(D) 368

说明：《混凝土结构设计规范》(GB 50010—2002)，梁纵向受力钢筋可以用 HRB335 钢筋。

【解】（1）（C）

按计算跨度考虑：$b'_f = l_0 / 3 = 7200/3 = 2400\text{mm}$。

按梁净距考虑：$b'_f = b + S_n = 300 + 3000 = 3300\text{mm}$

按翼缘高度考虑：$h'_f / h_0 = 100/560 = 0.18 > 0.1$，故 b'_f 不受此项限制。

取上述三项较小值 $b'_f = 2400\text{mm}$。

（2）（B）

$$0.45 \frac{f_t}{f_y} = 0.45 \times \frac{1.43}{300} = 0.214\% > 0.2\%$$

$$A_{smin} = 0.214\% \times 300 \times 600 = 385\text{mm}^2 < 1964\text{mm}^2$$

满足最小配筋量的要求。

$$f_y A_s = 300 \times 1964 \times 10^{-3} = 589.2\text{kN}$$

$$\alpha_1 f_c b'_f h'_f + f'_y A'_s = (1 \times 14.3 \times 900 \times 100 + 300 \times 760) \times 10^{-3} = 1515\text{kN} > f_y A_s$$

属于第一类 T 形截面，按宽度为 b'_f 的矩形截面验算。

$$x = \frac{f_y A_s - f'_y A'_s}{\alpha_1 f_c b'_f} = \frac{589200 - 300 \times 760}{1 \times 14.3 \times 900} = 28\text{mm} < 2a'_s = 80\text{mm}$$

$$M_u = f_y A_s (h_0 - a'_s) = 589200 \times (560 - 40) \times 10^{-6} = 306.4\text{kN·m}$$

5.6　抗震验算时受弯构件正截面承载力计算

考虑地震作用的验算时，要求 $S_d \leqslant \dfrac{R_d}{\gamma_{RE}}$，即在公式（5-17）、（5-18）、（5-30）、（5-33）、

（5-41）、（5-44）右端乘以 $\dfrac{1}{\gamma_{RE}}$ 即可，$\gamma_{RE} = 0.75$。

【例 5-17】（2011.1） 某四层现浇钢筋混凝土框架结构，平面布置如图 5-44 所示。抗震等级为一级。

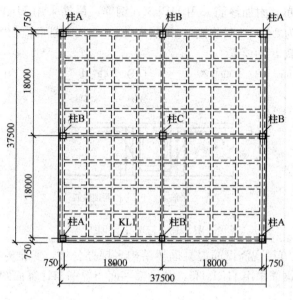

图 5-44　例 5-17 附图

假定，现浇框架梁 KLI 的截面尺寸 $b \times h = 600\text{mm} \times 1200\text{mm}$，混凝土强度等级为 C35，纵向受力钢筋采用 HRB400 级，梁端底面实配纵向受力钢筋面积 $A'_s = 4418\text{mm}^2$，梁端顶面实配纵向受力钢筋面积 $A_s = 7592\text{mm}^2$，$h_0 = 1120\text{mm}$，$a'_s = 45\text{mm}$，$\xi_b = 0.25$。试问，考虑受压区受力钢筋作用，梁端承受负弯矩的正截面抗震受弯承载力设计值 $M(\text{kN} \cdot \text{m})$ 与下列何项数值最为接近？

（A）2300　　　　　（B）2700　　　　　（C）3200　　　　　（D）3900

说明：这里 ξ_b 取 0.25，是因为抗震等级是一级。

【解】（D）

$$0.45 \frac{f_t}{f_y} = 0.45 \times \frac{1.57}{360} = 0.196\% < 0.2\%$$

$$A_{s,min} = 0.2\% \times 600 \times 1200 = 1440\text{mm}^2 < 7592\text{mm}^2$$

满足最小配筋量的要求。

$$x = \frac{f_y A_s - f'_y A'_s}{\alpha_1 f_c b} = \frac{360 \times (7592 - 4418)}{1 \times 16.7 \times 600} = 114\text{mm} < \xi_b h_0 = 0.25 \times 1120 = 280\text{mm}$$
$$> 2a'_s = 90\text{mm}$$

$$M \leqslant \frac{1}{\gamma_{RE}}\left[\alpha_1 f_c bx\left(h_0 - \frac{x}{2}\right) + f'_y A'_s(h_0 - a'_s)\right]$$

$$= \frac{1}{0.75} \times \left[1 \times 16.7 \times 600 \times 114 \times \left(1120 - \frac{114}{2}\right) + 360 \times 4418 \times (1120 - 45)\right] \times 10^{-6}$$

$$= 3899 \text{kN} \cdot \text{m}$$

习　题

5-1 （2013.2）某地下一层楼盖楼梯间位置框架梁承受次梁传递的集中力设计值 $F =$ 295kN，如图 5-45 所示，附加箍筋采用 HPB300 钢筋，吊筋采用 HRB400 钢筋，其中集中荷载两侧附加箍筋各为 3Φ8（双肢箍），吊筋夹角 $\alpha = 60°$。试问，至少应选用下列何种吊筋才能满足承受集中荷载 F 的要求？

（A）不需设置吊筋　（B）2Φ12　　　　（C）2Φ14　　　　（D）2Φ18

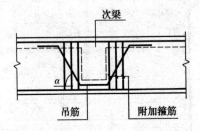

图 5-45　习题 5-1 附图

5-2 （2007.2）某五层现浇钢筋混凝框架结构多层办公楼，安全等级为二级，框架抗震等级为二级，梁纵向钢筋采用 HRB335，其局部平面布置图与计算简图如图 5-46 所示。

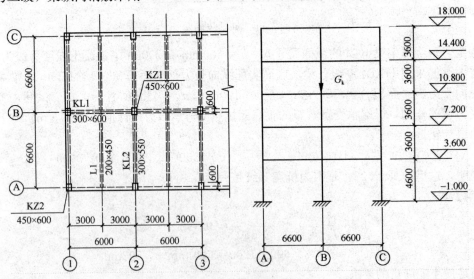

图 5-46　习题 5-2 附图

（1）在次梁 L1 支座处的主梁 KL1 上的附加箍筋为每侧 3Φ12@50（双肢箍），附加吊筋为 2Φ18，附加吊筋的弯起角度 $\alpha = 45°$。试问，主梁附加横向钢筋能承受的次梁集中荷

载的最大设计值 F（kN），应与下列何项数值最为接近？

(A) 184　　　　(B) 283　　　　(C) 317　　　　(D) 501

（2）现浇框架梁 KL2 的截面尺寸 $b \times h = 300\text{mm} \times 550\text{mm}$，考虑地震作用组合的梁端最大负弯矩设计值 $M = 150\text{kN} \cdot \text{m}$，$a_s = a'_s = 40\text{mm}$，$\xi_b = 0.35$。试问，当按单筋梁计算时，该梁支座顶面纵向受拉钢筋截面面积 A_s（mm^2），应与下列何项数值最为接近？

(A) 1144　　　　(B) 1452　　　　(C) 1609　　　　(D) 1833

说明：《混凝土结构设计规范》（GB 50010—2002），梁纵向受力钢筋可以用 HRB335 钢筋；这里 ξ_b 取 0.35 是因为抗震等级为二级。

5-3 （2010.1）某钢筋混凝土框架结构的顶层框架梁，混凝土强度等级为 C30，纵筋采用 HRB400 级钢筋（Φ）。试问，该框架顶层端节点处梁上部纵筋的最大配筋率，与下列何项数值最为接近？

(A) 1.4%　　　　(B) 1.7%　　　　(C) 2.0%　　　　(D) 2.5%

5-4 （2010.1）某钢筋混凝土不上人屋面挑檐剖面如图 5-47 所示，屋面板混凝土强度等级采用 C30。板受力钢筋保护层厚度 $c = 20\text{mm}$。

假设挑檐板根部每米板宽的弯矩设计值 $M = 20\text{kN} \cdot \text{m}$，采用 HRB335 级钢筋，试问，每米板宽范围内按受弯承载力计算所需配置的钢筋面积 A_s（mm^2），与下列何项数值最为接近？

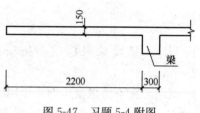

图 5-47　习题 5-4 附图

提示：$a_s = 25\text{mm}$；受压区高度按实际计算值确定。

(A) 470　　　　(B) 560　　　　(C) 620　　　　(D) 670

5-5 某梁支座截面，梁截面尺寸 $b = 300\text{mm}$，$h = 600\text{mm}$，选用 C30 混凝土和 HRB400 级纵向钢筋，环境类别为一类，截面所承担的弯矩设计值 $M = 600\text{kN} \cdot \text{m}$。

（1）截面的受压区已配置受压钢筋 3Φ22（$A'_s = 1140\text{mm}^2$），求所需的受拉钢筋。

（2）截面的受压区已配置受压钢筋 2Φ18（$A'_s = 509\text{mm}^2$），求所需的受拉钢筋。

（3）截面的受压区已配置受压钢筋 6Φ25 2/4（$A'_s = 2945\text{mm}^2$），求所需的受拉钢筋。

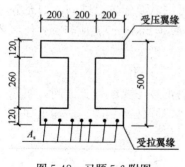

图 5-48　习题 5-6 附图

5-6 （2012.2）某钢筋混凝土简支梁，其截面可以简化成工字形（图 5-48），混凝土强度等级为 C30，纵向钢筋采用 HRB400，纵向钢筋的保护层厚度为 28mm，受拉钢筋合力点至梁截面受拉边缘的距离为 40mm。该梁不承受地震作用，不直接承受重复荷载，安全等级为二级。

（1）试问，该梁纵向受拉钢筋的构造最小配筋量（mm^2）与下列何项数值最为接近？

(A) 200　　　　　　　　(B) 270

(C) 300　　　　　　　　(D) 400

（2）若该梁承受的弯矩设计值为 310kN · m，并按单筋梁进行配筋计算。试问，按承载力要求该梁纵向受拉钢筋选择下列何项最为安全经济？

提示：不必验算最小配筋率。

(A) 4Φ14＋3Φ20　　　　　　　　(B) 4Φ14＋3Φ22

(C) 4 $\oplus$ 14 ＋3 $\oplus$ 25　　　　　　　　(D) 4 $\oplus$ 14＋3 $\oplus$ 28

5-7（2011.2）某钢筋混凝土 T 形悬臂梁，安全等级为一级，混凝土强度 C30，纵向受拉钢筋采用 HRB335 级钢筋，设计使用年限为 50 年，不考虑抗震设计。荷载简图如图 5-49 所示。

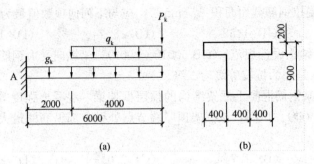

图 5-49　习题 5-7 附图

(a) 荷载简图；(b) T 形梁截面示意图

假定，悬臂梁根部截面按荷载效应组合的最大弯矩设计值 $M_A = 850kN \cdot m$，$a_s = 60mm$。

试问，在不考虑受压钢筋作用的情况下，按承载能力极限状态设计，纵向受拉钢筋的截面面积 A_s（mm^2）与下列何项数值最为接近？

提示：相对界限受压区高度 $\xi_b = 0.55$。

（A）3500　　　　（B）3900　　　　（C）4300　　　　（D）4700

说明：《混凝土结构设计规范》（GB 50010—2002），梁纵向受力钢筋可以用 HRB335 钢筋。

5-8（2011.2）某钢筋混凝土简支梁，安全等级为二级。梁截面 250mm×600mm，混凝土强度等级 C30，纵向受力钢筋均采用 HRB335 级钢筋，箍筋采用 HPB235 级钢筋，梁顶及梁底均配置纵向受力钢筋，$a_s = a_s' = 35mm$。

提示：相对界限受压区高度 $\xi_b = 0.55$。

(1) 已知：梁顶面配置了 2 $\oplus$ 16 受力钢筋，梁底钢筋可按需要配置。试问，如充分考虑受压钢筋的作用，此梁跨中可以承受的最大正弯矩设计值 M（kN·m），应与下列何项数值最为接近？

(A) 455　　　　（B）480　　　　（C）519　　　　（D）536

(2) 已知：梁底面配置了 4 $\oplus$ 25 受力钢筋，梁顶面钢筋可按需要配置。试问，如充分考虑受压钢筋的作用，此梁跨中可以承受的最大正弯矩设计值 M（kN·m），应与下列何项数值最为接近？

(A) 280　　　　（B）310　　　　（C）450　　　　（D）770

说明：《混凝土结构设计规范》（GB 50010—2002），梁纵向受力钢筋可以用 HRB335 钢筋；a_s 和 a_s' 可以取到 35mm；一级钢筋（Φ）指的是 HPB235 级钢筋，其强度设计值为 210N/mm^2。

5-9（2012.1）某钢筋混凝土框架结构多层办公楼局部平面布置如图 5-50 所示（均为办公室），梁、板、柱混凝土强度等级均为 C30，梁、柱纵向钢筋为 HRB400 钢筋，楼板纵向钢筋及梁、柱箍筋为 HRB335 钢筋。

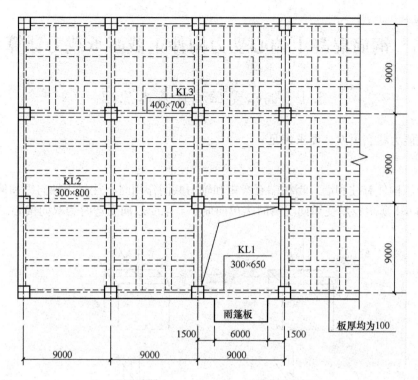

图 5-50　习题 5-9 附图

若该工程位于抗震设防地区，框架梁 KL3 梁底、梁顶纵向受力钢筋分别为 4 Φ 25、5 Φ 25，截面抗弯设计时考虑了有效翼缘内楼板钢筋及梁底受压钢筋的作用。该梁端考虑承载力抗震调整系数的受弯承载力设计值（kN·m）与下列何项数值最为接近？

提示：①考虑板顶受拉钢筋面积为 628mm^2；

②近似取 $a_s = a'_s = 50$mm。

(A) 707　　　　(B) 750　　　　(C) 800　　　　(D) 857

6 钢筋混凝土偏心受力构件正截面承载力计算

6.1 偏心受压构件基本原理

从承载能力状态出发，要求满足

$$\gamma_0 N \leqslant N_u \tag{6-1}$$

偏心受压构件有柱和墙。当柱端有弯矩和轴力共同作用时，往往用轴向力和偏心距表示弯矩，如图 6-1 所示；承受单向受弯时为单向偏心，承受双向受弯时为双向偏心。

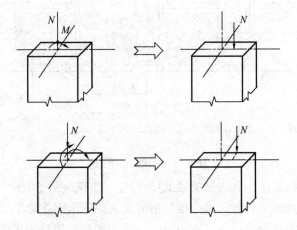

图 6-1 偏心受压构件

6.1.1 偏心受压柱破坏类型

如图 6-2 所示，承受轴向压力 N 和弯矩 M 共同作用的柱，可以用偏心距 e_0 和轴向力 N 表示。

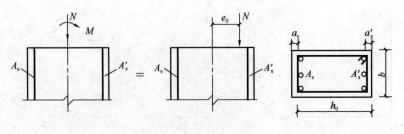

图 6-2[19] 偏心受压柱

$$e_0 = \frac{M}{N} \tag{6-2}$$

式中　e_0 ——轴向压力对截面重心的偏心距；

M——考虑二阶效应后的弯矩设计值；

N——轴向压力设计值。

在第 4 章讲过，弯矩 $M=0$ 时，为轴心受压状态；当 $N=0$ 时，为纯弯状态。因此，偏心受压构件的受力性能界于轴心受压和受弯之间。为增强抵抗压力和弯矩的能力，偏心受压构件一般同时在截面两侧配置纵向钢筋 A_s 和 A'_s。靠近轴向力 N 一侧的钢筋为 A'_s，称为受压侧钢筋；远离轴向力 N 一侧的钢筋为 A_s，称为受拉侧钢筋。

偏心受压构件的破坏形态与偏心距 e_0 的大小和纵向钢筋的配筋率有关，有两种情况：

1. 受拉破坏

当偏心距 e_0 较大，且受拉侧钢筋 A_s 配置合适时，截面受拉侧混凝土较早出现裂缝，受拉侧钢筋 A_s 的应力随荷载增加较快，首先达到屈服。此后，裂缝迅速开展，受压区高度减小，最后因受压区混凝土压碎而达到破坏，如图 6-3（a）所示。这种破坏具有明显预兆，变形能力较大，破坏特征与前面讲过的双筋梁的适筋破坏相似，承载力主要取决于受拉侧钢筋。形成这种破坏的条件是：偏心距 e_0 较大，且受拉侧钢筋 A_s 的配筋率合适，称之为大偏心受压。

2. 受压破坏

当偏心距 e_0 较小，或虽然偏心距 e_0 较大，但受拉侧钢筋 A_s 配置较多时，受压侧混凝土和钢筋的压应力较大，而受拉侧钢筋拉应力较小；当偏心距 e_0 很小时，距轴向压力 N 较远侧钢筋 A_s 还可能出现受压情况。截面最终是由于受压区混凝土首先压碎而达到破坏，承载力主要取决于压区混凝土和受压侧钢筋 A'_s，破坏时受压区高度较大，而受拉侧钢筋 A_s 未达到受拉屈服，破坏具有脆性性质，如图 6-3（b）所示。

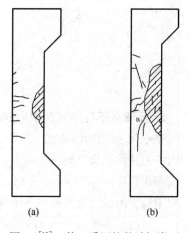

图 6-3[19]　偏心受压柱的破坏类型
(a) 受拉破坏；(b) 受压破坏

需要注意的是，产生受压破坏的条件有两种：

（1）偏心距 e_0 较小。此时，截面大部分处于受压状态，甚至全截面受压，而受拉侧无论如何配筋，截面最终均产生受压破坏。这种情况是由轴向力的作用位置决定的，无法通过截面配筋方式改变。要改善这种破坏的脆性性质，可增加箍筋以约束混凝土来提高变形能力。

（2）偏心距 e_0 较大，但受拉侧纵向钢筋 A_s 配置较多。这种情况与双筋梁的超筋破坏相似，也即是由于受拉侧钢筋 A_s 配置过多造成的，属于配筋不当，应在设计中避免。

当排除上面第（2）种情况时，受压破坏通常都发生在偏心距较小的情况，称之为小偏心受压。

6.1.2 偏心受压构件的二阶效应

轴向压力对偏心受压构件的侧移和挠曲产生附加弯矩和附加曲率的荷载效应称为偏心受压构件的二阶荷载效应，简称二阶效应。其中，由侧移产生的二阶效应，称 $P\text{-}\Delta$ 效应；由挠曲产生的二阶效应，称 $P\text{-}\delta$ 效应。$P\text{-}\Delta$ 效应按《混凝土结构设计规范》（GB 50010—2010）附录 B 计算。这里只讲 $P\text{-}\delta$ 效应。

1. 反弯点在层高范围内时的 *P-δ* 效应

框架结构中柱的反弯点往往位于柱高中部，这种 *P-δ* 效应虽能增大构件中部各截面的弯矩和曲率，但增大后的弯矩通常不可能超过柱两端控制截面的弯矩，如图 6-4 所示。在这种情况下，*P-δ* 效应不会对杆件截面的偏心受压承载力产生不利影响，故不必考虑 *P-δ* 效应。

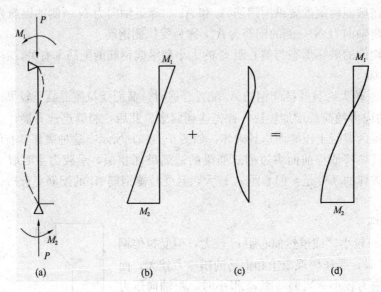

图 6-4[23] 反弯点在层高范围内时的 *P-δ* 效应

2. 反弯点不在层高范围内时的 *P-δ* 效应

在框架-剪力墙结构或框架-筒体结构中，由于剪力墙的拉扯，柱的反弯点可能不在本层范围内，若柱较细长且轴压比偏大，经 *P-δ* 效应增大后的杆件中部的弯矩有可能超过柱端控制截面的弯矩，如图 6-5 所示。此时，就必须在截面设计中考虑 *P-δ* 效应的影响。因这一种情况在工程中较少出现，为了不对各个偏压构件逐一进行验算，《混凝土结构设计规范》（GB 50010—2010）给出了不考虑 *P-δ* 效应的条件。当以下三个条件都满足时，可不考虑 *P-δ* 效应。

(1) $\dfrac{M_1}{M_2} \leqslant 0.9$ (6-3)

(2) 轴压比 $\dfrac{N}{f_c A} \leqslant 0.9$ (6-4)

(3) 长细比 $\dfrac{l_c}{i} \leqslant 34 - 12 \times \dfrac{M_1}{M_2}$ (6-5)

式中 M_1、M_2 ——分别为已考虑侧移影响的偏心受压构件两端截面按结构弹性分析确定的对同一主轴的组合弯矩设计值，绝对值较大端为 M_2，绝对值较小端为 M_1，当构件按单曲率弯曲时，M_1/M_2 取正值，否则取负值；

             l_c ——构件的计算长度，可近似取偏心受压构件相应主轴方向上下支撑点之间的距离；

             i ——偏心方向的截面回转半径，对于矩形截面可取 $i = 0.289h$；

             A ——构件截面面积。

注意，这里的 l_c 与 l_0 是不同的概念。l_0 按附录 D-15、D-16 选用，用于计算轴心受压框

架柱稳定系数 φ，以及计算偏心受压构件裂缝宽度的偏心距增大系数。

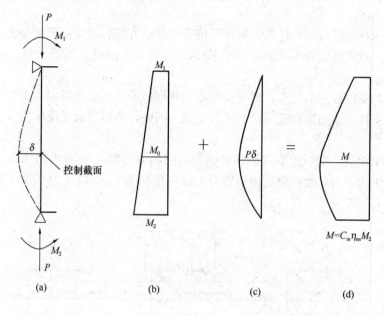

图 6-5[23]　反弯点不在层高范围内时的 $P\text{-}\delta$ 效应

3. 考虑 $P\text{-}\delta$ 效应后的弯矩设计值

除排架结构柱外，其他偏心受压构件，考虑轴向压力在挠曲杆件中产生的 $P\text{-}\delta$ 效应后控制截面的弯矩设计值按下列公式计算，即

$$M = C_{\mathrm{m}}\eta_{\mathrm{ns}}M_2 \tag{6-6}$$

$$C_{\mathrm{m}} = 0.7 + 0.3 \times \frac{M_1}{M_2} \tag{6-7}$$

$$\eta_{\mathrm{ns}} = 1 + \frac{1}{1300(M_2/N + e_{\mathrm{a}})/h_0}\left(\frac{l_{\mathrm{c}}}{h}\right)^2 \zeta_{\mathrm{c}} \tag{6-8}$$

$$\zeta_{\mathrm{c}} = \frac{0.5f_{\mathrm{c}}A}{N} \tag{6-9}$$

当 $C_{\mathrm{m}}\eta_{\mathrm{ns}}$ 小于 1.0 时取 1.0；对剪力墙肢类及核心筒墙肢类构件，可取 $C_{\mathrm{m}}\eta_{\mathrm{ns}}$ 等于 1.0。

式中　C_{m} ——构件端截面偏心距调节系数，当小于 0.7 时取 0.7；

η_{ns} ——弯矩增大系数；

N ——与弯矩设计值 M_2 相应的轴向压力设计值；

e_{a} ——附加偏心距；其值应取 20mm 和偏心方向截面最大尺寸的 1/30 两者中的较大值；

ζ_{c} ——截面曲率修正系数，当计算值大于 1.0 时取 1.0；

h ——截面高度；对环形截面，取外直径；对圆形截面，取直径；

h_0 ——截面有效高度。

6.1.3　矩形截面偏心受压柱正截面受压承载力

偏心受压构件正截面的受力分析方法与受弯构件相同，仍采用以平截面假定为基础的计算理论；根据混凝土和钢筋的应力-应变关系，分析截面在压力和弯矩共同作用下的受力全过程。

对于正截面压弯承载力的计算，同样可按5.3节的方法，对受压区混凝土采用等效矩形应力图。因为等效矩形应力图系数 α_1 和 β_1 仅取决于混凝土的应力-应变曲线，故仍然按表5-4取值。

受拉破坏和受压破坏的界限，即受拉钢筋达到屈服的同时受压区混凝土边缘压应变达到极限压应变 ε_{cu}，这与适筋梁和超筋梁的界限相似。因此，相对界限受压区高度 ξ_b 仍按式（5-9）确定。

考虑到施工误差、配筋的不对称性等因素，初始偏心距 e_i 要考虑附加偏心距 e_a（图6-6），同时定义轴向压力至受拉侧纵向钢筋合力点的距离为 e，轴向压力至受压侧纵向钢筋合力点的距离为 e'，则

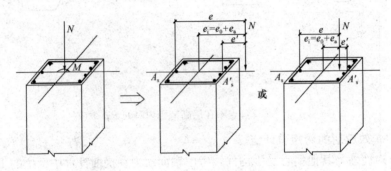

图6-6 偏心受压柱

$$e_i = e_0 + e_a \tag{6-10}$$

$$e = e_i + \frac{h}{2} - a_s \tag{6-11}$$

$$e' = e_i - \left(\frac{h}{2} - a'_s\right) \tag{6-12}$$

或

$$e' = \frac{h}{2} - e_i - a'_s \tag{6-13}$$

式中 e_i ——初始偏心距；

e ——轴向压力至受拉侧纵向钢筋合力点的距离；

e' ——轴向压力至受压侧纵向钢筋合力点的距离。

矩形截面偏心受压构件正截面受压承载力应符合下列规定（图6-7）：

$$N \leqslant \alpha_1 f_c bx + f'_y A'_s - \sigma_s A_s \tag{6-14}$$

$$Ne \leqslant \alpha_1 f_c bx\left(h_0 - \frac{x}{2}\right) + f'_y A'_s(h_0 - a'_s) \tag{6-15}$$

式中 σ_s ——受拉侧纵向钢筋的应力。

按上述规定计算时，尚应符合下列要求：

（1）钢筋的应力 σ_s 可按下列情况确定

① 当 $\xi \leqslant \xi_b$ 时，为大偏心受压构件，取 $\sigma_s = f_y$；

② 当 $\xi > \xi_b$ 时，为小偏心受压构件，σ_s 可按下式计算

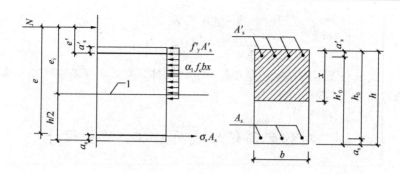

图 6-7 矩形截面偏心受压构件正截面受压承载力计算
1—截面重心轴

$$\sigma_s = \frac{\beta_1 - \xi}{\beta_1 - \xi_b} f_y \tag{6-16}$$

且

$$-f_y \leqslant \sigma_s \leqslant f_y \tag{6-17}$$

（2）当受压区高度 $x < 2a'_s$ 时，说明受压区高度太小，受压侧钢筋 A'_s 没有屈服，此时，对受压侧钢筋 A'_s 的合力点取矩

$$Ne' \leqslant f_y A_s (h_0 - a'_s) \tag{6-18}$$

（3）矩形截面非对称配筋的小偏心受压构件，当 N 大于 $f_c bh$ 时，可能按反向偏心（图 6-8）考虑需要的 A_s 更多。此时，构件全截面受压，受拉侧的钢筋受压屈服，取 $\sigma_s = f'_y$，对受压侧钢筋 A'_s 的合力点取矩

$$Ne' \leqslant f_c bh\left(\frac{h}{2} - a'_s\right) + f'_y A_s (h_0 - a'_s) \tag{6-19}$$

这里的 e' 是考虑反向偏心后轴向压力 N 至受压侧钢筋 A'_s 合力点的距离。

$$e' = \frac{h}{2} - a'_s - (e_0 - e_a) \tag{6-20}$$

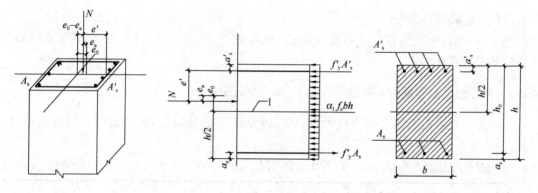

图 6-8 反向偏心

（4）矩形截面对称配筋（$A_s = A'_s$）的钢筋混凝土小偏心受压构件，也可按下列近似公式计算纵向普通钢筋截面面积：

$$A'_s = \frac{Ne - \alpha_1 f_c bh_0^2 \xi(1 - 0.5\xi)}{f'_y(h_0 - a'_s)} \tag{6-21}$$

此处，相对受压区高度 ξ 可按下列公式计算：

$$\xi = \frac{N - \xi_b \alpha_1 f_c b h_0}{\dfrac{Ne - 0.43\alpha_1 f_c b h_0^2}{(\beta_1 - \xi_b)(h_0 - a'_s)} + \alpha_1 f_c b h_0} + \xi_b \qquad (6\text{-}22)$$

（5）无论是大偏心受压构件，还是小偏心受压构件，在垂直于弯矩作用平面上，需按轴心受压构件验算其承载力。

6.2 对称配筋矩形截面偏心受压柱设计

6.2.1 截面配筋设计

柱对称配筋应用很广，截面两对边的配筋相同，即 $A_s = A'_s$，计算步骤如下：

假设为大偏心受压柱，取 $\sigma_s = f_y$，代入公式（6-14）：

$$x = \frac{N}{\alpha_1 f_c b}$$

x 有以下几种情况：

① $x < 2a'_s$，确为大偏心受压，但受压区高度太小，受压侧钢筋没有屈服，代入公式（6-18）：

$$A'_s = A_s = \frac{Ne'}{f_y(h_0 - a'_s)}$$

并满足最小配筋率的要求。

② $2a'_s \leqslant x \leqslant \xi_b h_0$，确为大偏心受压，代入公式（6-15）：

$$A_s = A'_s = \frac{Ne - \alpha_1 f_c b x \left(h_0 - \dfrac{x}{2}\right)}{f'_y(h_0 - a'_s)}$$

并满足最小配筋率的要求。

③ $x > \xi_b h_0$，假设错误，为小偏心受压，代入公式（6-22）和（6-21），计算结果应满足最小配筋率的要求。

6.2.2 对称配筋矩形截面偏心受压柱的 N_u-M_u 相关曲线

对称配筋矩形截面偏心受压柱的 N_u-M_u 相关曲线如图 6-9 所示。其中，钢筋面积 $A_{s2} > A_{s1}$。

采用对称配筋时，由图 6-9 可以看出，不管是大偏心还是小偏心，当轴力设计值 N 不变时，都是弯矩设计值 M 越大越不利；当弯矩设计值 M 不变时，对于小偏心，轴力设计值 N 越大越不利，对于大偏心，轴力设计值 N 越小越不利。在柱荷载组合时，可考虑以下组合：

（1）$|M|_{max}$ 及相应的 N；

（2）N_{max} 及相应的 M；

（3）N_{min} 及相应的 M。

【例 6-1】 某钢筋混凝土偏性受压柱，截面尺寸 $b = 400mm$，$h = 500mm$，$a_s = a'_s = 40mm$，计算长度为 $l_c = 4.0m$，$l_0 = 5.0m$，两端截面的组合弯矩设计值分别为 $M_1 = 200kN \cdot$

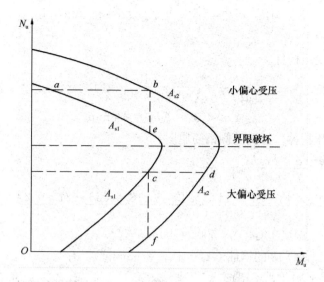

图 6-9[24]　对称配筋时 N_u-M_u 相关曲线

m，$M_1 = 250 \text{kN} \cdot \text{m}$，与 M_2 相应的轴力设计值 $N = 1250 \text{kN}$。混凝土采用 C30，纵筋采用 HRB400 级钢筋，处于一类环境。采用对称配筋，求钢筋截面面积 A_s 和 A'_s。

【解】（1）判别是否要考虑二阶效应

$$M_1/M_2 = 200/250 = 0.8 < 0.9$$

$$\frac{N}{f_c A} = \frac{1250 \times 10^3}{14.3 \times 400 \times 500} = 0.437 < 0.9$$

$$\frac{l_c}{i} = l_c / \sqrt{\frac{I}{A}} = \sqrt{12}\, \frac{l_c}{h} = \sqrt{12} \times \frac{4000}{500} = 27.71$$

$$34 - 12\left(\frac{M_1}{M_2}\right) = 34 - 12 \times 0.8 = 24.4 < \frac{l_l}{i} = 27.71$$

因为 $l_c/i > 34 - 12(M_1/M_2)$，故要考虑二阶效应影响。

（2）二阶效应

$$e_a = \max(20, h/30) = 20 \text{mm}$$

$$C_m = 0.7 + 0.3\frac{M_1}{M_2} = 0.7 + 0.3 \times 0.8 = 0.94$$

$$\xi_c = \frac{0.5 f_c A}{N} = \frac{0.5 \times 14.3 \times 400 \times 500}{1250 \times 10^3} = 1.144 > 1 \,(\text{取}\ \xi_c = 1)$$

$$\eta_{ns} = 1 + \frac{1}{1300(M_2/N + e_a)/h_0}\left(\frac{l_c}{h}\right)^2 \xi_c$$

$$= 1 + \frac{1}{1300(250 \times 10^6/1250 \times 10^3 + 20)/460} \times \left(\frac{4000}{500}\right)^2 \times 1 = 1.103$$

$C_m \eta_{ns} = 1.037 > 1$，可以。

$$M = C_m \eta_{ns} M_2 = 1.037 \times 250 = 259.25 \text{kN} \cdot \text{m}$$

$$e_0 = \frac{M}{N} = \frac{259.25 \times 10^6}{1250 \times 10^3} = 207 \text{mm}$$

$$e_i = e_0 + e_a = 207 + 20 = 227 \text{mm}$$

$$e = e_i + h/2 - a_s = 227 + 250 - 40 = 437\text{mm}$$

（3）配筋计算。

假设为大偏心受压构件。

$$x = \frac{N}{\alpha_1 f_c b} = \frac{1250 \times 10^3}{1 \times 14.3 \times 400} = 218.5\text{mm}$$

$$2a'_s < x < \xi_b h_0 = 238\text{mm}$$

确为大偏心受压构件，且受压侧钢筋屈服。

$$A_s = A'_s = \frac{Ne - \alpha_1 f_c bx(h_0 - x/2)}{f'_y(h_0 - a'_s)}$$

$$= \frac{1250 \times 10^3 \times 437 - 1 \times 14.3 \times 400 \times 218.5(460 - 218.5/2)}{360 \times (460 - 40)} = 713.5\text{mm}^2$$

$$> 0.002bh = 0.002 \times 400 \times 500 = 400\text{mm}^2$$

A_s 和 A'_s 均选配 3 Φ 18 的钢筋（$A_s = A'_s = 763\text{mm}^2$），有

$$50 < \frac{400 - (2 \times 30 + 3 \times 18)}{2} = 143\text{mm} < 300\text{mm}，满足净距的要求。$$

（4）验算垂直于弯矩作用平面的轴心受压承载力。

$l_0/b = 5000/400 = 12.5$，查表得 $\varphi = 0.9425$，配筋率小于 3%，

$$N_u = 0.9\varphi(f_c A + f'_y A'_s)$$

$$= 0.9 \times 0.9425 \times (14.3 \times 400 \times 500 + 360 \times 763 \times 2)$$

$$= 2891990\text{N} = 2891.99\text{kN} > 1250\text{kN}，满足要求。$$

【例 6-2】某钢筋混凝土偏心受压柱，截面尺寸 $b = 400\text{mm}$，$h = 500\text{mm}$，计算长度 $l_c = 3.0\text{m}$，$l_0 = 3.75\text{m}$。两端截面的组合弯矩设计值分别为 $M_1 = 135\text{kN} \cdot \text{m}$，$M_2 = 150\text{kN} \cdot \text{m}$，与 M_2 相应的轴力设计值 $N = 2500\text{kN}$。混凝土采用 C30，纵筋采用 HRB400 级钢筋，$a_s = a'_s = 40\text{mm}$。采用对称配筋，试用近似公式法求出纵向钢筋截面面积 A_s 和 A'_s。

【解】（1）判别是否要考虑二阶效应

$$M_1/M_2 = 135/150 = 0.9$$

$$\frac{N}{f_c A} = \frac{2500 \times 10^3}{14.3 \times 400 \times 500} = 0.874 < 0.9$$

$$\frac{l_c}{i} = l_c / \sqrt{\frac{I}{A}} = \sqrt{12} \frac{l_c}{h} = \sqrt{12} \times \frac{3000}{500} = 20.78$$

$$34 - 12\left(\frac{M_1}{M_2}\right) = 34 - 12 \times 0.9 = 23.2$$

$l_c/i < 34 - 12(M_1/M_2)$，故不需要考虑二阶效应影响。

$$e_a = \max(20, h/30) = 20\text{mm}$$

$$e_0 = \frac{M}{N} = \frac{150 \times 10^6}{2500 \times 10^3} = 60\text{mm}$$

$$e_i = e_0 + e_a = 60 + 20 = 80\text{mm}$$

$$e = e_i + h/2 - a_s = 80 + 250 - 40 = 290\text{mm}$$

（2）配筋计算

假设为大偏心受压构件

$$x = \frac{N}{\alpha_1 f_c b} = \frac{2500 \times 10^3}{1 \times 14.3 \times 400} = 437\text{mm} > \xi_b h_0 = 238\text{mm}$$

属于小偏心，按公式（6-20）和（6-19）计算，

$$\xi = \frac{N - \xi_b \alpha_1 f_c b h_0}{\dfrac{Ne - 0.43 \alpha_1 f_c b h_0^2}{(\beta_1 - \xi_b)(h_0 - a_s')} + \alpha_1 f_c b h_0} + \xi_b = 0.779$$

$$A_s = A_s' = \frac{Ne - \xi(1 - 0.5\xi)\alpha_1 f_c b h_0^2}{f_y'(h_0 - a_s')} = 987.97\text{mm}^2$$

$$> 0.002bh = 0.002 \times 400 \times 500 = 400\text{mm}^2$$

A_s 和 A_s' 均选配 3 Φ 22 的钢筋（$A_s = A_s' = 1140\text{mm}^2$），有

$$50 < \frac{400 - (2 \times 30 + 3 \times 22)}{2} = 137\text{mm} < 300\text{mm}，满足净距的要求。$$

（4）验算垂直于弯矩作用平面的轴心受压承载力。

$l_0/b = 3750/400 = 9.4$，查表得 $\varphi = 0.9876$，配筋率小于 3%，

$$N_u = 0.9\varphi(f_c A + f_y' A_s')$$
$$= 0.9 \times 0.9876 \times (14.3 \times 400 \times 500 + 360 \times 1140 \times 2)$$
$$= 3271642\text{N} = 32710642\text{kN} > 2500\text{kN}，满足要求。$$

6.3 非对称配筋矩形截面偏心受压柱设计

6.3.1 两种偏心受压情况的判别

如图 6-10 所示，判别两种偏心受压情况的基本条件是混凝土受压区高度 x：$x \leqslant \xi_b h_0$ 时为大偏心受压；$x > \xi_b h_0$ 时为小偏心受压；其中 $x = \xi_b h_0$ 时为界限偏心受压。但在截面配筋设计时，受压区高度 x 未知，无法判别偏心类型。

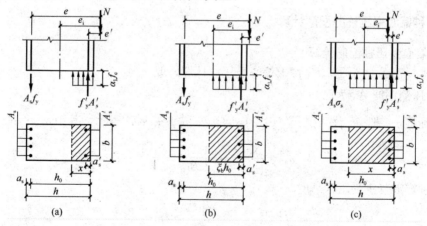

图 6-10[27]　偏心受压构件计算图式

（a）大偏心受压；（b）界限偏心受压；（c）小偏心受压

在设计之初，轴向力设计值 N 和弯矩设计值 M 是已知的，因而相对偏心距 e_i/h_0 是已知的。可利用偏心距的大小来对大小偏心受压作初步判别。

取混凝土受压区高度 x 为界限破坏受压区高度 x_b，$x = x_b = \xi_b h_0$，此时 $\sigma_s = f_y$，受力简图如图 6-10（b）所示，对截面几何中心轴取矩，并取 $a_s = a'_s$，可得界限破坏时的轴向力 N_b 和弯矩 M_b：

$$N_b = \alpha_1 f_c b \xi_b h_0 + f'_y A'_s - f_y A_s$$

$$M_b = \alpha_1 f_c b \xi_b h_0 \left(\frac{h}{2} - \frac{\xi_b h_0}{2} \right) + (f'_y A'_s + f_y A_s) \left(\frac{h}{2} - a_s \right)$$

如果定义"相对界限偏心距"为 $\dfrac{e_{0b}}{h_0} = \dfrac{M_b}{N_b h_0}$，则

$$\frac{e_{0b}}{h_0} = \frac{M_b}{N_b h_0} = \frac{\alpha_1 f_c b \xi_b h_0 \left(\frac{h}{2} - \frac{\xi_b h_0}{2} \right) + (f'_y A'_s + f_y A_s) \left(\frac{h}{2} - a_s \right)}{(\alpha_1 f_c b \xi_b h_0 + f'_y A'_s - f_y A_s) h_0} \tag{6-23}$$

分析公式（6-23）可知，当截面尺寸和材料强度均确定时，ξ_b 为定值，相对界限偏心距 e_{0b}/h_0 随着 A_s 和 A'_s 的减小而减小。当 A_s 和 A'_s 按最小配筋率配筋时，得到 e_{0b}/h_0 的最小值。根据规范对构件最小配筋率的规定，取 A_s 和 A'_s 均为 $0.002bh$，并近似取 $h = 1.05h_0$，$a_s = a'_s = 0.005h_0$，对各种等级的混凝土和 HRB335 级、HRB400 级钢筋按式（6-23）算得 $e_{0b,\min}/h_0$ 列于表 6-1 中。

表 6-1[27]　最小相对界限偏心距 $e_{0b,\min}/h_0$

项目	C20	C25	C30	C35	C40	C45	C50	C60	C70	C80
HRB335	0.363	0.342	0.326	0.315	0.308	0.302	0.297	0.301	0.307	0.315
HRB400	0.411	0.383	0.363	0.349	0.339	0.332	0.326	0.329	0.334	0.340

可见，$e_{0b,\min}/h_0$ 在 $0.3h_0$ 左右，由于是初步判别，通常不论材料强度如何均取 $0.3h_0$ 作为初步判别的条件。

当 $e_i \geqslant 0.3h_0$ 时，初步判别为大偏心受压；

当 $e_i < 0.3h_0$ 时，初步判别为小偏心受压。

6.3.2　两种偏心受压柱的配筋计算

1. 大偏心受压柱配筋计算

若初步判别 $e_i \geqslant 0.3h_0$，先按大偏心受压柱计算，取 $\sigma_s = f_y$。

1）受压侧钢筋 A'_s 为已知

（1）确定 α_s。把 A'_s 代入公式（6-15），$x(h_0 - \frac{x}{2})$ 用 $h_0^2 \alpha_s$ 表示，其中 $\alpha_s = \xi(1 - 0.5\xi)$

$$\alpha_s = \frac{Ne - f'_y A'_s (h_0 - a'_s)}{\alpha_1 f_c b h_0^2}$$

（2）确定混凝土受压区高度 x

$$\xi = 1 - \sqrt{1 - 2\alpha_s}$$

$$x = \xi h_0$$

① $x < 2a'_s$，确为大偏心受压，但受压区高度太小，受压侧钢筋没有屈服，代入公式（6-18）

$$A_s = \frac{Ne'}{f_y(h_0 - a'_s)}$$

并满足最小配筋率的要求。

② $2a'_s \leqslant x \leqslant \xi_b h_0$，确为大偏心受压，代入公式（6-14）

$$A_s = \frac{\alpha_1 f_c bx + f'_y A'_s - N}{f_y}$$

并满足最小配筋率的要求。

③ $x > \xi_b h_0$，改用小偏心受压重新计算，或按 A_s 和 A'_s 均未知重新计算（A'_s 配置太少也会导致 x 偏大，故仍存在大偏心的可能）。

2）A_s 和 A'_s 均未知

（1）确定 A'_s。取混凝土受压区高度 $x = x_b = \xi_b h_0$，代入公式（6-15）

$$A'_s = \frac{Ne - \alpha_1 f_c bx_b \left(h_0 - \dfrac{x_b}{2}\right)}{f'_y(h_0 - a'_s)}$$

并满足最小配筋率的要求。

（2）确定 A_s。把 A'_s 代入公式（6-14）

$$A_s = \frac{\alpha_1 f_c bx_b + f'_y A'_s - N}{f_y}$$

并满足最小配筋率的要求。

2. 小偏心受压柱配筋计算

若初步判别 $e_i < 0.3h_0$，先按小偏心受压柱计算。

1）小偏心受压柱类型

小偏心受压破坏时，受压侧钢筋 A'_s 屈服，混凝土先被压碎而宣告构件破坏。受拉侧钢筋 A_s 有可能受拉，有可能受压；有可能受压屈服，但不会受拉屈服。

把 $\sigma_s = -f'_y$ 代入公式（6-16），并取 $f_y = f'_y$，可得受拉侧钢筋 A_s 受压屈服时混凝土的相对受压区高度 ξ_{cy}

$$\xi_{cy} = 2\beta_1 - \xi_b \tag{6-24}$$

式中　ξ_{cy}——受拉侧钢筋 A_s 受压屈服时混凝土的相对受压区高度。

小偏心受压可分为三种情况：

（1）$\xi_b < \xi < \xi_{cy}$，这时受拉侧钢筋 A_s 可能受拉，可能受压，但都不会屈服，如图 6-11（a）所示；

（2）$\xi_{cy} \leqslant \xi < h/h_0$，这时受拉侧钢筋 A_s 受压屈服，但 $x < h$，如图 6-11（b）所示；

（3）$\xi > \xi_{cy}$，且 $\xi \geqslant h/h_0$，这时受拉侧钢筋 A_s 受压屈服，且全截面受压，如图 6-11（c）所示。

2）小偏心受压柱配筋计算

（1）确定 A_s

考虑到 A_s 一般是不屈服的，为了经济，可取

$$A_s = \rho_{min} bh = 0.002bh$$

同时考虑到反向偏压情况，当 $N > f_c bh$ 时，A_s 还要满足公式（6-19）的要求。

（2）确定 A'_s

把 A_s 代入公式（6-14）和（6-15），消去 A'_s

$$\xi = u + \sqrt{u^2 + v}$$

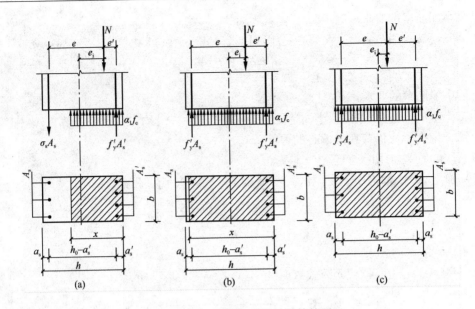

图 6-11[23]　小偏心受压柱计算简图

(a) $\xi_b < \xi < \xi_{cy}$; (b) $\xi_{cy} \leqslant \xi < h/h_0$; (c) $\xi > \xi_{cy}$, 且 $\xi \geqslant h/h_0$

$$u = \frac{a'_s}{h_0} + \frac{f_y A_s}{(\xi_b - \beta_1)\alpha_1 f_c b h_0}\left(1 - \frac{a'_s}{h_0}\right)$$

$$v = \frac{2Ne'}{\alpha_1 f_c b h_0^2} - \frac{2\beta_1 f_y A_s}{(\xi_b - \beta_1)\alpha_1 f_c b h_0}\left(1 - \frac{a'_s}{h_0}\right)$$

① $\xi_b < \xi < \xi_{cy}$, 把 ξ 代入公式 (6-14) 或 (6-15), 求出 A'_s, 并满足最小配筋率的要求;

② $\xi_{cy} \leqslant \xi < h/h_0$, 这时受拉侧钢筋 A_s 受压屈服, 取 $\sigma_s = -f'_y$, 按下式重新计算 ξ

$$\xi = \frac{a'_s}{h_0} + \sqrt{\left(\frac{a'_s}{h_0}\right)^2 + 2\left[\frac{Ne'}{\alpha_1 f_c b h_0^2} - \frac{A_s}{b h_0}\frac{f'_y}{\alpha_1 f_c}\left(1 - \frac{a'_s}{h_0}\right)\right]}$$

把 ξ 代入公式 (6-14) 或 (6-15), 求出 A'_s, 并满足最小配筋率的要求;

③ $\xi > \xi_{cy}$, 且 $\xi \geqslant h/h_0$ 时, 取 $\sigma_s = -f'_y$, $x = h$, 代入公式 (6-14)

$$A'_s = \frac{N - \alpha_1 f_c b h - f'_y A_s}{f'_y}$$

并满足最小配筋率的要求。

【例 6-3】　已知条件同例 6-1, 求钢筋截面面积 A_s 和 A'_s 并选配钢筋。

【解】(1) (2) 同例 6-1

$e_i > 0.3 h_0 = 0.3 \times 460 = 138$mm, 先按大偏心受压计算。

(3) 配筋计算

为了配筋最经济, 即使 $(A_s + A'_s)$ 最小, 令 $\xi = \xi_b$

$$x = \xi_b h_0 = 0.518 \times 460 = 238\text{mm}$$

由【例 6-1】知 $e = 437$mm

$$A'_s = \frac{Ne - \alpha_1 f_c b x (h_0 - x/2)}{f'_y (h_0 - a'_s)}$$

$$= \frac{1250 \times 10^3 \times 437 - 1 \times 14.3 \times 400 \times 238(460 - 238/2)}{360 \times (460 - 40)} = 542.5\text{mm}^2$$

$$>0.002bh = 0.002 \times 400 \times 500 = 400\text{mm}^2$$

$$A_s = \frac{\alpha_1 f_c bx + f'_y A'_s - N}{f_y}$$

$$= \frac{1 \times 14.3 \times 400 \times 238 - 1250 \times 10^3}{360} + 542.5 = 851.8\text{mm}^2$$

$$>0.002bh = 400\text{mm}^2$$

A'_s 选配 3 Φ 16 受压钢筋（$A'_s = 603\text{mm}^2$）；A_s 选配 2 Φ 20+1 Φ 18 受拉钢筋（$A_s = 883\text{mm}^2$），有 $50 < (400 - (2 \times 30 + 2 \times 20 + 1 \times 18))/2 = 141\text{mm} < 300\text{mm}$，满足净距的要求。

（4）验算垂直于弯矩作用平面的轴心受压承载力

$l_0/b = 5000/400 = 12.5$，查表得 $\varphi = 0.9425$，配筋率小于 3%，

$$N_u = 0.9\varphi(f_c A + f'_y A'_s)$$

$$= 0.9 \times 0.9425 \times (14.3 \times 400 \times 500 + 360 \times (883 + 603))$$

$$= 2879775\text{N} = 2879.775\text{kN} > 1250\text{kN}，满足要求。$$

（5）截面配筋如图 6-12 所示

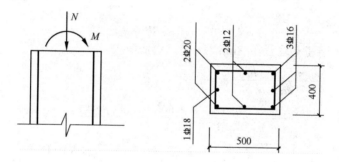

图 6-12 柱配筋图

【例 6-4】已知矩形截面偏心受压柱，承受轴力设计值为 $N = 1500\text{kN}$，上、下端截面承受弯矩设计值均为 $M = 600\text{kN} \cdot \text{m}$，截面尺寸为 $500\text{mm} \times 600\text{mm}$，$a_s = a'_s = 40\text{mm}$，选用 C40 混凝土和 HRB400 级钢筋，柱的计算长度 $l_c = l_0 = 4.5\text{m}$。求该柱的截面配筋 A_s 和 A'_s，并选配钢筋。

【解】（1）判别是否要考虑二阶效应

$M_1/M_2 = 1 > 0.9$，故要考虑二阶效应影响。

（2）判断大小偏心

$$h_0 = 600 - 40 = 560\text{mm}$$

$$e_a = \max(20, h/30) = 20\text{mm}$$

$$C_m = 0.7 + 0.3\frac{M_1}{M_2} = 0.7 + 0.3 \times 1 = 1$$

$$\xi_c = \frac{0.5f_c A}{N} = \frac{0.5 \times 19.1 \times 500 \times 600}{1500 \times 10^3} = 1.91 > 1（取 \xi_c = 1）$$

$$\eta_{ns} = 1 + \frac{1}{1300(M_2/N + e_a)/h_0}\left(\frac{l_c}{h}\right)^2 \xi_c$$

$$=1+\frac{1}{1300(600\times10^6/1500\times10^3+20)/560}\times\left(\frac{4500}{600}\right)^2\times1=1.058$$

$C_m\eta_{ns}=1.058>1$，可以。

$$M=C_m\eta_{ns}M_2=1\times1.058\times600=634.8kN\cdot m$$

$$e_0=\frac{M}{N}=\frac{634.8\times10^6}{1500\times10^3}=423mm$$

$$e_i=e_0+e_a=423+20=443mm$$

$e_i>0.3h_0=0.3\times560=168mm$，先按大偏心受压计算。

（3）配筋计算

为了配筋最经济，即使 $(A_s+A'_s)$ 最小，令 $\xi=\xi_b$，

$$x=\xi_bh_0=0.518\times560=290mm$$

$$e=e_i+h/2-a_s=443+300-40=703mm$$

$$A'_s=\frac{Ne-\alpha_1f_cbx(h_0-x/2)}{f'_y(h_0-a'_s)}$$

$$=\frac{1500\times10^3\times703-1\times19.1\times500\times290(560-290/2)}{360\times(560-40)}<0$$

取 $A'_s=\rho'_{min}bh=0.002\times500\times600=600mm^2$

选 3 Φ 16 受压钢筋（$A'_s=603mm^2$），满足构造要求。

$$\alpha_s=\frac{Ne-f'_yA'_s(h_0-a'_s)}{\alpha_1f_cbh_0^2}$$

$$=\frac{1500\times10^3\times703-360\times603\times(560-40)}{1\times19.1\times500\times560^2}=0.314$$

$$\xi=1-\sqrt{1-2\alpha_s}=0.390<\xi_b=0.518，确为大偏心受压构件$$

$$x=\xi h_0=0.390\times560=218.4mm>2a'_s=80mm$$

说明受压侧钢筋屈服

$$A_s=\frac{\alpha_1f_cbx+f'_yA'_s-N}{f_y}$$

$$=\frac{1\times19.1\times500\times218.4-1500\times10^3}{360}+603=2230mm^2$$

选配 6 Φ 22 受拉钢筋（$A_s=2281mm^2$），有

$50<(600-(2\times30+6\times22))/5=81.6mm<300mm$，满足净距的要求。

（4）验算垂直于弯矩作用平面的轴心受压承载力

$l_0/b=4500/500=9$，查表得 $\varphi=0.99$，配筋率小于 3%，

$$N_u=0.9\varphi(f_cA+f'_yA'_s)$$

$$=0.9\times0.99\times[19.1\times500\times600+360\times(2281+603)]$$

$$=6030502N=6030.502kN>1500kN，满足要求。$$

【例 6-5】 已知条件同例 6-1，但在近轴向力一侧已配置了 3 Φ 22 钢筋（$A'_s=1140mm^2$）。求所需的受拉钢筋 A_s，并选配钢筋。

【解】（1）（2）同例 6-1；$e_i>0.3h_0=0.3\times460=138mm$，先按大偏心受压计算。

（3）配筋计算

由【例 6-1】知，$e=437\text{mm}$，

$$\alpha_s = \frac{Ne - f'_y A'_s (h_0 - a'_s)}{\alpha_1 f_c b h_0^2}$$

$$= \frac{1250 \times 10^3 \times 437 - 360 \times 1140 \times (460-40)}{1 \times 14.3 \times 400 \times 460^2} = 0.309$$

$\xi = 1 - \sqrt{1-2\alpha_s} = 0.382 < \xi_b = 0.518$，确为大偏心受压构件

$x = \xi_b h_0 = 0.382 \times 460 = 176\text{mm} > 2a'_s = 80\text{mm}$

$$A_s = \frac{\alpha_1 f_c b x + f'_y A'_s - N}{f_y}$$

$$= \frac{1 \times 14.3 \times 400 \times 176 - 1250 \times 10^3}{360} + 1140 = 464.2\text{mm}^2$$

$$> 0.002bh = 400\text{mm}^2$$

选配 3 Φ 14 受拉钢筋（$A_s = 461\text{mm}^2$），有

$50 < (400 - (2\times30 + 3\times14))/2 = 149\text{mm} < 300\text{mm}$，满足净距的要求。

（4）验算垂直于弯矩作用平面的轴心受压承载力

$l_0/b = 5000/400 = 12.5$，查表得 $\varphi = 0.9425$，配筋率小于 3%，

$$N_u = 0.9\varphi(f_c A + f'_y A'_s)$$

$$= 0.9 \times 0.9425 \times [14.3 \times 400 \times 500 + 360 \times (461 + 1140)]$$

$$= 2914892\text{N} = 2914.892\text{kN} > 1250\text{kN}$，满足要求。

【例 6-6】 已知条件同例 6-1，但在近轴向力一侧已配置了 3 Φ 14 钢筋（$A'_s = 461\text{mm}^2$）。求所需的受拉钢筋 A_s，并选配钢筋。

【解】（1）（2）同例 6-1；$e_i > 0.3h_0 = 0.3 \times 460 = 138\text{mm}$，先按大偏心受压计算。

（3）配筋计算

由【例 6-1】知，$e = 437\text{mm}$，

$$\alpha_s = \frac{Ne - f'_y A'_s (h_0 - a'_s)}{\alpha_1 f_c b h_0^2}$$

$$= \frac{1250 \times 10^3 \times 437 - 360 \times 461 \times (460-40)}{1 \times 14.3 \times 400 \times 460^2} = 0.394$$

$\xi = 1 - \sqrt{1-2\alpha_s} = 0.540 > \xi_b = 0.518$

有可能是受压侧钢筋 A'_s 太少，应按 A'_s 未知，重新计算 A'_s 及 A_s，计算过程同例 6-3。

【例 6-7】 已知条件同例 6-1 但在近轴向力一侧已配置了 5 Φ 25 钢筋（$A'_s = 2454\text{mm}^2$）。求所需的受拉钢筋 A_s，并选配钢筋。

【解】（1）（2）同例 6-1；$e_i > 0.3h_0 = 0.3 \times 460 = 138\text{mm}$，先按大偏心受压计算。

（3）配筋计算

由例 6-1 知，$e = 437\text{mm}$，

$$\alpha_s = \frac{Ne - f'_y A'_s (h_0 - a'_s)}{\alpha_1 f_c b h_0^2}$$

$$= \frac{1250 \times 10^3 \times 437 - 360 \times 2454 \times (460-40)}{1 \times 14.3 \times 400 \times 460^2} = 0.145$$

$\xi = 1 - \sqrt{1-2\alpha_s} = 0.157 < \xi_b = 0.518$，确为大偏心受压构件

$x = \xi_b h_0 = 0.157 \times 460 = 72\text{mm} < 2a'_s = 80\text{mm}$，说明受压侧钢筋不屈服，对受压侧钢筋的合力点取矩：

$$A_s = \frac{N(e_i - h/2 + a'_s)}{f_y(h_0 - a'_s)}$$

$$= \frac{1250 \times 10^3 \times (227 - 250 + 40)}{360 \times (460 - 40)} = 140.5\text{mm}^2 < 0.002bh = 400\text{mm}^2$$

取 $A_s = 400\text{mm}^2$，选配 3 ⊈ 14 受拉钢筋（$A_s = 461\text{mm}^2$），有

$50 < (400 - (2 \times 30 + 3 \times 14))/2 = 149\text{mm} < 300\text{mm}$，满足净距的要求。

（4）验算垂直于弯矩作用平面的轴心受压承载力

$l_0/b = 5000/400 = 12.5$，查表得 $\varphi = 0.9425$，配筋率小于 3%，

$$N_u = 0.9\varphi(f_c A + f'_y A'_s)$$

$$= 0.9 \times 0.9425 \times [14.3 \times 400 \times 500 + 360 \times (461 + 2454)]$$

$$= 3316149\text{N} = 3316.149\text{kN} > 1250\text{kN}$$，满足要求。

【例 6-8】 已知条件同例 6-2，采用非对称配筋，求钢筋截面面积 A_s 和 A'_s。

【解】（1）同例 6-2，$e_i < 0.3h_0 = 0.3 \times 460 = 138\text{mm}$，先按小偏心受压计算。

（2）配筋计算。由例 6-2 知，$e = 290\text{mm}$，

由于 $N = 2500\text{kN} < f_c bh = 14.3 \times 400 \times 500 = 2860000\text{N} = 2680\text{kN}$

为使配筋量较少，取 $A_s = \rho_{min}bh = 0.002 \times 400 \times 500 = 400\text{mm}^2$

$$N = \alpha_1 f_c bx + f'_y A'_s - \sigma_s A_s$$

$$Ne = \alpha_1 f_c bx(h_0 - 0.5x) + f'_y A'_s(h_0 - a'_s)$$

$$\sigma_s = \frac{0.8 - \xi}{0.8 - \xi_b} f_y = \frac{0.8 - x/460}{0.8 - 0.518} \times 360$$

将 $A_s = 400\text{mm}^2$ 带入上述方程，解得：$\xi = 0.8245$，$x = 379.25\text{mm}$，$\sigma_s = -31$

$$\xi_b < \xi < 2\beta_1 - \xi_b = 2 \times 0.8 - 0.518 = 1.082$$

$$A'_s = \frac{Ne - \alpha_1 f_c bx(h_0 - x/2)}{f'_y(h_0 - a'_s)}$$

$$= \frac{2500 \times 10^3 \times 290 - 1 \times 14.3 \times 400 \times 379.25(460 - 379.25/2)}{360 \times (460 - 40)} = 915.8\text{mm}^2$$

$> 0.002bh = 0.002 \times 400 \times 500 = 400\text{mm}^2$

选配 3 ⊈ 14 受拉钢筋（$A_s = 461\text{mm}^2$）

选配 3 ⊈ 20 受压钢筋（$A'_s = 942\text{mm}^2$），有

$50 < (400 - (2 \times 30 + 3 \times 20))/2 = 140\text{mm} < 300\text{mm}$，满足净距的要求。

（4）验算垂直于弯矩作用平面的轴心受压承载力

$l_0/b = 3750/400 = 9.4$，查表得 $\varphi = 0.9876$，配筋率小于 3%，

$$N_u = 0.9\varphi(f_c A + f'_y A'_s)$$

$$= 0.9 \times 0.9876 \times [14.3 \times 400 \times 500 + 360 \times (461 + 942)]$$

$$= 2991018\text{N} = 2991.018\text{kN} > 2500\text{kN}$$，满足要求。

注：该题也可采用简化公式法计算，即计算 u，v，进而确定 ξ。

3. 比较讨论

例 6-1、例 6-3、例 6-5、例 6-7 是同一根柱子，分别按对称配筋和非对称配筋设计。比

较他们的总配筋量

$$(A_s + A'_s)_1 = 713.5 + 713.5 = 1427$$
$$(A_s + A'_s)_3 = 542.5 + 851.8 = 1394.3$$
$$(A_s + A'_s)_5 = 1140 + 464.2 = 1604.2$$
$$(A_s + A'_s)_7 = 2454 + 400.0 = 2854$$

对于大偏心受压构件，按 A_s 和 A'_s 均未知的非对称配筋设计总用钢量最小，这是因为在设计时，充分利用了混凝土的受压能力，即取 $x = \xi_b h_0$。

例 6-2 和例 6-8 是同一根柱子分别按非对称配筋和对称配筋的两种情况设计。比较二者的总配筋量

$$(A_s + A'_s)_2 = 987.97 \times 2 = 1975.94$$
$$(A_s + A'_s)_8 = 400 + 915.8 = 1315.8$$

对于小偏心受压构件，非对称配筋设计的用钢量较小，这是因为小偏心受压构件远离压力作用一侧的钢筋，一般情况下无论拉压都达不到屈服，所以其配筋按最小配筋率配置较节省。

6.4 矩形截面偏心受压柱承载力复核

在复核截面之前，应先验算其配筋率，应满足最小配筋率的要求。

6.4.1 弯矩作用平面内的承载力复核

1. 已知轴向力设计值 N，求弯矩设计值 M

假设为大偏心受压，将 A_s 和 A'_s 代入公式（6-14）确定 x：

$$x = \frac{N - f'_y A'_s + f_y A_s}{\alpha_1 f_c b}$$

① $x < 2a'_s$，确为大偏心受压，但受压区高度太小，受压侧钢筋没有屈服，将 x 代入公式（6-18）：

$$e' = \frac{f_y A_s (h_0 - a'_s)}{N}$$

$$e_i = e' + \left(\frac{h}{2} - a'_s \right)$$

$$e_0 = e_i - e_a$$

$$M = N e_0$$

② $2a'_s \leqslant x \leqslant \xi_b h_0$，确为大偏心受压，将 x 代入公式（6-15）：

$$e = \frac{\alpha_1 f_c b x \left(h_0 - \dfrac{x}{2} \right) + f'_y A'_s (h_0 - a'_s)}{N}$$

$$e_i = e - \frac{h}{2} + a_s$$

$$e_0 = e_i - e_a$$

$$M = N e_0$$

③ $x > \xi_b h_0$，假设错误，应为小偏心受压；由公式（6-14）和（6-16）重新计算 x，将 x 代入公式（6-15），计算步骤同上。

若 N 大于 $f_c bh$ 时，尚需验算反向偏心，取二者弯矩的较小值。

2. 已知偏心距 e_0 求轴向力设计值 N

因为 e_i 是已知的，可初步判别偏心类型，$e_i \geqslant 0.3 h_0$ 时为大偏心受压；$e_i < 0.3 h_0$ 时，为小偏受压。为消除 N，对图（6-7）中 N 的作用点取矩求出 x，再将 x 代入公式（6-14）可求出 N。

【例 6-9】 某钢筋混凝土矩形截面偏心受压柱，截面尺寸 $b = 400$mm，$h = 500$mm，取 $a_s = a_s' = 45$mm，柱的计算长度 $l_c = l_0 = 3.75$m，轴向力设计值 $N = 500$kN。配有 4 $\underline{\Phi}$ 22（$A_s = 1520$mm^2）的受拉钢筋及 3 $\underline{\Phi}$ 20（$A_s' = 942$mm^2）的受压钢筋。混凝土采用 C25，求截面在 h 方向的受弯承载力 M。

【解】（1）判断适用条件

$$A_s' > 0.002bh = 0.002 \times 400 \times 500 = 400\text{mm}^2$$

$$A_s > 0.002bh = 400\text{mm}^2 \text{。均满足要求。}$$

（2）假设为大偏心受压

$$x = \frac{N - f_y' A_s' + f_y A_s}{\alpha_1 f_c b}$$

$$= \frac{500 \times 10^3 - 360 \times 942 + 360 \times 1520}{1 \times 11.9 \times 400} = 148.76\text{mm} > 2a_s' = 90\text{mm}$$

$$< \xi_b h_0 = 236\text{mm}$$

确为大偏心受压，且受压侧钢筋屈服。

$$e = \frac{\alpha_1 f_c bx(h_0 - 0.5x) + f_y' A_s'(h_0 - a_s')}{N}$$

$$= \frac{1 \times 11.9 \times 400 \times 148.76(455 - 148.76/2) + 360 \times 942(455 - 45)}{500 \times 10^3} = 817\text{mm}$$

$$e_i = e - \frac{h}{2} + a_s = 817 - \frac{500}{2} + 45 = 612\text{mm}$$

$$e_a = \max(20, h/30) = 20\text{mm}$$

$$e_0 = e_i - e_a = 612 - 20 = 592\text{mm}$$

（3）求受弯承载力

$$M = N e_0 = 500 \times 0.592 = 296\text{kN} \cdot \text{m}$$

（4）验算垂直于弯矩作用平面的轴心受压承载力

$l_0 / b = 3750/400 = 9.4$，查表得 $\varphi = 0.9876$，配筋率小于 3%，

$$N_u = 0.9\varphi(f_c A + f_y' A_s')$$

$$= 0.9 \times 0.9876 \times (11.9 \times 400 \times 500 + 360 \times (1520 + 942))$$

$$= 2903236\text{N} = 2903.236\text{kN} > 500\text{kN}，满足要求。$$

【例 6-10】 某钢筋混凝土矩形截面偏心受压柱，截面尺寸 $b = 400$mm，$h = 500$mm，取 $a_s = a_s' = 40$mm，柱的计算长度 $l_c = l_0 = 3.75$m，混凝土采用 C30，配有 3 $\underline{\Phi}$ 20（$A_s = 942$mm^2）的受拉钢筋及 5 $\underline{\Phi}$ 25（$A_s' = 2454$mm^2）的受压钢筋。轴向力的偏心距 $e_0 = 80$mm，求截面能承受的轴向力设计值 N。

【解】（1）判断适用条件

$$A'_s > 0.002bh = 0.002 \times 400 \times 500 = 400mm^2$$

$$A_s > 0.002bh = 400mm^2 \text{。均满足要求。}$$

（2）判别大小偏心

$$e_a = \max(20, h/30) = 20mm, h_0 = 500 - 40 = 460mm$$

$e_i = e_0 + e_a = 80 + 20 = 100mm < 0.3h_0 = 138mm$，初步判别为小偏心受压。

（3）求轴向力设计值 N

对 N 的作用点取矩：

$$\alpha_1 f_c bx(e_i - 0.5h + 0.5x) + f'_y A'_s(e_i - 0.5h + a'_s) = \sigma_s A_s(e_i + 0.5h - a_s)$$

$$\sigma_s = \frac{0.8 - \xi}{0.8 - \xi_b} f_y = \frac{0.8 - x/460}{0.8 - 0.518} \times 360$$

解以上两个方程组得：$x = 379.42mm > \xi_b h_0 = 238mm$，确为小偏心受压，

$$\sigma_s = -32N/mm^2$$

$$\xi = 0.825 < 2\beta_1 - \xi_b = 1.082$$

$$N = \alpha_1 f_c bx + f'_y A'_s - \sigma_s A_s$$

$$= 1 \times 14.3 \times 400 \times 379.42 + 360 \times 2454 - (-32) \times 942$$

$$= 3083866N = 3084kN$$

（4）验算垂直于弯矩作用平面的轴心受压承载力

$l_0/b = 3750/400 = 9.4$，查表得 $\varphi = 0.9876$，配筋率小于 3%，

$$N_u = 0.9\varphi(f_c A + f'_y A'_s)$$

$$= 0.9 \times 0.9876 \times [14.3 \times 400 \times 500 + 360 \times (942 + 2454)]$$

$$= 3628743N = 3628.743kN > 3084kN，满足要求。$$

6.5 I 形偏心受压柱设计

工业厂房排架柱的截面往往是 I 形截面，排架柱的二阶效应可按《混凝土结构设计规范》（GB 50010—2010）附录 B 采用。

6.5.1 排架柱的二阶效应

排架柱考虑二阶效应的弯矩设计值可按下列公式计算

$$M = \eta_s M_0 \tag{6-25}$$

$$\eta_s = 1 + \frac{1}{1500 \frac{e_i}{h_0}} \left(\frac{l_0}{h}\right)^2 \zeta_c \tag{6-26}$$

$$\zeta_c = \frac{0.5 f_c A}{N} \tag{6-27}$$

$$e_i = e_0 + e_a \tag{6-28}$$

式中　ζ_c——截面曲率修正系数；当 $\zeta_c > 1.0$ 时，取 $\zeta_c = 1.0$；

　　　e_i——初始偏心距；

　　　M_0——一阶弹性分析柱端弯矩设计值；

e_0 ——轴向压力对截面重心的偏心距，$e_0 = M_0/N$；

l_0 ——排架柱的计算长度，按附录 D-15 采用；

A ——柱的截面面积，对于 I 形截面取：$A = bh + 2(b_f - b)h'_f$。

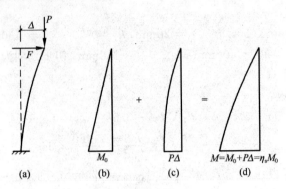

图 6-13[24]　排架柱的 P-Δ 效应

6.5.2　I 形截面偏心受压柱正截面受压承载力

I 形截面偏心受压柱正截面受压承载力应符合下列规定：

（1）当受压区高度 x 不大于 h'_f 时，应按宽度为 b'_f 的矩形截面计算。

（2）当受压区高度 x 大于 h'_f 时，应符合下列规定：

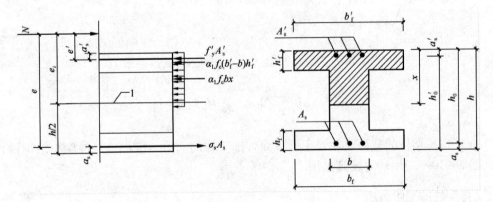

图 6-14　I 形截面偏心受压柱正截面受压承载力

$$N \leqslant \alpha_1 f_c (b'_f - b)h'_f + \alpha_1 f_c bx + f'_y A'_s - \sigma_s A_s \tag{6-29}$$

$$Ne \leqslant \alpha_1 f_c (b'_f - b)h'_f \left(h_0 - \frac{h'_f}{2}\right) + \alpha_1 f_c bx \left(h_0 - \frac{x}{2}\right) + f'_y A'_s (h_0 - a'_s) \tag{6-30}$$

式中钢筋的应力 σ_s 按公式（6-16）计算。

（3）当 x 大于 $(h - h_f)$ 时，其正截面受压承载力应计入远离轴向力一侧翼缘受压的作用。

（4）对采用非对称配筋的小偏心受压构件，当 $N > f_c A$ 时，尚应按下列公式验算

$$Ne' \leqslant f_c bh \left(h'_0 - \frac{h}{2}\right) + f_c (b'_f - b)h'_f \left(\frac{h'_f}{2} - a'_s\right) + f_c (b_f - b)h_f \left(h'_0 - \frac{h_f}{2}\right) + f'_y A_s (h'_0 - a_s)$$

$$\tag{6-31}$$

此处
$$e' = y' - a'_s - (e_0 - e_a) \tag{6-32}$$

式中 y' ——截面重心至离轴向压力较近一侧受压边的距离，当截面对称时，取 $h/2$。

（5）I 形截面对称配筋（$A_s = A'_s$）的钢筋混凝土小偏心受压柱，也可按下列近似公式计算相对受压区高度 ξ

$$\xi = \frac{N - \alpha_1 f_c(b'_f - b)h'_f - \xi_b \alpha_1 f_c b h_0}{\dfrac{Ne - \alpha_1 f_c(b'_f - b)h'_f(h_0 - h'_f/2) - 0.43\alpha_1 f_c b h_0^2}{(\beta_1 - \xi_b)(h_0 - a'_s)} + \alpha_1 f_c b h_0} + \xi_b \tag{6-33}$$

6.5.3 I 形截面偏心受压柱对称配筋设计

一般情况下 $h'_f \leqslant \xi_b h_0$，故当 $x \leqslant h'_f$ 时为大偏心受压构件。

1. 当 $N \leqslant \alpha_1 f_c b'_f h'_f$ 时，为第一类截面，计算过程与宽度为 b'_f 的矩形偏心受压柱相同，即

$$x = \frac{N}{\alpha_1 f_c b'_f}$$

① $x < 2a'_s$，受压区高度太小，受压侧钢筋没有屈服。

$$A'_s = A_s = \frac{Ne'}{f_y(h_0 - a'_s)}$$

并满足最小配筋率的要求。

② $2a'_s \leqslant x \leqslant \xi_b h_0$

$$A_s = A'_s = \frac{Ne - \alpha_1 f_c b'_f x\left(h_0 - \dfrac{x}{2}\right)}{f'_y(h_0 - a'_s)}$$

并满足最小配筋率的要求。

2. 当 $N > \alpha_1 f_c b'_f h'_f$ 时，为第二类截面

假设为大偏心受压柱，取 $\sigma_s = f_y$，代入公式（6-29）

$$x = \frac{N - \alpha_1 f_c(b'_f - b)h'_f}{\alpha_1 f_c b}$$

x 有以下几种情况：

① $2a'_s \leqslant x \leqslant \xi_b h_0$ 时，确为大偏心受压柱，将 x 代入公式（6-30）

$$A_s = A'_s = \frac{Ne - \alpha_1 f_c(b'_f - b)h'_f\left(h_0 - \dfrac{h'_f}{2}\right) - \alpha_1 f_c b x\left(h_0 - \dfrac{x}{2}\right)}{f'_y(h_0 - a'_s)}$$

并满足最小配筋率的要求。

② $x > \xi_b h_0$，假设错误，为小偏心受压柱，代入公式（6-33）和（6-30），计算结果应满足最小配筋率的要求。

【例 6-11】 I 形截面柱，$l_0 = 6.7$m，一阶弹性分析柱端弯矩设计值 $M_0 = 400$kN·m，轴向力设计值 $N = 600$kN，采用 C30 混凝土，HRB400 钢筋，一类环境，截面如图 6-15 所示，采用对称配筋，试计算所需钢筋面积并选配钢筋。

【解】 可以把图 6-15（a）简化为图 6-15（b）。

（1）二阶效应

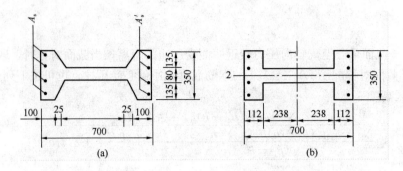

图 6-15[23]　截面尺寸和配筋布置

取 $a_s = a'_s = 40\text{mm}$, $h_0 = 700 - 40 = 660\text{mm}$

$$A = 80 \times 700 + 2 \times (350 - 80) \times 112 = 116480\text{mm}$$

$$e_a = \frac{700}{30} = 23\text{mm} > 20\text{mm}$$

$$e_0 = \frac{M_0}{N} = \frac{400 \times 10^6}{600 \times 10^3} = 667\text{mm}$$

$$e_i = e_0 + e_a = 667 + 23 = 690\text{mm}$$

$$\zeta_c = \frac{0.5 f_c A}{N} = \frac{0.5 \times 14.3 \times 116480}{600 \times 10^3} = 1.39 > 1,\ \text{取}\ \zeta_c = 1$$

$$\eta_s = 1 + \frac{1}{1500 \dfrac{e_i}{h_0}} \left(\frac{l_0}{h}\right)^2 \zeta_c$$

$$= 1 + \frac{1}{1500 \times \dfrac{690}{660}} \times \left(\frac{6700}{700}\right)^2 \times 1$$

$$= 1.058$$

$$M = \eta_s M_0 = 1.058 \times 400 = 423.2\text{kN} \cdot \text{m}$$

$$e_0 = \frac{M}{N} = \frac{423.2 \times 10^6}{600 \times 10^3} = 705\text{mm}$$

$$e_i = e_0 + e_a = 705 + 23 = 728\text{mm}$$

$$e = e_i + \frac{h}{2} - a_s = 728 + \frac{700}{2} - 40 = 1038\text{mm}$$

（2）截面配筋

$$\alpha_1 f_c b'_f h'_f = 1 \times 14.3 \times 350 \times 112 \times 10^{-3} = 560.56\text{kN} < N = 600\text{kN}$$

为第二类截面；假设为大偏心受压构件，取 $\sigma_s = f_y$，则

$$x = \frac{N - \alpha_1 f_c (b'_f - b) h'_f}{\alpha_1 f_c b}$$

$$= \frac{600 \times 10^3 - 1 \times 14.3 \times (350 - 80) \times 112}{1 \times 14.3 \times 80}$$

$$= 146\text{mm} < \xi_b h_0 = 0.518 \times 660 = 342\text{mm}$$

$$> 2a'_s = 80\text{mm}$$

确为大偏心受压构件，且受压侧钢筋屈服。

$$A_s = A'_s = \frac{Ne - \alpha_1 f_c(b'_f - b)h'_f\left(h_0 - \frac{h'_f}{2}\right) - \alpha_1 f_c bx\left(h_0 - \frac{x}{2}\right)}{f'_y(h_0 - a'_s)}$$

$$= \frac{600 \times 10^3 \times 1038 - 1 \times 14.3 \times (350 - 80) \times 112 \times \left(660 - \frac{112}{2}\right) - 1 \times 14.3 \times 80 \times 146 \times \left(660 - \frac{146}{2}\right)}{360 \times (660 - 40)}$$

$$= 1181 \text{mm}^2$$

$$\rho = \frac{1181}{116480} = 1.01\% > 0.2\%$$

选配 4 Φ 20 （1256mm²），间距

$$50\text{mm} < \frac{350 - (2 \times 30 + 4 \times 20)}{3} = 70\text{mm} < 300\text{mm}$$

（3）验算垂直方向轴心受压承载力

$$I = \frac{1}{12} \times 350 \times 700^3 - 2 \times \frac{1}{12} \times 135 \times 476^3$$

$$= 7.58 \times 10^9$$

$$i = \sqrt{\frac{I}{A}} = \sqrt{\frac{7.58 \times 10^9}{116480}} = 255\text{mm}$$

$$\frac{l_0}{i} = \frac{6700}{255} = 26.27 < 28, \text{ 取 } \varphi = 1.0$$

$$0.9\varphi(f_c A + f'_y A'_s) = 0.9 \times 1 \times (14.3 \times 116480 + 360 \times 1256 \times 2) \times 10^{-3}$$

$$= 2313.0\text{kN} > 600\text{kN}$$

【例 6-12】已知条件同例 6-11，一阶弹性分析柱端弯矩设计值 $M_0 = 350\text{kN} \cdot \text{m}$，轴向力设计值 $N = 850\text{kN}$，采用对称配筋，试计算所需钢筋面积并选配钢筋。

【解】（1）二阶效应

$$e_0 = \frac{M_0}{N} = \frac{350 \times 10^6}{850 \times 10^3} = 412\text{mm}$$

$$e_i = e_0 + e_a = 412 + 23 = 435\text{mm}$$

$$\zeta_c = \frac{0.5 f_c A}{N} = \frac{0.5 \times 14.3 \times 116480}{850 \times 10^3} = 0.980 < 1.0$$

$$\eta_s = 1 + \frac{1}{1500\frac{e_i}{h_0}}\left(\frac{l_0}{h}\right)^2 \zeta_c$$

$$= 1 + \frac{1}{1500 \times \frac{435}{660}} \times \left(\frac{6700}{700}\right)^2 \times 0.98$$

$$= 1.091$$

$$M = \eta_s M_0 = 1.091 \times 350 = 381.85\text{kN} \cdot \text{m}$$

$$e_0 = \frac{M}{N} = \frac{381.85 \times 10^6}{850 \times 10^3} = 449\text{mm}$$

$$e_i = e_0 + e_a = 449 + 23 = 472\text{mm}$$

$$e = e_i + \frac{h}{2} - a_s = 472 + \frac{700}{2} - 40 = 782\text{mm}$$

（2）截面配筋

$$\alpha_1 f_c b_f' h_f' = 560.56 \text{kN} < \text{N} = 850 \text{kN}$$

为第二类截面；假设为大偏心受压构件，取 $\sigma_s = f_y$

$$x = \frac{N - \alpha_1 f_c (b_f' - b) h_f'}{\alpha_1 f_c b}$$

$$= \frac{850 \times 10^3 - 1 \times 14.3 \times (350 - 80) \times 112}{1 \times 14.3 \times 80}$$

$$= 365 \text{mm} > \xi_b h_0 = 342 \text{mm}$$

假设错误，为小偏心受压构件。

$$\xi = \frac{N - \alpha_1 f_c (b_f' - b) h_f' - \xi_b \alpha_1 f_c b h_0}{\dfrac{Ne - \alpha_1 f_c (b_f' - b) h_f' (h_0 - h_f'/2) - 0.43 \alpha_1 f_c b h_0^2}{(\beta_1 - \xi_b)(h_0 - a_s')} + \alpha_1 f_c b h_0} + \xi_b = 0.532$$

$$x = \xi h_0 = 0.532 \times 660 = 351 \text{mm} < h - h_f = 700 - 112 = 588 \text{mm}$$

远离轴向力一侧翼缘没有受压。

$$A_s = A_s' = \frac{Ne - \alpha_1 f_c (b_f' - b) h_f' \left(h_0 - \dfrac{h_f'}{2}\right) - \alpha_1 f_c b x \left(h_0 - \dfrac{x}{2}\right)}{f_y'(h_0 - a_s')}$$

$$= \frac{850 \times 10^3 \times 782 - 1 \times 14.3 \times (350 - 80) \times 112 \times \left(660 - \dfrac{112}{2}\right) - 1 \times 14.3 \times 80 \times 351 \times \left(660 - \dfrac{351}{2}\right)}{360 \times (660 - 40)}$$

$$= 936 \text{mm}^2$$

$$\rho = \frac{936}{116480} = 0.80\% > 0.2\%$$

选配 3 Φ 20 （942mm^2），间距

$$50 \text{mm} < \frac{350 - (2 \times 30 + 3 \times 20)}{2} = 115 \text{mm} < 300 \text{mm}$$

（3）验算垂直方向轴心受压承载力

$$0.9 \varphi (f_c A + f_y' A_s') = 0.9 \times 1 \times (14.3 \times 116480 + 360 \times 942 \times 2) \times 10^{-3}$$

$$= 2109.5 \text{kN} > 850 \text{kN}$$

6.6　偏心受拉构件设计

偏心受拉构件按拉力 N 位置不同，分为小偏心受拉构件和大偏心受拉构件：当拉力 N 作用在 A_s 合力点和 A_s' 合力点之间时，为小偏心受拉构件；当拉力 N 作用在 A_s 合力点和 A_s' 合力点以外时，为大偏心受拉构件，如图 6-16 所示。

靠近轴向力一侧的钢筋为 A_s，称为受拉侧钢筋；远离轴向力 N 一侧的钢筋为 A_s'，称为受压侧钢筋。

小偏心受拉构件计算公式：

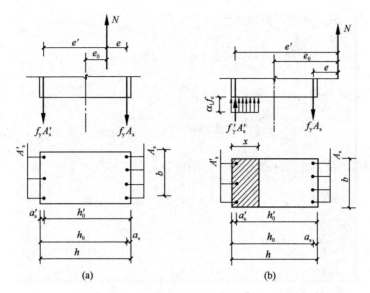

图 6-16[31]　偏心受拉构件

（a）小偏心受拉构件；（b）大偏心受拉构件

对受拉侧钢筋取矩 $\qquad Ne \leqslant f_y A'_s (h_0 - a'_s) \qquad$ (6-34)

对受压侧钢筋取矩 $\qquad Ne' \leqslant f_y A_s (h_0 - a'_s) \qquad$ (6-35)

大偏心受拉构件计算公式：

$\sum X = 0 \qquad N \leqslant f_y A_s - f'_y A'_s - \alpha_1 f_c b x \qquad$ (6-36)

$\sum M = 0 \qquad Ne \leqslant \alpha_1 f_c b x \left(h_0 - \dfrac{x}{2} \right) + f'_y A'_s (h_0 - a'_s) \qquad$ (6-37)

在计算大偏心受拉构件时，若 $x < 2a'_s$，则受压侧钢筋没有屈服，近似认为受压侧钢筋作用点和混凝土压力作用点重合，并对其取矩，计算公式即为公式（6-35）。

采用对称配筋时（即取 $A_s = A'_s$），若为小偏心受拉构件，按公式（6-35）计算的钢筋面积多，应按公式（6-35）计算；若为大偏心受拉构件，则属于 $x < 2a'_s$ 的情况，也应按公式（6-35）计算。故当采用对称配筋时，无论大小偏心受拉，均采用公式（6-35）计算。

【例 6-13】（2013.1）某外挑三角架，安全等级为二级，计算简图如图 6-17 所示。其中横杆 AB 为混凝土构件，截面尺寸为 300mm×400mm，混凝土强度等级为 C35，纵向钢筋采用 HRB400，对称配筋，$a_s = a'_s = 45mm$。假定，均布荷载设计值 $q = 25kN/m$（包括自重），集中荷载设计值 $P = 350kN$（作用于节点 B 上）。试问，按承载能力极限状态计算（不考虑抗震），横杆最不利截面的纵向配筋 A_s（mm²）与下列何项数值最为接近？

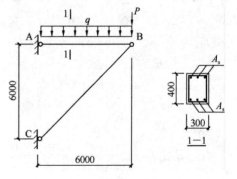

图 6-17　例 6-13 附图

（A）980　　　　　（B）1190　　　　　（C）1400　　　　　（D）1600

【解】（D）

AB 杆相当于一个简支梁，跨中弯矩设计值为

$$M = \frac{1}{8} \times 25 \times 6^2 = 112.5 \text{kN} \cdot \text{m}$$

对点 C 取矩，可得横杆 AB 的拉力设计值

$$N = \frac{1}{6} \times \left(\frac{1}{2} \times 25 \times 6^2 + 350 \times 6 \right) = 425 \text{kN}$$

因是对称配筋，故不论大小偏心受拉，均按公式（6-35）计算。

$$e_0 = \frac{M}{N} = \frac{112.5 \times 10^6}{425 \times 10^3} = 265 \text{mm}$$

$$e' = e_0 + \frac{h}{2} - a'_s = 265 + \frac{400}{2} - 45 = 420 \text{mm}$$

$$A'_s = A_s = \frac{Ne'}{f_y(h_0 - a'_s)} = \frac{425 \times 10^3 \times 420}{360 \times (355 - 45)}$$

$$= 1599 \text{mm}^2 > 0.2\% \times 300 \times 400 = 240 \text{mm}^2$$

6.7　抗震验算时偏心受力构件正截面承载力计算

考虑地震作用的验算时，要求 $S_d \leqslant \dfrac{R_d}{\gamma_{RE}}$，即在公式（6-14）、（6-15）、（6-18）、（6-19）、（6-29）、（6-30）、（6-31）、（6-34）、（6-35）、（6-36）、（6-37）右端乘以 $\dfrac{1}{\gamma_{RE}}$ 即可，γ_{RE} 见表 2-5。

【例 6-14】(2012.1)某五层现浇钢筋混凝土框架-剪力墙结构，某边柱截面尺寸为 700mm×700mm，混凝土强度等级 C30，纵筋采用 HRB400 钢筋，纵筋合力点至截面边缘的距离 $a_s = a'_s = 40$mm，考虑地震作用组合的柱轴力、弯矩设计值分别为 3100kN、1250kN·m。试问，对称配筋时柱单侧所需的钢筋，下列何项配置最为合适？

提示：按大偏心受压进行计算，不考虑重力二阶效应的影响。

(A) 4 ⏀ 22　　　　　(B) 5 ⏀ 22　　　　　(C) 4 ⏀ 25　　　　　(D) 5 ⏀ 25

【解】（D）

柱轴压比 $\mu = \dfrac{N}{f_c A} = \dfrac{3100 \times 10^3}{14.3 \times 700 \times 700} = 0.44 > 0.15$，$\gamma_{RE} = 0.80$

假设为大偏心受压柱，并取承载力和设计值相等，有

$$N = \frac{1}{\gamma_{RE}} \alpha_1 f_c b x$$

$$x = \frac{\gamma_{RE} N}{\alpha_1 f_c b} = \frac{0.8 \times 3100 \times 10^3}{1.0 \times 14.3 \times 700} = 248 \text{mm} < \xi_b h_0 = 342 \text{mm}$$

$$> 2a'_s = 80 \text{mm}$$

确为大偏心受压构件，且受压侧钢筋屈服。

$$e_0 = \frac{M}{N} = \frac{1250 \times 10^6}{3100 \times 10^3} = 403\text{mm} \;, \; e_a = 23\text{mm}, \; e_i = e_0 + e_a = 426\text{mm}$$

$$e = e_i + \frac{h}{2} - a_s = 426 + \frac{700}{2} - 40 = 736\text{mm}$$

$$Ne \leqslant \frac{1}{\gamma_{RE}} \left[\alpha_1 f_c bx \left(h_0 - \frac{x}{2} \right) + f'_y A'_s (h_0 - a'_s) \right]$$

$$A_s = A'_s = \frac{\gamma_{RE} Ne - \alpha_1 f_c bx \left(h_0 - \frac{x}{2} \right)}{f'_y (h_0 - a'_s)}$$

$$= \frac{0.8 \times 3100 \times 10^3 \times 736 - 1.0 \times 14.3 \times 700 \times 248 \times \left(660 - \frac{248}{2} \right)}{360 \times (660 - 40)}$$

$$= 2216\text{mm}^2$$

(A) 1520mm^2 (B) 1900mm^2 (C) 1964mm^2 (D) 2454mm^2

(D) 选项单侧配筋率 $\rho = \rho' = \dfrac{2454}{700^2} = 0.5\% > 0.2\%$

$$50\text{mm} < \frac{700 - (2 \times 30 + 5 \times 25)}{4} = 129\text{mm} < 300\text{mm}$$

间距满足要求。

6.8 柱的构造要求

6.8.1 《混凝土结构设计规范》(GB 50010—2010) 对柱的相关构造要求

1. 柱中纵向钢筋的配置应符合下列规定：

（1）纵向受力钢筋直径不宜小于 12mm，全部纵向钢筋的配筋率不宜大于 5%；

（2）柱中纵向钢筋的净间距不应小于 50mm，且不宜大于 300mm；

（3）偏心受压柱的截面高度不小于 600mm 时，在柱的侧面上应设置直径不小于 10mm 的纵向构造钢筋，并相应设置复合箍筋或拉筋；

（4）圆柱中纵向钢筋不宜少于 8 根，不应少于 6 根，且宜沿周边均匀布置；

（5）在偏心受压柱中，垂直于弯矩作用平面的侧面上的纵向受力钢筋以及轴心受压柱中各边的纵向受力钢筋，其中距不宜大于 300mm。

注：水平浇筑的预制柱，纵向钢筋的最小净间距可按梁的有关规定取用。

2. 柱中的箍筋应符合下列规定：

（1）箍筋直径不应小于 $d/4$，且不应小于 6mm，d 为纵向钢筋的最大直径；

（2）箍筋间距不应大于 400mm 及构件截面的短边尺寸，且不应大于 15d，d 为纵向钢筋的最小直径；

（3）柱及其他受压构件中的周边箍筋应做成封闭式；对圆柱中的箍筋，搭接长度应满足锚固长度的要求，且末端应做成 135° 弯钩，弯钩末端平直段长度不应小于 5d，d 为箍筋直径；

（4）当柱截面短边尺寸大于 400mm 且各边纵向钢筋多于 3 根时，或当柱截面短边尺寸不大于 400mm 但各边纵向钢筋多于 4 根时，应设置复合箍筋；

（5）柱中全部纵向受力钢筋的配筋率大于 3％时，箍筋直径不应小于 8mm，间距不应大于 10d，且不应大于 200mm；箍筋末端应做成 135°弯钩，且弯钩末端平直段长度不应小于 10d，d 为纵向受力钢筋的最小直径；

（6）在配有螺旋式或焊接环式箍筋的柱中，如在正截面受压承载力计算中考虑间接钢筋的作用时，箍筋间距不应大于 80mm 及 $d_{cor}/5$，且不宜小于 40mm，d_{cor} 为按箍筋内表面确定的核心截面直径。

6.8.2 《混凝土结构设计规范》（GB 50010—2010）对柱的抗震措施要求

1. 框架柱的截面尺寸应符合下列要求：

（1）矩形截面柱，抗震等级为四级或层数不超过 2 层时，其最小截面尺寸不宜小于 300mm，一、二、三级抗震等级且层数超过 2 层时不宜小于 400mm；圆柱的截面直径，抗震等级为四级或层数不超过 2 层时不宜小于 350mm，一、二、三级抗震等级且层数超过 2 层时不宜小于 450mm；

（2）柱的剪跨比宜大于 2；

（3）柱截面长边与短边的边长比不宜大于 3。

2. 框架柱和框支柱的钢筋配置，应符合下列要求：

（1）框架柱和框支柱中全部纵向受力钢筋的配筋百分率不应小于表 6-2 规定的数值，同时，每一侧的配筋百分率不应小于 0.2；对Ⅳ类场地上较高的高层建筑，最小配筋百分率应增加 0.1；

表 6-2 柱全部纵向受力钢筋最小配筋百分率（％）

柱类型	抗 震 等 级			
	一级	二级	三级	四级
中柱、边柱	0.9（1.0）	0.7（0.8）	0.6（0.7）	0.5（0.6）
角柱、框支柱	1.1	0.9	0.8	0.7

注：1. 表中括号内数值用于框架结构的柱；

2. 采用 335MPa 级、400MPa 级纵向受力钢筋时，应分别按表中数值增加 0.1 和 0.05 采用；

3. 当混凝土强度等级为 C60 以上时，应按表中数值增加 0.1 采用。

（2）框架柱和框支柱上、下两端箍筋应加密，加密区的箍筋最大间距和箍筋最小直径应符合表 6-3 的规定；

表 6-3 柱端箍筋加密区的构造要求

抗震等级	箍筋最大间距（mm）	箍筋最小直径（mm）
一级	纵向钢筋直径的 6 倍和 100 中的较小值	10
二级	纵向钢筋直径的 8 倍和 100 中的较小值	8
三级	纵向钢筋直径的 8 倍和 150（柱根 100）中的较小值	8
四级	纵向钢筋直径的 8 倍和 150（柱根 100）中的较小值	6（柱根 8）

注：柱根系指底层柱下端的箍筋加密区范围。

（3）框支柱和剪跨比不大于 2 的框架柱应在柱全高范围内加密箍筋，且箍筋间距应符合本条第 2 款一级抗震等级的要求；

（4）一级抗震等级框架柱的箍筋直径大于 12mm 且箍筋肢距不大于 150mm，及二级抗震等级框架柱的直径不小于 10mm 且箍筋肢距不大于 200mm 时，除底层柱下端外，箍筋间距应允许采用 150mm；四级抗震等级框架柱剪跨比不大于 2 时，箍筋直径不应小于 8mm。

习　题

6-1　已知轴向力设计值 $N = 300\text{kN}$，杆端弯矩设计值 $M_1 = 125\text{kN} \cdot \text{m}$，$M_2 = 150\text{kN} \cdot \text{m}$；截面尺寸 $b \times h = 300\text{mm} \times 400\text{mm}$，$a_s = a'_s = 40\text{mm}$，混凝土采用 C30，钢筋采用 HRB400；$l_c = l_0 = 3\text{m}$，采用对称配筋，求钢筋截面面积 $A_s = A'_s$ 并选配钢筋。

6-2　已知轴向力设计值 $N = 7500\text{kN}$，杆端弯矩设计值 $M_1 = 0.9M_2$，$M_2 = 1800\text{kN} \cdot \text{m}$；截面尺寸 $b \times h = 800\text{mm} \times 1000\text{mm}$，$a_s = a'_s = 40\text{mm}$，混凝土采用 C40，钢筋采用 HRB400；$l_c = l_0 = 6\text{m}$，采用对称配筋，求钢筋截面面积 $A_s = A'_s$ 并选配钢筋。

6-3　（2013.2）假定，某柱截面 $b \times h = 400\text{mm} \times 600\text{mm}$，非抗震设计时，控制配筋的内力组合弯矩设计值 $M = 250\text{kN} \cdot \text{m}$，相应的轴力设计值 $N = 500\text{kN}$，采用对称配筋，$a_s = a'_s = 40\text{mm}$，相对受压区高度 $\xi_b = 0.518$，初始偏心距 $e_i = 520\text{mm}$。试问，柱一侧纵筋面积（mm^2），与下列何项数值最为接近？

（A）480　　　　（B）610　　　　（C）710　　　　（D）920

6-4　（2013.1）抗震设防区某多层建筑，采用现浇钢筋混凝土框架-剪力墙结构，柱截面均为 550mm × 550mm，混凝土强度等级为 C40。假定，某柱柱端弯矩设计值为 770kN·m，相应的轴力设计值为 2500kN。柱纵筋采用 HRB400 钢筋，对称配筋，$a_s = a'_s = 50\text{mm}$，相对界限受压区高度 $\xi_b = 0.518$，不需要考虑二阶效应。试问，该柱单侧纵筋截面面积（mm^2）与下列何项数值最为接近？

提示：不需要验算配筋率。

（A）1480　　　　（B）1830　　　　（C）3210　　　　（D）3430

6-5　已知轴向力设计值 $N = 800\text{kN}$，杆端弯矩设计值 $M_1 = 240\text{kN} \cdot \text{m}$，$M_2 = 250\text{kN} \cdot \text{m}$；截面尺寸 $b \times h = 400\text{mm} \times 500\text{mm}$，$a_s = a'_s = 40\text{mm}$，混凝土采用 C30，钢筋采用 HRB400；$l_c = l_0 = 3.9\text{m}$。

（1）非对称配筋时 A_s 和 A'_s 并选配钢筋；

（2）A'_s 为 3 Φ 20 时的 A_s 并选配钢筋；

（3）对称配筋时的 $A_s = A'_s$ 并选配钢筋。

6-6　已知偏心受压柱的轴向力设计值 $N = 800\text{kN}$，杆端弯矩设计值 $M_1 = 0.6M_2$，$M_2 = 160\text{kN} \cdot \text{m}$；截面尺寸 $b \times h = 300\text{mm} \times 500\text{mm}$，$a_s = a'_s = 40\text{mm}$，混凝土采用 C30，钢筋采用 HRB400；$l_c = l_0 = 2.8\text{m}$，求钢筋截面面积 A_s 和 A'_s 并选配钢筋。

6-7　已知柱的轴向力设计值 $N = 550\text{kN}$，杆端弯矩设计值 $M_1 = -M_2$，$M_2 = 450\text{kN} \cdot \text{m}$；截面尺寸 $b \times h = 300\text{mm} \times 600\text{mm}$，$a_s = a'_s = 40\text{mm}$；混凝土采用 C35，钢筋采用 HRB400；$l_c = l_0 = 3.0\text{m}$，求钢筋截面面积 A_s 和 A'_s 并选配钢筋。

6-8　已知荷载作用下偏心受压构件的轴向力设计值 $N = 3170\text{kN}$，杆端弯矩设计 $M_1 =$

$M_2 = 83.6 \text{kN} \cdot \text{m}$；截面尺寸 $b \times h = 400\text{mm} \times 600\text{mm}$，$a_s = a'_s = 45\text{mm}$；混凝土采用 C40，钢筋采用 HRB400；$l_c = l_0 = 3.0\text{m}$，求钢筋截面面积 A_s 和 A'_s 并选配钢筋。

6-9 已知柱承受轴向力设计值 $N = 1500\text{kN}$，截面尺寸 $b \times h = 400\text{mm} \times 500\text{mm}$，$a_s = a'_s = 40\text{mm}$；混凝土采用 C30，钢筋采用 HRB400；$l_c = l_0 = 4\text{m}$，$A'_s$ 为 3 Φ 20，A_s 为 4 Φ 20，求截面在 h 方向所能承受的弯矩设计值（假设柱的两端弯矩设计值相等）。

6-10 已知偏心受压柱截面尺寸 $b \times h = 400\text{mm} \times 500\text{mm}$，$a_s = a'_s = 40\text{mm}$；混凝土采用 C30，钢筋采用 HRB400；$l_c = l_0 = 3.2\text{m}$，$A'_s$ 为 3 Φ 20，A_s 为 4 Φ 22。轴向力的偏心距 $e_0 = 120\text{mm}$，求截面所能承受的轴向力设计值（假设柱的两端弯矩设计值相等）。

6-11 已知工字形截面柱，尺寸如图 6-18 所示。$l_0 = 7.6\text{m}$，轴向力设计值 $N = 800\text{kN}$，弯矩设计值 $M = 300\text{kN} \cdot \text{m}$，混凝土采用 C30，钢筋采用 HRB400；对称配筋，求钢筋截面面积 $A_s = A'_s$ 并选配钢筋。

6-12 已知工字形截面柱，尺寸如图 6-19 所示。$l_0 = 5.0\text{m}$，轴向力设计值 $N = 2000\text{kN}$，弯矩设计值 $M = 119\text{kN} \cdot \text{m}$，混凝土采用 C25，钢筋采用 HRB400；对称配筋，求钢筋截面面积 $A_s = A'_s$ 并选配钢筋。

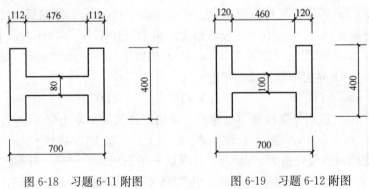

图 6-18 习题 6-11 附图　　　图 6-19 习题 6-12 附图

6-13 某钢筋混凝土矩形截面偏心受拉杆件，$b \times h = 250\text{mm} \times 400\text{mm}$，$a_s = a'_s = 40\text{mm}$，截面承受的纵向拉力设计值 $N = 500\text{kN}$，弯矩 $M = 62\text{kN} \cdot \text{m}$，混凝土采用 C25，钢筋采用 HRB400；试确定截面中所需配置的纵向钢筋。

6-14 已知某矩形水池（图 6-20），池壁厚 $h = 200\text{mm}$，$a_s = a'_s = 30\text{mm}$，每米长度上的内力设计值 $N = 400\text{kN}$，$M = 25\text{kN} \cdot \text{m}$，混凝土强度等级 C25，钢筋采用 HRB335，求每米长度上的 A_s 和 A'_s。

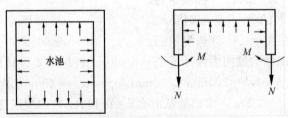

图 6-20 习题 6-14 附图

6-15 已知条件同题 6-14，但 $N = 315\text{kN}$，$M = 82\text{kN} \cdot \text{m}$，求每米长度上的 A_s 和 A'_s。

7 钢筋混凝土斜截面承载力计算

7.1 概 述

从承载能力状态出发，要求满足：

$$\gamma_0 V \leqslant V_u \tag{7-1}$$

混凝土结构构件，包括梁、柱、拉杆、墙体等，一般情况下其破坏形式有两类：正截面破坏和斜截面破坏。前者是由弯矩引起的；后者则主要是由剪力引起的。一般情况下，这两种内力均存在，究竟构件会发生哪种形式的破坏，取决于两种内力之中的哪一种先超过其相应的抗力。

斜截面破坏包括斜截面受剪破坏和斜截面受弯破坏。《混凝土结构设计规范》（GB 50010—2010）采用构造措施避免斜截面受弯破坏，采用计算配筋避免斜截面受剪破坏，受剪钢筋有箍筋和弯起钢筋，它们统称为腹筋，如图 7-1 所示。

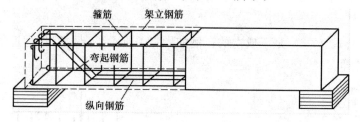

图 7-1 梁配筋形式

一个箍筋垂直部分的根数称为肢数。常用的箍筋有双肢箍、三肢箍、四肢箍和六肢箍等几种形式。箍筋的端部锚固应采用 135°弯钩而不宜用 90°弯钩，弯钩直线段长度不应小于 5d（d 为箍筋直径），在弯剪扭构件中，弯钩直线段长度不应小于 10d（图 7-2）。

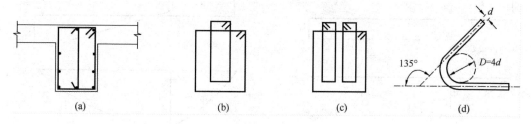

图 7-2 箍筋的形式及端部弯钩
（a）三肢箍；（b）四肢箍；（c）六肢箍；（d）箍筋弯钩

梁中的箍筋除了抗剪之外，还起着纵向钢筋支点的作用。因此，当梁中配有按计算需要的纵向受压钢筋时，箍筋应做成封闭式。

当梁宽小于 350mm 时，通常用双肢箍；当梁宽不小于 350mm 或纵向受拉钢筋在一排的根数多于 5 根时，应采用四肢箍；当梁配有受压钢筋时，应使受压钢筋至少每隔一根处于箍筋的转角处；只有当梁宽小于 150mm，或作为腰筋的拉结筋时，才允许使用单肢箍。

7.2 无腹筋梁受弯构件受剪性能试验研究

7.2.1 剪跨比 λ

剪跨比 λ 是一个无量纲的计算参数，反映了截面上正应力 σ 和剪应力 τ 的相对关系。梁的某一截面处的剪跨比 λ 等于该截面的弯矩值与截面的剪力值和有效高度乘积之比，即

$$\lambda = \frac{M}{Vh_0} \tag{7-2}$$

对于集中荷载作用下的简支梁（图7-3），式（7-2）还可以进一步简化。

$$\lambda_C = \frac{M_C}{V_A h_0} = \frac{V_A a}{V_A h_0} = \frac{a}{h_0}$$

式中，a 为集中荷载 F 作用点到相邻支座的距离，称为剪跨。剪跨 a 与截面有效高度的比值，称为计算剪跨比，即

$$\lambda = \frac{a}{h_0} \tag{7-3}$$

某些情况下公式（7-3）是不成立的，例如图7-4所示工况。但作为近似的方法，也可按公式（7-3）计算。

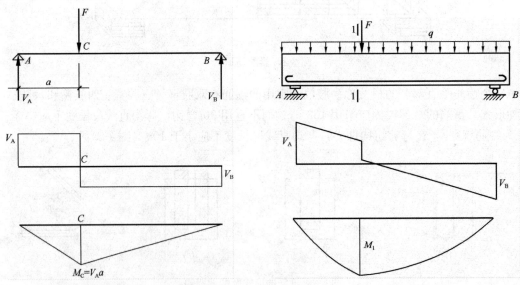

图 7-3　集中荷载作用下的简支梁　　　图 7-4　均布和集中荷载作用下的简支梁

7.2.2　无腹筋梁斜截面破坏的主要形态

在中和轴附近，剪应力大，正应力小，位于混凝土梁腹部的斜裂缝主要是由剪应力产生的，称为腹剪斜裂缝；腹剪斜裂缝中间宽，两头细，呈枣核状。还有一种裂缝是由弯矩和剪

力共同作用产生的，称为弯剪斜裂缝；弯剪斜裂缝首先出现在梁底部，然后斜向发展，指向集中荷载作用点，这种裂缝下宽上细，是最常见的，如图 7-5 所示。

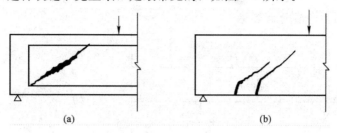

图 7-5[23] 斜裂缝
(a) 腹剪斜裂缝；(b) 弯剪斜裂缝

随着剪跨比 λ 的不同，无腹筋梁的斜截面会出现不同的破坏形态，现以两对称集中荷载作用下的无腹筋梁为例加以说明，见图 7-6。

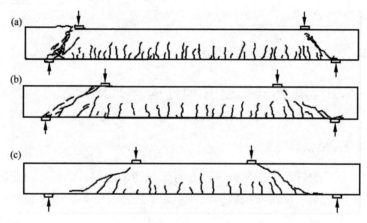

图 7-6[25] 无腹筋梁斜截面破坏形态
(a) 斜压破坏；(b) 剪压破坏；(c) 斜拉破坏

当 λ＜1 时，支座与集中荷载加载点之间的混凝土犹如一斜向短柱。斜裂缝起始于梁的腹部，并向集中荷载点和支座扩展。随着荷载的增加，斜裂缝增多，并相互平行。最后两主要斜裂缝间的混凝土类似短柱被压碎，使梁发生斜截面破坏。这种破坏称为斜压破坏。

当 1≤λ≤3 时，斜裂缝出现后不断向集中荷载的作用点处延伸，且宽度不断增大，在众多斜裂缝中形成一条宽度和长度最大的临界裂缝指向荷载作用点。最终当临界裂缝上端剪压区的混凝土被压碎时，梁发生斜截面破坏。这种破坏称为剪压破坏。

当 λ＞3 时，斜裂缝一出现即迅速延伸到荷载作用点处，使梁沿斜向被拉断成两部分而破坏。这种破坏称为斜拉破坏。

从图 7-7 可以看出，当 λ＜1 时一般发生斜压破坏，当 1≤λ≤3 时一般发生剪压破坏，当 λ＞3 时一般发生斜拉破坏。其承载力随着剪跨比 λ 的增大而降低，但剪跨比 λ 大于 3 时，对承载力基本没有影响。

图 7-8 为三种破坏形态的荷载-挠度曲线。斜压破坏时承载力最高，剪压破坏次之，斜拉破坏时承载力最低。三种破坏都表现出明显的脆性：达到峰值荷载破坏时，承载力都会迅

速下降；但脆性程度又不同，斜拉破坏最脆，斜压破坏次之，剪压破坏稍好些。《混凝土结构设计规范》（GB 50010—2010）给出的斜截面承载力计算公式是针对剪压破坏模式的，斜拉破坏和斜压破坏用构造措施避免。

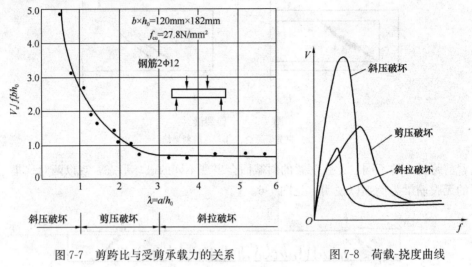

图 7-7　剪跨比与受剪承载力的关系　　　　图 7-8　荷载-挠度曲线

7.3　有腹筋梁受弯构件受剪性能试验研究

7.3.1　有腹筋简支梁的受剪性能

配有腹筋的梁，它的斜截面受剪破坏形态与无腹筋梁相似，也分为斜压破坏、剪压破坏和斜拉破坏。这时，除了剪跨比对斜截面破坏形态有决定性的影响外，腹筋的配置数量对破坏形态也有很大影响。

（1）斜压破坏

当剪跨比较小（$\lambda < 1$），或剪跨比适当（$1 < \lambda < 3$）但其截面尺寸过小而腹筋数量过多时，常发生斜压破坏。对于腹板很薄的薄腹梁，即使剪跨比较大，也会发生斜压破坏。这种破坏是首先在梁腹部出现若干条大致平行的斜裂缝，随着荷载的增加，斜裂缝一端朝支座、另一端朝荷载作用点发展，梁腹部被这些斜裂缝分割成若干个斜向的受压柱体，梁最后由于斜压柱体被压碎而破坏，故称为斜压破坏［图 7-9（a）］，发生斜压破坏时，与斜裂缝相交的箍筋应力达不到屈服强度，其受剪承载力主要取决于混凝土斜压柱体的抗压强度。

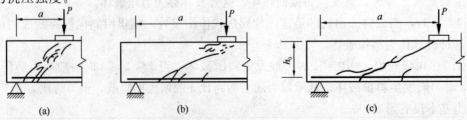

图 7-9　有腹筋梁斜截面破坏形态
（a）斜压破坏；（b）剪压破坏；（c）斜拉破坏

（2）剪压破坏

当剪跨比适当（$1 < \lambda < 3$）且梁中腹筋数量不过多，或剪跨比较大（$\lambda > 3$）但腹筋数量不过少时，常发生剪压破坏。这种破坏是首先在剪跨区段的下边缘出现数条短的竖向裂缝。随着荷载的增加，这些竖向裂缝大体向集中荷载作用点延伸，在几条斜裂缝中将形成一条延伸最长、开展较宽的主要斜裂缝，称为临界斜裂缝。临界斜裂缝形成后，梁仍然能继续承受荷载。最后，与临界斜裂缝相交的腹筋应力达到屈服强度，斜裂缝上端的残余截面减小，剪压区混凝土在剪压复合应力状态下达到混凝土的复合受力强度而破坏，梁丧失受剪承载力。这种破坏形态称为剪压破坏［图7-9（b）］。

（3）斜拉破坏

当剪跨比较大（$\lambda > 3$）且梁内配置的腹筋数量过少时，将发生斜拉破坏。在荷载作用下，首先在梁的下边缘出现竖向的弯曲裂缝，然后其中一条竖向裂缝很快沿垂直于主拉应力方向斜向发展到梁顶的集中荷载作用点处，形成临界斜裂缝。因腹筋数量过少，故腹筋应力很快达到屈服强度，变形剧增，梁斜向被拉裂成两部分而突然破坏［图7-9（c）］，由于这种破坏是混凝土在正应力和剪应力共同作用下发生的主拉应力破坏，故称为斜拉破坏。有时在斜裂缝的下端还会出现沿纵向钢筋的撕裂裂缝。发生斜拉破坏的梁，其斜截面受剪承载力主要取决于混凝土的抗拉强度。

除了以上三种主要破坏形态外，也有可能出现其他一些破坏情况，如集中荷载离支座很近时可能发生纯剪破坏，在荷载作用点及支座处可能发生局部承压破坏，以及纵向钢筋的锚固破坏等。

7.3.2　影响斜截面受剪承载力的主要因素

试验研究表明，影响受弯构件斜截面受剪承载力的因素很多，主要有剪跨比、混凝土强度、箍筋的配筋率和箍筋强度，以及纵向钢筋的配筋率等。

1. 剪跨比

如前所述，剪跨比λ实质上反映了截面上正应力和剪应力的相对关系，是影响梁破坏形态和受剪承载力的主要因素之一。由图7-7可见，当剪跨比由小增大时，梁的破坏形态从混凝土抗压控制的斜压型，转为顶部受压区和斜裂缝骨料咬合控制的剪压型，再转为混凝土抗拉强度控制为主的斜拉型。

从图7-7中可见，随着剪跨比的增大，受剪承载力减小；当$\lambda > 3$以后，承载力趋于稳定。

2. 混凝土强度

梁发生斜截面受剪破坏时，混凝土达到了相应受力状态下的极限强度，因此混凝土强度对斜截面受剪承载力的影响很大。梁发生斜压破坏时，受剪承载力主要取决于混凝土的抗压强度；斜拉破坏时，受剪承载力取决于混凝土的抗拉强度；剪压破坏时，受剪承载力与混凝土的压剪复合受力强度有关。

3. 箍筋的配箍率和箍筋强度

如前所述，有腹筋梁出现斜裂缝之后，箍筋不仅直接承担着相当一部分剪力，而且能有效地抑制斜裂缝的开展和延伸，对提高剪压区混凝土的受剪承载力和纵筋的销栓作用都有一定影响。试验表明，在配箍量适当的情况下，箍筋配得越多，箍筋强度越高，梁的受剪承载力越大。

图 7-10 为箍筋的配箍率 ρ_{sv} 与箍筋强度 f_{yv} 的乘积对梁受剪承载力的影响，可见当其他条件相同时，二者大致呈线性关系。其中，箍筋的配箍率 ρ_{sv} 按下式计算

$$\rho_{sv} = \frac{A_{sv}}{bs} = \frac{nA_{sv1}}{bs} \tag{7-4}$$

式中　A_{sv} ——配置在同一截面内箍筋各肢的截面面积总和，$A_{sv} = nA_{sv1}$，这里 n 为同一截面内箍筋垂直部分的根数称为肢数，如图 7-11 箍筋为双肢箍，$n = 2$；

　　　　A_{sv1} ——单肢箍筋的截面面积；

　　　　s ——箍筋的间距；

　　　　b ——梁宽。

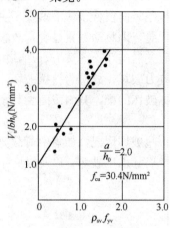

图 7-10　受剪承载力与箍筋强度
和配箍率的关系

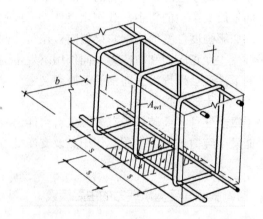

图 7-11　配箍率示意图

4. 纵向钢筋的配筋率

纵向钢筋能抑制斜裂缝的开展，使斜裂缝上端剪压区混凝土的面积增大，从而提高混凝土的受剪承载力。同时，纵向钢筋能通过销栓作用承担一定的剪力，因此，纵向钢筋的配筋量越大，其受剪承载力越高。根据试验分析，纵向受拉钢筋的配筋率 ρ 对无腹筋梁受剪承载力 V_c 的影响为 $\beta_\rho = 0.7 + 20\rho$，通常 ρ 大于 1.5% 时，纵筋对受剪承载力的影响才明显，因此规范在受剪计算公式中未考虑这一影响。

7.4　受弯构件斜截面受剪承载力

无腹筋梁剪压区混凝土的受剪承载力 V_c 分为两种情况，如图 7-12 所示。

由图 7-12 可见，试验结果的点子很分散，呈"满天星"状。为了安全，对无腹筋梁受剪承载力的取值采用图中黑线所示的下包线，即取偏下限值。

均布荷载　　　　　　　　　　$V_c = 0.7 f_t bh_0$

集中荷载　　　　　　　　　　$V_c = \dfrac{1.75}{\lambda + 1} f_t bh_0$

式中　V_c ——剪压区混凝土的受剪承载力。

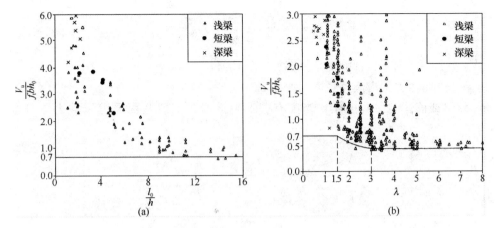

图 7-12[23]　无腹筋梁混凝土剪压区受剪承载力的试验结果

(a) 均布荷载作用下；(b) 集中荷载作用下

7.4.1　仅配有箍筋时受弯构件斜截面受剪承载力

当仅配置箍筋时，矩形、T 形和 I 形受弯构件的斜截面受剪承载力应符合下列规定：

$$V \leqslant V_{cs} \tag{7-5}$$

$$V_{cs} = \alpha_{cv} f_t b h_0 + f_{yv} \frac{A_{sv}}{s} h_0 \tag{7-6}$$

对于一般受弯构件：$\alpha_{cv} = 0.7$；

对集中荷载作用下（包括作用有多种荷载，其中集中荷载对支座截面或节点边缘所产生的剪力值占总剪力的 75% 以上的情况）的构件：

$$\alpha_{cv} = \frac{1.75}{\lambda + 1} \tag{7-7}$$

式中　V——构件斜截面上的最大剪力设计值；

V_{cs}——构件斜截面上混凝土和箍筋的受剪承载力设计值；

α_{cv}——斜截面混凝土受剪承载力系数；

λ——计算截面的剪跨比，可取 $\lambda = a/h_0$，当 λ 小于 1.5 时，取 1.5，当 λ 大于 3 时，取 3，a 取集中荷载作用点至支座截面或节点边缘的距离；

A_{sv}——配置在同一截面内箍筋各肢的全部截面面积；

s——沿构件长度方向的箍筋间距；

f_t——混凝土的轴心抗拉强度设计值；

f_{yv}——箍筋的抗拉强度设计值；

b——矩形截面的宽度、T 形截面或 I 形截面的腹板宽度；

h_0——截面的有效高度；

当剪跨比 λ 值在 1.5～3.0 之间时，式（7-7）在 0.7～0.44 之间变化，说明随着剪跨比的增大，梁的受剪承载力降低。可见，承受集中荷载作用时的斜截面受剪承载力比承受均布荷载时的低。

考虑地震组合的矩形、T 形和 I 形截面的框架梁，其斜截面受剪承载力应符合下列规定：

$$V_b \leqslant \frac{1}{\gamma_{RE}} \left(0.6\alpha_{cv} f_t b h_0 + f_{yv} \frac{A_{sv}}{s} h_0 \right) \tag{7-8}$$

式中　V_b——考虑地震组合的框架梁端剪力设计值；

　　　γ_{RE}——承载力抗震调整系数，取 0.85。

剪力墙（或筒体洞口）连梁，当配有普通箍筋时，其斜截面受剪承载力应符合下列规定：

当 $\dfrac{l_n}{h} > 2.5$ 时　　　　$V_b \leqslant \dfrac{1}{\gamma_{RE}} \left(0.42 f_t b h_0 + f_{yv} \dfrac{A_{sv}}{s} h_0 \right)$ 　　　 $\tag{7-9}$

当 $\dfrac{l_n}{h} \leqslant 2.5$ 时　　　　$V_b \leqslant \dfrac{1}{\gamma_{RE}} \left(0.38 f_t b h_0 + 0.9 f_{yv} \dfrac{A_{sv}}{s} h_0 \right)$ 　　　 $\tag{7-10}$

式中　l_n——连梁净跨；

　　　h——连梁截面高度。

7.4.2　配有箍筋和弯起钢筋的受弯构件斜截面受剪承载力

当配置箍筋和弯起钢筋时，矩形、T 形和 I 形受弯构件的斜截面受剪承载力应符合下列规定：

$$V \leqslant V_{cs} + 0.8 f_{yv} A_{sb} \sin\alpha_s \tag{7-11}$$

式中　A_{sb}——配置在同一平面内的弯起钢筋的截面面积；

　　　α_s——弯起钢筋与梁纵向轴线的夹角，一般取 $\alpha_s = 45°$；当梁截面较高时，可取 $\alpha_s = 60°$；

　　　f_{yv}——弯起钢筋的抗拉强度设计值；

　　　0.8——弯起钢筋应力不均匀系数。

试验研究表明，箍筋的抗剪性能优于弯起钢筋，同时考虑到设计与施工的方便，现今建筑中一般梁（悬臂梁除外）、板都基本上不再采用弯起钢筋了，但在桥梁工程中，弯起钢筋还是很常用的。《混凝土结构设计规范》（GB 50010—2010）规定：混凝土梁宜采用箍筋作为承受剪力的钢筋。

7.4.3　公式的适用范围

由于上述梁的斜截面受剪承载力计算公式是根据剪压破坏的试验结果和受力特点建立的，因而具有一定的适用范围，即公式具有上、下限。

1. 公式的上限——截面尺寸限制条件

当梁承受的剪力较大，而截面尺寸较小或腹筋数量较多时，则会发生斜压破坏，此时箍筋应力达不到屈服强度，梁的受剪承载力取决于混凝土的抗压强度和梁的截面尺寸。因此，设计时为避免斜压破坏，同时也为了防止梁在使用阶段斜裂缝过宽，对矩形、T 形和 I 形截面的受弯构件，其受剪截面应符合下列条件：

当 $\dfrac{h_w}{b} \leqslant 4$ 时　　　　　　　$V \leqslant 0.25\beta_c f_c b h_0$ 　　　 $\tag{7-12}$

当 $\dfrac{h_w}{b} \geqslant 6$ 时　　　　　　　$V \leqslant 0.2\beta_c f_c b h_0$ 　　　 $\tag{7-13}$

当 $4 < \dfrac{h_{w}}{b} < 6$ 时，按线性内插法确定。

式中 V ——构件斜截面上的最大剪力设计值；

     β_{c} ——混凝土强度影响系数：当混凝土强度等级不超过 C50 时，取 $\beta_{c} = 1.0$；当混凝土强度等级为 C80 时，取 $\beta_{c} = 0.8$；其间按线性内插法确定；

     b ——矩形截面的宽度，T 形截面或 I 形截面的腹板宽度；

     h_{0} ——截面的有效高度；

     h_{w} ——截面的腹板高度：对矩形截面，取有效高度；对 T 形截面，取有效高度减去翼缘高度；对 I 形截面，取腹板净高，如图 7-13 所示。

注：1. 对 T 形或 I 形截面的简支受弯构件，当有实践经验时，公式（7-12）中的系数可改用 0.3；

     2. 对受拉边倾斜的构件，当有实践经验时，其受剪截面的控制条件可适当放宽。

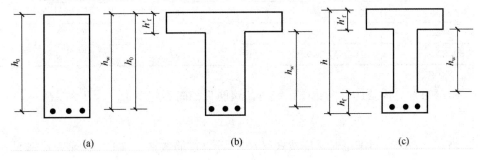

图 7-13 梁的腹板高度

考虑地震组合的矩形、T 形和 I 形截面框架梁、剪力墙（或筒体洞口）连梁，其受剪截面应符合下列条件：

当 $\dfrac{l_{n}}{h} > 2.5$ 时 $\qquad\qquad V \leqslant \dfrac{1}{\gamma_{RE}}(0.20\beta_{c}f_{c}bh_{0})$ (7-14)

当 $\dfrac{l_{n}}{h} \leqslant 2.5$ 时 $\qquad\qquad V \leqslant \dfrac{1}{\gamma_{RE}}(0.15\beta_{c}f_{c}bh_{0})$ (7-15)

2. 公式的下限——最小配箍率和构造配箍条件

如果梁内箍筋配置过少，斜裂缝一旦出现，箍筋应力就会迅速增加而达到其屈服强度，甚至被拉断，发生斜拉破坏。为了避免这类破坏，梁箍筋的配箍率 ρ_{sv} 应不小于箍筋的最小配箍率 $\rho_{sv,min}$，即

$$\rho_{sv} = \dfrac{A_{sv}}{bs} \geqslant \rho_{sv,min} = 0.24\dfrac{f_{t}}{f_{yv}} \qquad\qquad (7\text{-}16)$$

在有抗震设防的地区，梁端设置的第一个箍筋距框架节点边缘不应大于 50mm。非加密区的箍筋间距不宜大于加密区箍筋间距的 2 倍。沿梁全长箍筋的面积配筋率 ρ_{sv} 应符合下列规定：

一级抗震等级 $\qquad\qquad\qquad \rho_{sv} \geqslant 0.30\dfrac{f_{t}}{f_{yv}}$ (7-17)

二级抗震等级 $\qquad\qquad\qquad \rho_{sv} \geqslant 0.28\dfrac{f_{t}}{f_{yv}}$ (7-18)

三、四级抗震等级 $\qquad\qquad \rho_{sv} \geqslant 0.26\dfrac{f_{t}}{f_{yv}}$ (7-19)

如果梁内箍筋的间距过大，则可能出现斜裂缝不与箍筋相交的情况，使箍筋无法发挥作用。为此，应对箍筋的最大间距进行限制。根据试验结果和设计经验，梁内的箍筋数量还应满足下列要求：

（1）矩形、T形和I形截面的一般受弯构件，当符合

$$V \leqslant \alpha_{cv} f_t b h_0 \tag{7-20}$$

时，可不进行斜截面的受剪承载力计算，其箍筋应符合最大间距、最小直径的要求，见表7-1。

表7-1 梁中箍筋的最大间距和最小直径（mm）

梁截面高度 h	最大间距		最小直径
	$V > 0.7 f_t b h_0$	$V \leqslant 0.7 f_t b h_0$	
$150 < h \leqslant 300$	150	200	6
$300 < h \leqslant 500$	200	300	6
$500 < h \leqslant 800$	250	350	6
$h > 800$	300	400	8

当梁中配有计算需要的纵向受压钢筋时，箍筋直径尚不应小于 $\dfrac{d}{4}$，d 为受压钢筋的最大直径。

（2）当式（7-20）不满足时，应按式（7-6）计算箍筋数量，箍筋的配箍率应满足式（7-16）的要求，选用的箍筋直径和箍筋间距尚应符合表7-1的构造要求。

在有抗震设防的地区，梁端箍筋的加密区长度、箍筋最大间距和箍筋最小直径，应按表7-2采用；当梁端纵向受拉钢筋配筋率大于2%时，表中箍筋最小直径应增大2mm。

表7-2 框架梁梁端箍筋加密区的构造要求

抗震等级	加密区长度（mm）	箍筋最大间距（mm）	最小直径（mm）
一级	2倍梁高和500中的较大值	纵向钢筋直径的6倍，梁高的1/4和100中的最小值	10
二级		纵向钢筋直径的8倍，梁高的1/4和100中的最小值	8
三级	1.5倍梁高和500中的较大值	纵向钢筋直径的8倍，梁高的1/4和150中的最小值	8
四级		纵向钢筋直径的8倍，梁高的1/4和150中的最小值	6

注：箍筋直径大于12mm、数量不少于4肢且肢距不大于150mm时，一、二级的最大间距应允许适当放宽，但不得大于150mm。

7.4.4 构造要求

1. 不考虑地震作用

1）混凝土梁宜采用箍筋作为承受剪力的钢筋。当采用弯起钢筋时，弯起角宜取45°或60°；在弯终点外应留有平行于梁轴线方向的锚固长度，且在受拉区不应小于 $20d$，在受压区不应小于 $10d$，d 为弯起钢筋的直径；梁底层钢筋中的角部钢筋不应弯起，顶层钢筋中的角部钢筋不应弯下。

2）在混凝土梁的受拉区中，弯起钢筋的弯起点可设在按正截面受弯承载力计算不需要

该钢筋的截面之前，但弯起钢筋与梁中心线的交点应位于不需要该钢筋的截面之外（图 7-14）；同时弯起点与按计算充分利用该钢筋的截面之间的距离不应小于 $h_0/2$。

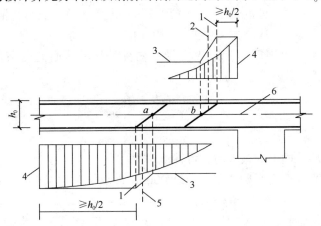

图 7-14[1] 弯起钢筋弯起点与弯矩图的关系

1—受拉区的弯起点；2—按计算不需要钢筋"*b*"的截面；3—正截面受弯承载力图；4—按计算充分
利用钢筋"*a*"或"*b*"强度的截面；5—按计算不需要钢筋"*a*"的截面；6—梁中心线

当按计算需要设置弯起钢筋时，从支座起前一排的弯起点至后一排的弯终点的距离不应大于表 7-1 中"$V > 0.7f_t bh_0$"时的箍筋最大间距。弯起钢筋不得采用浮筋。

3）梁中箍筋的配置应符合下列规定：

（1）按承载力计算不需要箍筋的梁，当截面高度大于 300mm 时，应沿梁全长设置构造箍筋；当截面高度 $h = 150 \sim 300$mm 时，可仅在构件端部 $l_0/4$ 范围内设置构造箍筋，l_0 为跨度。但当在构件中部 $l_0/2$ 范围内有集中荷载作用时，则应沿梁全长设置箍筋。当截面高度小于 150mm 时，可以不设置箍筋。

（2）当梁中配有按计算需要的纵向受压钢筋时，箍筋应符合以下规定：

① 箍筋应做成封闭式，且弯钩直线段长度不应小于 $5d$，d 为箍筋直径。

② 箍筋的间距不应大于 $15d$，并不应大于 400mm。当一层内的纵向受压钢筋多于 5 根且直径大于 18mm 时，箍筋间距不应大于 $10d$，d 为纵向受压钢筋的最小直径。

③ 当梁的宽度大于 400mm 且一层内的纵向受压钢筋多于 3 根时，或当梁的宽度不大于 400mm 但一层内的纵向受压钢筋多于 4 根时，应设置复合箍筋。

2. 考虑地震作用

梁箍筋加密区长度内的箍筋肢距：一级抗震等级，不宜大于 200mm 和 20 倍箍筋直径的较大值；二、三级抗震等级，不宜大于 250mm 和 20 倍箍筋直径的较大值；各抗震等级下，均不宜大于 300mm。

7.4.5 板类构件的受剪承载力

在高层建筑中，厚度很大的基础底板以及转换层楼板等常有应用。这些板的厚度有时可达 1~3m，水工、港口结构中的某些底板甚至达到 7~8m 厚，此类板称为厚板。对于厚板，除应计算正截面受弯承载力外，还必须计算其斜截面受剪承载力。由于板类构件一般难以配置腹筋，因此其斜截面受剪承载力应按无腹筋板类构件进行验算。

对不配置腹筋的厚板来说，截面的尺寸效应是影响斜截面受剪承载力的重要因素。试验分析表明，随板厚的增加，斜裂缝的宽度会相应地增大，如果混凝土骨料的粒径没有随板厚的增加而增大，就会使裂缝处的骨料咬合作用减弱，传递剪力的能力就相对降低。因此，在计算厚板的受剪承载力时，应考虑板厚的不利影响。

对不配置箍筋和弯起钢筋的一般板类受弯构件，其斜截面的受剪承载力应符合下列规定：

$$V \leqslant 0.7\beta_h f_t bh_0 \tag{7-21}$$

$$\beta_h = \left(\frac{800}{h_0}\right)^{\frac{1}{4}} \tag{7-22}$$

式中　　V——构件斜截面上的最大剪力设计值；

　　　　β_h——截面高度影响系数：当 $h_0 < 800\text{mm}$ 时，取 $h_0 = 800\text{mm}$；当 $h_0 > 2000\text{mm}$ 时，取 $h_0 = 2000\text{mm}$；

　　　　f_t——混凝土轴心抗拉强度设计值。

上述公式仅适用于一般板类构件的受剪承载力计算，工程设计中通常不允许将梁设计为无腹筋梁。

7.5　受弯构件斜截面受剪承载力设计方法

7.5.1　计算截面

对梁斜截面受剪承载力起控制作用的应该是那些剪力设计值较大而受剪承载力又较小，或截面抗力发生变化处的斜截面。据此，设计中一般取下列位置处的截面作为梁受剪承载力的计算截面：

(1) 支座边缘处的截面（图 7-15 中的截面 1-1）；

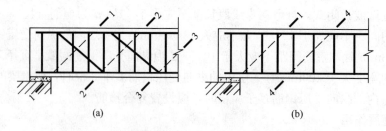

图 7-15[1]　梁斜截面受剪承载力的计算截面位置

(2) 受拉区弯起钢筋弯起点处的截面（图 7-15 中的截面 2-2、3-3）；

(3) 箍筋间距或箍筋截面面积改变处的截面（图 7-15 中的截面 4-4）；

(4) 腹板宽度改变处的截面。

计算截面处的剪力设计值按下述方法采用：计算支座边缘处的截面时，取该处的剪力设计值；计算箍筋数量（间距或截面面积）改变处的截面时，取箍筋数量开始改变处的剪力设计值；计算第一排（从支座算起）弯起钢筋时，取支座边缘处的剪力设计值，计算以后每一排弯起钢筋时，取前一排弯起钢筋弯起点处的剪力设计值，如图 7-15 所示。

7.5.2 截面设计

已知外荷载或剪力设计值，构件的截面尺寸 b、h_0，材料的强度设计值 f_t、f_c 和 f_{yv} 等，要求确定箍筋和弯起钢筋的数量。

对于这类问题，一般可按下列步骤进行计算：

（1）确定计算截面及其剪力设计值，必要时作剪力图。

（2）验算截面条件。按式（7-12）或式（7-13）验算构件截面尺寸是否合适，当不满足要求时，应加大截面尺寸或提高混凝土强度等级。对于板类构件，则应按式（7-21）、式（7-22）验算其截面尺寸，一般不用计算腹筋。

（3）验算是否可以按构造配筋。当计算截面的剪力设计值满足式（7-20）时，则可不进行斜截面受剪承载力计算，而应按表 7-1 的构造要求配置箍筋。否则，应按计算配置腹筋。

（4）当须按计算配置腹筋时，一般可采用以下两种方案计算腹筋数量：

① 仅配箍筋而不配置弯起钢筋。对矩形、T 形和 I 形截面的一般受弯构件，由式（7-6）可得

$$\frac{A_{sv}}{s} \geqslant \frac{V - 0.7 f_t b h_0}{f_{yv} h_0}$$

对集中荷载作用下的矩形、T 形和 I 形构件，由式（7-6）可得

$$\frac{A_{sv}}{s} \geqslant \frac{V - \dfrac{1.75}{\lambda + 1} f_t b h_0}{f_{yv} h_0}$$

计算出 $\dfrac{A_{sv}}{s}$ 值后，可先确定箍筋的肢数（一般采用双肢箍，即取 $A_{sv} = 2A_{sv1}$，A_{sv1} 为单肢箍筋的截面面积）和箍筋间距 s，便可确定箍筋的截面面积 A_{sv1} 和箍筋的直径。也可先确定单肢箍筋的截面面积 A_{sv1} 和箍筋肢数，然后求出箍筋的间距。注意，选用的箍筋直径和间距均应满足表 7-1 的构造要求。

② 既配箍筋又配置弯起钢筋。当计算截面的剪力设计值较大，箍筋配置得较多但仍不能满足斜截面的受剪承载力要求时，可配置弯起钢筋，与箍筋一起抵抗剪力。此时，一般可先按经验选定箍筋的直径和间距，并按式（7-6）计算出 V_{cs}，然后由下式计算弯起钢筋的截面面积，即

$$A_{sb} \geqslant \frac{V - V_{cs}}{0.8 f_y \sin\alpha_s}$$

也可先选定弯起钢筋的截面面积（可由正截面受弯承载力计算所得纵向受拉钢筋中的弯起钢筋的截面面积确定），然后由式（7-6）计算箍筋数量。

【例 7-1】某梁截面 250mm × 550mm，混凝土采用 C30，箍筋采用 HRB400，$h_0 = 485$mm，承受均布荷载。

（1）剪力设计值 $V = 100$kN；

（2）剪力设计值 $V = 300$kN；

（3）剪力设计值 $V = 500$kN。

试进行其箍筋配置。

【解】

$$\rho_{sv,min} = 0.24\frac{f_t}{f_{yv}} = 0.24 \times \frac{1.43}{360} = 0.095\%$$

$$h_w = h_0 = 485mm, \frac{h_w}{b} = \frac{485}{250} < 4$$

$$0.25\beta_c f_c bh_0 = 0.25 \times 1 \times 14.3 \times 250 \times 485 \times 10^{-3} = 433.47kN$$

$$0.7f_t bh_0 = 0.7 \times 1.43 \times 250 \times 485 \times 10^{-3} = 121.37kN$$

(1) $V = 100kN < 0.25\beta_c f_c bh_0 = 433.47kN$，截面符合要求。

$V = 100kN < 0.7f_t bh_0 = 121.37kN$，按构造要求配筋。选配 $\underline{\Phi}8@350(2)$。

(2) $V = 300kN < 0.25\beta_c f_c bh_0 = 433.47kN$，截面符合要求。

$V = 300kN > 0.7f_t bh_0 = 121.37kN$，按计算配筋。

$$\frac{A_{sv}}{s} \geqslant \frac{V - 0.7f_t bh_0}{f_{yv}h_0} = \frac{(300 - 121.37) \times 10^3}{360 \times 485} = 1.023$$

选配双肢 $\underline{\Phi}10$，$A_{sv} = 2 \times 78.5$

$$s \leqslant \frac{2 \times 78.5}{1.023} = 153mm$$

取 $s = 150mm < 250mm$

$$\rho_{sv} = \frac{A_{sv}}{bs} = \frac{2 \times 78.5}{250 \times 150} = 0.419\% > \rho_{sv,min}$$

(3) $V = 500kN > 0.25\beta_c f_c bh_0 = 433.47kN$，截面不符合要求，可以提高混凝土强度等级或增加截面尺寸，重新计算。若修改混凝土强度等级为 C35，则

$$0.25\beta_c f_c bh_0 = 0.25 \times 1 \times 16.7 \times 250 \times 485 \times 10^{-3} = 506.22kN > V = 500kN$$

截面符合要求。

$$0.7f_t bh_0 = 0.7 \times 1.57 \times 250 \times 485 \times 10^{-3} = 133.25kN < V = 500kN$$

按计算配筋。

$$\frac{A_{sv}}{s} \geqslant \frac{V - 0.7f_t bh_0}{f_{yv}h_0} = \frac{(500 - 133.25) \times 10^3}{360 \times 485} = 2.10$$

选配双肢 $\underline{\Phi}12$，$A_{sv} = 2 \times 113.1$

$$s \leqslant \frac{2 \times 113.1}{2.10} = 108mm$$

取 $s = 100mm < 250mm$

$$\rho_{sv} = \frac{A_{sv}}{bs} = \frac{2 \times 113.1}{250 \times 100} = 0.905\% > \rho_{sv,min}$$

【例 7-2】（2012.1）某钢筋混凝土框架结构多层办公楼局部平面布置如图 7-16 所示（均为办公室），混凝土强度等级为 C30，梁箍筋为 HRB335 钢筋。

框架梁 KL3 的截面尺寸为 $400mm \times 700mm$，计算简图近似如图 7-17 所示。作用在 KL3 上的均布静荷载、均布活荷载标准值 q_D、q_L 分别为 20kN/m、7.5kN/m；作用在 KL3 上的集中静荷载、集中活荷载标准值 P_D、P_L 分别为 180kN、60kN，试问，支座截面处梁的箍筋配置下列何项较为合适？

提示：$h_0 = 660mm$；不考虑抗震设计。

(A) $\underline{\Phi}8@200$（四肢箍）　　　(B) $\underline{\Phi}8@100$（四肢箍）

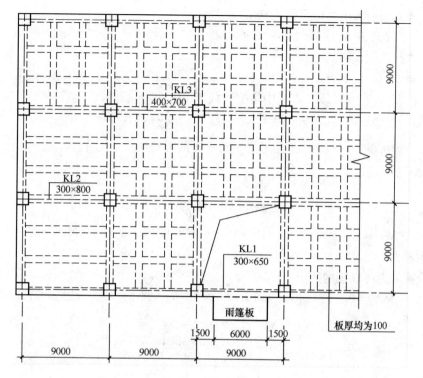

图 7-16　例 7-2 附图

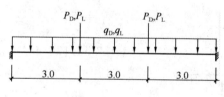

图 7-17　KL3 计算简图

（C）Φ 10@ 200 （四肢箍）　　　　（D）Φ 10@ 100 （四肢箍）

【解】（A）

（1）确定剪力设计值

均布静载在支座处产生的剪力标准值：

$$V_{qDk} = \frac{20 \times 9}{2} = 90 \text{kN}$$

集中静载在支座处产生的剪力标准值：

$$V_{PDk} = 180 \text{kN}$$

均布活载在支座处产生的剪力标准值：

$$V_{qLk} = \frac{7.5 \times 9}{2} = 33.75 \text{kN}$$

集中静载在支座处产生的剪力标准值：

$$V_{PLk} = 60 \text{kN}$$

可变荷载起控制作用的组合：

办公室楼面活荷载组合值系数为 0.7

$$V = 1.2 \times 90 + 1.2 \times 180 + 1.4 \times 60 + 1.4 \times 0.7 \times 33.75 = 441.075\text{kN}$$

永久荷载起控制作用的组合：

$$V = 1.35 \times 90 + 1.35 \times 180 + 1.4 \times 0.7 \times (33.75 + 60) = 456.375\text{kN}$$

取较大值 $V = 456.375\text{kN}$，其中集中荷载产生的剪力设计值：

$$1.35 \times 180 + 1.4 \times 0.7 \times 60 = 301.8\text{kN}$$

$\dfrac{301.8}{456.375} = 0.66 < 0.75$，不用考虑剪跨比 λ 的影响，$\alpha_{cv} = 0.7$。

（2）验算截面条件

$$h_w = h_0 = 660\text{mm}，\frac{h_w}{b} = \frac{660}{400} < 4$$

$$0.25\beta_c f_c b h_0 = 0.25 \times 1 \times 14.3 \times 400 \times 660 \times 10^{-3} = 943.80\text{kN} > 456.375\text{kN}$$

截面符合要求。

（3）验算是否可以按构造配筋

$$0.7 f_t b h_0 = 0.7 \times 1.43 \times 400 \times 660 \times 10^{-3} = 264.264\text{kN} < 456.375\text{kN}$$

需按计算配筋。

$$\frac{A_{sv}}{s} \geq \frac{V - 0.7 f_t b h_0}{f_{yv} h_0} = \frac{(456.375 - 264.264) \times 10^3}{300 \times 660} = 0.970$$

(A) $\dfrac{A_{sv}}{s} = \dfrac{4 \times 50.3}{200} = 1.006$ (B) $\dfrac{A_{sv}}{s} = \dfrac{4 \times 50.3}{100} = 2.012$

(C) $\dfrac{A_{sv}}{s} = \dfrac{4 \times 78.5}{200} = 1.570$ (D) $\dfrac{A_{sv}}{s} = \dfrac{4 \times 78.5}{100} = 3.140$

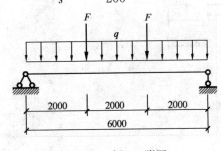

图 7-18 例 7-3 附图

【例 7-3】（2013.2）某单跨简支独立梁受力简图如图 7-18 所示。简支梁截面尺寸为 $300\text{mm} \times 850\text{mm}$（$h_0 = 815\text{mm}$），混凝土强度等级为 C30，梁箍筋采用 HPB300 钢筋，安全等级为二级。

（1）假定，该梁承受的剪力设计值 $V = 260\text{kN}$，试问，下列梁箍筋配置何项满足《混凝土结构设计规范》（GB 50010—2010）的构造要求？

提示：假定，以下各项均满足计算要求。

(A) $\Phi 6@150$（2）   (B) $\Phi 8@250$（2）   (C) $\Phi 8@300$（2）   (D) $\Phi 10@350$（2）

（2）假定，集中力设计值 $F = 250\text{kN}$，均布荷载设计值 $q = 15\text{kN/m}$。试问，当箍筋为 $\Phi 10@200$（2）时，梁斜截面受剪承载力设计值（kN），与下列何项数值最为接近？

(A) 250   (B) 300   (C) 350   (D) 400

【解】（1）（B）

截面高 $h > 800\text{mm}$，最小箍筋直径为 $\Phi 8$；排除（A）选项

$$V = 260\text{kN} > 0.7 f_t b h_0 = 0.7 \times 1.43 \times 300 \times 815 = 245\text{mm}$$

最大间距为 300mm；排除（D）选项

$$\rho_{sv,min} = 0.24 \frac{f_t}{f_{yv}} = 0.24 \times \frac{1.43}{270} = 0.127\%$$

（B）选项：$\rho_{sv} = \dfrac{A_{sv}}{bs} = \dfrac{2 \times 50.3}{300 \times 250} = 0.134\% > \rho_{sv,min}$；满足要求。

（C）选项：$\rho_{sv} = \dfrac{A_{sv}}{bs} = \dfrac{2 \times 50.3}{300 \times 300} = 0.112\% < \rho_{sv,min}$；不满足要求。

（2）（C）

集中力产生的支座剪力设计值 $V_1 = 250\mathrm{kN}$；

均布荷载产生的支座剪力设计值 $V_2 = 15 \times \dfrac{6}{2} = 45\mathrm{kN}$；

支座处的剪力设计值 $V = 250 + 45 = 295\mathrm{kN}$，

$$\frac{250}{295} = 0.85 > 0.75$$

应考虑剪跨比 λ 的影响。

$$\lambda = \frac{a}{h_0} = \frac{2000}{815} = 2.45 < 3.0$$

Φ10@200（2）满足箍筋最小直径、最大间距和面积配箍率的构造要求。

$$V_{cs} = \alpha_{cv} f_t b h_0 + f_{yv} \frac{A_{sv}}{s} h_0$$

$$= \left(\frac{1.75}{2.45+1} \times 1.43 \times 300 \times 815 + 270 \times \frac{2 \times 78.5}{200} \times 815 \right) \times 10^{-3}$$

$$= 350\mathrm{kN}$$

$$\frac{h_w}{b} = \frac{815}{300} < 4，$$

$$0.25\beta_c f_c b h_0 = 0.25 \times 1 \times 14.3 \times 300 \times 815 \times 10^{-3} = 874\mathrm{kN} > V_{cs} = 350\mathrm{kN}$$

截面符合要求。

【例7-4】（2013.1）某7层住宅，采用现浇钢筋混凝土剪力墙结构，混凝土强度等级为C35，抗震等级三级，结构平面立面均规则。

该住宅某门顶连梁截面和配筋如图7-19所示。假定，门洞净宽1000mm，$h_0 = 720\mathrm{mm}$，均采用HRB500钢筋。试问，考虑地震作用组合，根据截面和配筋，该连梁所能承受的最大剪力设计值（kN）与下列何项数值最为接近？

（A）500　　　　　　（B 530

（C）560　　　　　　（D）640

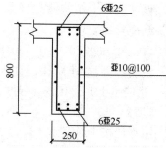

图7-19　例7-4附图

【解】（B）

《混凝土结构设计规范》（GB 50010—2010）规定受剪箍筋的抗拉强度设计值 f_{yv} 不大于 $360\mathrm{N/mm^2}$（见第3章3.2.2）。此题中箍筋强度应取 $360\mathrm{N/mm^2}$。

（1）验算受剪承载力

Φ10@100（2）满足箍筋最小直径、最大间距和面积配箍率的构造要求。

$$\frac{l_n}{h} = \frac{1000}{800} = 1.25 \leqslant 2.5$$

$$V_{cs} = \frac{1}{\gamma_{RE}}(0.38f_tbh_0 + 0.9f_{yv}\frac{A_{sv}}{s}h_0)$$

$$= \frac{1}{0.85} \times \left(0.38 \times 1.57 \times 250 \times 720 + 0.9 \times \frac{2 \times 78.5}{100} \times 360 \times 720\right) \times 10^{-3}$$

$$= 557.22kN$$

（2）验算截面条件

$$\frac{1}{\gamma_{RE}}(0.15\beta_cf_cbh_0)$$

$$= \frac{1}{0.85} \times (0.15 \times 1 \times 16.7 \times 250 \times 720) \times 10^{-3}$$

$$= 530.5kN < V_{cs} = 557.22kN$$

说明该连梁最多承受 530.5kN 的剪力，箍筋配置超筋，截面破坏时，箍筋没有屈服。选（B）。

若是没有验算截面会错选（C）；若是没考虑到受剪箍筋强度限值，取 $f_{yv} = 435N/mm^2$ 代入公式（7-10）得

$$V_b \leqslant 647.0kN$$

有可能错选（D）

【例 7-5】（2009.1）某承受竖向力作用的钢筋混凝土箱形截面梁，截面尺寸如图 7-20 所示，作用在梁上的荷载为均布荷载；混凝土强度等级为 C25，箍筋采用 HPB235 级，$a_s = a_s' = 35mm$。

假设该箱形梁某截面处的剪力设计值 $V = 120kN$，受弯承载力计算时未考虑受压区纵向钢筋，试问，下列何项箍筋配置最接近《混凝土结构设计规范》（GB 50010—2002）规定的最小箍筋配置的要求？

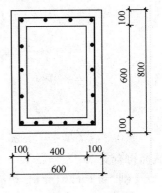

图 7-20 例 7-5 附图

（A）Φ 6@350　　（B）Φ 6@250　　（C）Φ 8@300　　（D）Φ 8@250

说明：《混凝土结构设计规范》（GB 50010—2002），a_s 和 a_s' 可以取到 35mm。一级钢筋（Φ）指的是 HPB235，其强度设计值为 210N/mm²。

【解】（A）

可近似按 I 形截面计算，如图 5-41 所示。

$$\frac{h_w}{b} = \frac{600}{200} = 3 < 4$$

$$0.25\beta_cf_cbh_0 = 0.25 \times 1 \times 11.9 \times 200 \times 765 \times 10^{-3} = 455kN > V = 120kN$$

截面符合要求。

$$0.7f_tbh_0 = 0.7 \times 1.27 \times 200 \times 765 \times 10^{-3} = 136kN > V = 120kN$$

按构造配筋，查表 7-1，符合最小直径和最大间距要求即可。

7.6 偏心受力柱斜截面受剪承载力

矩形、T 形和 I 形截面的钢筋混凝土偏心受压构件和偏心受拉构件，其受剪截面应符合

7.4.3（公式的上限-截面尺寸限制条件）的规定。

7.6.1　偏心受压柱斜截面受剪承载力

（1）钢筋混凝土偏心受压柱斜截面受剪承载力

$$V \leqslant \frac{1.75}{\lambda+1} f_t b h_0 + f_{yv} \frac{A_{sv}}{s} h_0 + 0.07N \tag{7-23}$$

式中　N——与剪力设计值 V 相应的轴向压力设计值，当大于 $0.3 f_c b h$ 时，取 $0.3 f_c b h$；

　　　　λ——偏心受压构件计算截面的剪跨比；

$$\lambda = \frac{M}{V h_0} \tag{7-24}$$

　　　M——计算截面上与剪力设计值 V 相应的弯矩设计值。

计算截面的剪跨比 λ 应按下列规定取用：

① 对框架结构中的框架柱，当其反弯点在层高范围内时，可取为

$$\lambda = \frac{H_n}{2 h_0} \tag{7-25}$$

式中　H_n——柱净高。

此处要求 $1 \leqslant \lambda \leqslant 3$。

② 其他偏心受压构件，当承受均布荷载时，取

$$\lambda = 1.5 \tag{7-26}$$

当承受集中荷载（包括作用有多种荷载，其中集中荷载对支座截面或节点边缘所产生的剪力值占总剪力的 75% 以上的情况）时

$$\lambda = \frac{a}{h_0} \tag{7-27}$$

此处要求 $1.5 \leqslant \lambda \leqslant 3$。

（2）按构造配筋的条件

当符合下式要求时，可不进行斜截面受剪承载力计算，其箍筋按构造要求设计。

$$V \leqslant \frac{1.75}{\lambda+1} f_t b h_0 + 0.07N \tag{7-28}$$

7.6.2　偏心受拉柱斜截面受剪承载力

钢筋混凝土偏心受拉构件，其斜截面受剪承载力应符合下列规定：

$$V \leqslant \frac{1.75}{\lambda+1} f_t b h_0 + f_{yv} \frac{A_{sv}}{s} h_0 - 0.2N \tag{7-29}$$

式中　N——与剪力设计值 V 相应的轴向拉力设计值。

当公式（7-29）右边的计算值小于 $f_{yv} \dfrac{A_{sv}}{s} h_0$ 时，应取等于 $f_{yv} \dfrac{A_{sv}}{s} h_0$，且 $f_{yv} \dfrac{A_{sv}}{s} h_0$ 值不应小于 $0.36 f_t b h_0$

习　　题

7-1　钢筋混凝土矩形截面简支梁，环境类别一类，截面尺寸 $b \times h = 200\text{mm} \times 500\text{mm}$，

承受均布荷载，箍筋采用 HRB335 级钢筋，混凝土采用 C30。

（1）当支座处剪力设计值 $V=14kN$ 时的箍筋直径和间距；

（2）当支座处剪力设计值 $V=140kN$ 时的箍筋直径和间距；

（3）当支座处剪力设计值 $V=680kN$ 时的箍筋直径和间距。

7-2　已知某钢筋混凝土矩形截面简支梁，计算跨度 $l_0=6m$，净跨 $l_n=5.76m$，截面尺寸 $b\times h=250mm\times650mm$，采用 C30 混凝土，纵筋采用 HRB400 钢筋，箍筋采用 HPB300 钢筋，已知梁的纵向受力钢筋为 4Φ22，箍筋为Φ8@200，双肢箍。试求该梁能承受的均布荷载设计值 $g+q$。

7-3　（2007.2）某五层现浇钢筋混凝框架结构多层办公楼如图 7-21 所示。

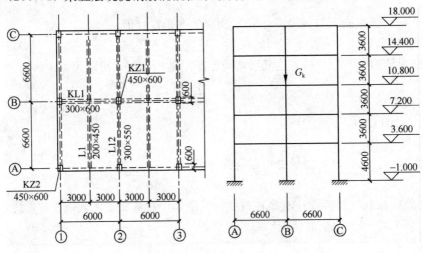

图 7-21　习题 7-3 附图

次梁 L1 截面尺寸 $b\times h=200mm\times450mm$，截面有效高度 $h_0=415mm$，箍筋采用Φ8@200（双肢箍），求该梁的斜截面受剪承载力设计值 V（kN）。

说明：《混凝土结构设计规范》（GB 50010—2010）与《混凝土结构设计规范》（GB 50010—2002）对斜截面承载力的计算方法不一样，按照现在的规范做是没有选项的。

8 钢筋混凝土受扭构件承载力计算

从承载能力状态出发，要求满足：

$$\gamma_0 T \leqslant T_u \tag{8-1}$$

扭转是结构构件基本受力形态之一。在钢筋混凝土结构中，纯受扭构件的情况较少，构件通常都处于弯矩、剪力和扭矩共同作用下的复合受力状态。例如钢筋混凝土雨篷梁（图8-1）、框架边梁等，均属于受弯、剪、扭复合受扭构件。

《混凝土结构设计规范》（GB 50010—2010）把钢筋混凝土受扭构件分为平衡扭转和协调扭转。

平衡扭转是指其扭矩依据构件平衡关系，由荷载直接确定且与构件的扭转刚度无关的受扭状态，例如雨篷梁及吊车梁。

协调扭转是指作用在构件上的扭矩由平衡关系与变形协调条件共同确定的受扭状态，一般为超静定受扭构件，例如框架结构中的边梁。

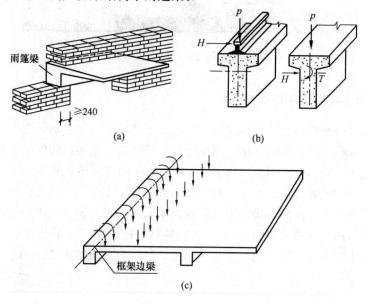

图 8-1 受扭构件典型实例
（a）雨篷梁；（b）吊车梁；（c）边梁[25]

8.1 纯扭构件的承载力计算

8.1.1 素混凝土纯扭构件的受力性能

如图 8-2 所示，素混凝土纯扭构件在破坏时首先从长边形成 45°斜裂缝，迅速向两边延伸至上下两面交界处，马上三面开裂，一面压碎，形成空间曲面而破坏，整个破坏过程是突发的,所以破坏扭矩与开裂扭矩接近,属于脆性破坏,工程中不允许出现。

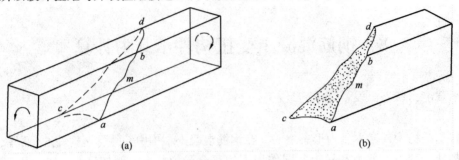

图 8-2 素混凝土纯扭构件的破坏面

图 8-3 配筋受扭构件破坏示意图

8.1.2 钢筋混凝土纯扭构件的受力性能

在混凝土构件中配置适当的抗扭钢筋,当混凝土开裂后,可由钢筋继续承担拉力,这对提高构件的抗扭承载力有很大的作用。根据弹性分析结果,扭矩在构件中引起的主拉应力方向与构件轴线成 45°角。因此,最合理的配筋方式是在构件靠近表面处设置成 45°走向的螺旋形钢筋。但这种配筋方式不仅不便于施工,而且当扭矩改变方向后则将完全失去效用。在实际工程中,一般是采用由靠近构件表面设置的横向箍筋和沿构件周边均匀对称布置的纵向钢筋共同组成的抗扭钢筋骨架(图 8-4)[29]。它恰好与构件中抗弯钢筋和抗剪钢筋的配置方式相协调,不但施工方便,且沿构件全长可承受正负两个方向的扭矩。

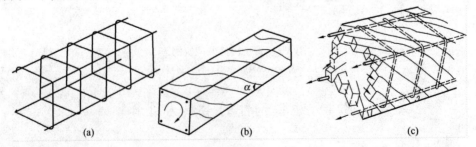

图 8-4 受扭构件的受力性能
(a)抗扭钢筋骨架;(b)受扭构件的裂缝;(c)受扭构件的空间桁架模型

钢筋混凝土构件在纯扭作用下的破坏状态与受扭纵筋和受扭箍筋配筋率的大小有关,大致可分为适筋破坏、部分超筋破坏、超筋破坏、少筋破坏四种类型。它们的破坏特点如下：

（1）适筋破坏

正常配筋条件下的钢筋混凝土构件，在扭矩的作用下，纵筋和箍筋首先达到屈服强度，然后混凝土压碎而破坏，与受弯构件的适筋梁类似，属延性破坏，一般将适筋构件受力状态作为设计的依据。

（2）部分超筋破坏

当纵筋和箍筋配筋比率相差较大，破坏时仅配筋率较小的纵筋或箍筋达到屈服强度，而另一种钢筋不屈服，此类构件破坏时，亦具有一定的延性，但比适筋受扭构件破坏时的截面延性小，这类构件应在设计中予以避免。《混凝土结构设计规范》（GB 50010—2010）对纵向钢筋与箍筋的配筋强度比值 ζ 进行控制，其计算公式如下：

$$\zeta = \frac{f_y A_{stl} \cdot s}{f_{yv} A_{st1} \cdot u_{cor}}$$ (8-2)

式中 A_{stl} ——受扭计算中取对称布置的全部纵向钢筋截面面积；

     A_{st1} ——受扭计算中沿截面周边配置的箍筋单肢截面面积；

     f_y ——受扭纵筋抗拉强度设计值；

     f_{yv} ——受扭箍筋抗拉强度设计值；

     s ——受扭箍筋间距；

     u_{cor} ——截面核心部分的周长，$u_{cor} = 2(b_{cor} + h_{cor})$；

     b_{cor}, h_{cor} ——箍筋内表面范围内截面核心部分的短边及长边尺寸（图 8-5）；

     $0.5 \leqslant \zeta \leqslant 2.0$ 时，纵筋和箍筋基本都能屈服，ζ 接近 1.2 时为钢筋达到屈服的最佳值，《混凝土结构设计规范》（GB 50010—2010）要求：$0.6 \leqslant \zeta \leqslant 1.7$。

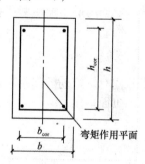

（3）超筋破坏

当纵筋和箍筋配筋率都过高，会发生纵筋和箍筋都没有达到屈服强度，而混凝土先行压坏的现象，这种现象类似于受弯构件的超筋梁，这类构件应在设计中予以避免。为了避免此种破坏，《混凝土结构设计规范》（GB 50010—2010）对构件的截面尺寸作了限制，间接限定抗扭钢筋最大用量。

图 8-5 矩形截面核心区

（4）少筋破坏

当纵筋和箍筋配置均过少，一旦裂缝出现，构件会立即发生破坏，此时纵筋和箍筋应力不仅能达到屈服强度而且可能进入强化阶段，配筋只能稍稍延缓构件的破坏，其破坏性质与素混凝土矩形截面构件相似，破坏过程急速而突然，破坏扭矩基本上等于开裂扭矩。其破坏特性类似于受弯构件的少筋梁，这类构件应在设计中予以避免。

为了防止这种少筋破坏，《混凝土结构设计规范》（GB 50010—2010）规定，受扭箍筋和纵向受扭钢筋的配筋率不得小于各自的最小配筋率，并应符合相应构造要求。

8.1.3 纯扭构件的计算公式

矩形截面钢筋混凝土纯扭构件的受扭承载力按下式计算：

$$T \leqslant T_u = 0.35 f_t W_t + 1.2 \sqrt{\zeta} f_{yv} \frac{A_{st1} A_{cor}}{s}$$ (8-3)

式中 T——扭矩设计值；

T_u——构件受扭承载力设计值；

f_t——混凝土抗拉强度设计值；

A_{cor}——截面核心部分的面积；$A_{cor} = b_{cor}h_{cor}$；

W_t——受扭构件的截面受扭塑性抵抗矩，按下式计算：

$$W_t = \frac{b^2}{6}(3h - b) \tag{8-4}$$

其中，b 为矩形截面的短边尺寸；h 为矩形截面的长边尺寸。

8.1.4 公式的适用范围

1. 避免超筋破坏

为避免超筋破坏，应对构件截面尺寸加以限制：

当 $\dfrac{h_w}{b} \leqslant 4$ 时 $\dfrac{T}{0.8W_t} \leqslant 0.25\beta_c f_c$ $\tag{8-5}$

当 $\dfrac{h_w}{b} = 6$ 时 $\dfrac{T}{0.8W_t} \leqslant 0.2\beta_c f_c$ $\tag{8-6}$

当 $4 < \dfrac{h_w}{b} < 6$ 时，按线性内插法确定。

2. 避免少筋破坏

箍筋的最小配箍率和纵向受力钢筋的最小配筋率按下式计算：

箍筋：

$$\rho_{sv} = \frac{A_{sv}}{bs} \geqslant \rho_{sv,min} = 0.28\frac{f_t}{f_{yv}} \tag{8-7}$$

同时，箍筋的间距和直径应满足表 7-1 的要求。

纵向钢筋：

$$\rho_{tl} = \frac{A_{stl}}{bh} \geqslant \rho_{tl,min} = 0.6\sqrt{\frac{T}{Vb}}\frac{f_t}{f_y} \tag{8-8}$$

式中，当 $\dfrac{T}{Vb} > 2$ 时，取 $\dfrac{T}{Vb} = 2$。

沿截面周边布置受扭纵向钢筋的间距不应大于 200mm 及梁截面短边长度；除应在梁截面四角设置受扭纵向钢筋外，其余受扭纵向钢筋宜沿截面周边均匀对称布置。受扭纵向钢筋应按受拉钢筋锚固在支座内。

在弯剪扭构件中，配置在截面弯曲受拉边的纵向受力钢筋，其截面面积不应小于按受弯构件的最小配筋率计算的钢筋截面面积与按受扭构件的最小配筋率计算并分配到弯曲受拉边的钢筋截面面积之和。

8.1.5 按构造配筋的条件

当符合下列要求时，可不进行构件受扭承载力计算，按照构造要求配置纵向钢筋和箍筋。

$$T \leqslant 0.7f_t W_t \tag{8-9}$$

即：箍筋满足最小面积配箍率、最大间距和最小直径的要求，纵筋满足最小配筋率、最大间距和最小直径的要求。

【例 8-1】 某梁截面 200mm×450mm，扭矩设计值 $T=20$kN·m，采用 C30 混凝土，纵筋采用 HRB400，箍筋采用 HPB300，一类环境，$h_0=410$mm。试进行其配筋计算。

【解】：（1）截面特征

$$W_t = \frac{b^2}{6}(3h-b) = \frac{200^2}{6} \times (3 \times 450 - 200) = 7.67 \times 10^6 \text{mm}^3$$

$$b_{cor} = 200 - 60 = 140\text{mm} ; h_{cor} = 450 - 60 = 390\text{mm}$$

$$u_{cor} = 2(b_{cor} + h_{cor}) = 2 \times (140 + 390) = 1060\text{mm}$$

$$A_{cor} = b_{cor} \times h_{cor} = 140 \times 390 = 54600\text{mm}^2$$

$$\rho_{sv,min} = 0.28 \frac{f_t}{f_{yv}} = 0.28 \times \frac{1.43}{270} = 0.148\%$$

$$\rho_{tl,min} = 0.6 \times \sqrt{2} \frac{f_t}{f_y} = 0.6 \times \sqrt{2} \times \frac{1.43}{360} = 0.337\%$$

（2）验算截面条件

$$\frac{h_w}{b} = \frac{410}{200} < 4$$

$$\frac{T}{0.8W_t} = \frac{20 \times 10^6}{0.8 \times 7.67 \times 10^6} = 3.26 < 0.25\beta_c f_c = 0.25 \times 1 \times 14.3 = 3.58$$

（3）验算是否需要按计算配筋

$$0.7f_t W_t = 0.7 \times 1.43 \times 7.67 \times 10^6 \times 10^{-6} = 7.68\text{kN·m} < 20\text{kN·m}$$

需要按计算配筋。

（4）计算受扭箍筋

取 $\zeta=1.2$，得

$$\frac{A_{st1}}{s} \geqslant \frac{T - 0.35f_t W_t}{1.2\sqrt{\zeta}f_{yv}A_{cor}} = \frac{20 \times 10^6 - 0.35 \times 1.43 \times 7.67 \times 10^6}{1.2\sqrt{1.2} \times 270 \times 54600} = 0.834$$

选用 Φ 12，$A_{st1} = 113.1$mm^2

$$s \leqslant \frac{113.1}{0.834} = 136\text{mm}$$

取 $s=125$mm<200mm，

$$\rho_{sv} = \frac{2A_{st1}}{bs} = \frac{2 \times 113.1}{200 \times 125} = 0.905\% > \rho_{sv,min} = 0.148\%$$

（5）计算受扭纵筋

$$A_{stl} = \frac{\zeta f_{yv} A_{st1} u_{cor}}{f_y s} = \frac{1.2 \times 270 \times 1060}{360} \times 0.834 = 796\text{mm}^2$$

$$\rho_{tl} = \frac{A_{stl}}{bh} = \frac{796}{200 \times 450} = 0.884\% > \rho_{tl,min} = 0.337\%$$

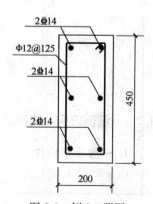

配三层，每层钢筋面积：$\frac{A_{stl}}{3} = \frac{796}{3} = 265$mm^2，选用 2 Φ 14

（308mm^2），三层共计 6 Φ 14（923mm^2）。钢筋配置见图 8-6。

图 8-6 例 8-1 附图

8.2 弯剪扭构件的承载力计算

承受弯剪扭复合作用的构件，一般看成受弯构件和剪扭构件分别计算。

剪扭构件的承载力不能是受扭承载力和受剪承载力的简单叠加，那样就把混凝土的作用重复考虑了。为了避免这种不合理，应考虑混凝土剪扭作用的相关性。

无腹筋剪扭构件的试验研究表明，无量纲剪扭承载力的相关关系符合 1/4 圆的规律 ［图 8-7（a）］；对有腹筋剪扭构件一样，也认为符合 1/4 圆的规律 ［图 8-7（b）］。但是采用 1/4 圆的相关关系会增加计算的复杂性。为简化计算且与 1/4 圆较为符合，假定混凝土承载力的剪扭相关关系如图 8-7（c）中的折线所示，并取单独受剪和单独受扭时混凝土的承载力分别为 $0.7f_t bh_0$ 和 $0.35f_t W_t$，则考虑相关关系后可分别表示为：

$$(1.5 - \beta_t) \times 0.7f_t bh_0$$
$$\beta_t \times 0.35f_t W_t$$

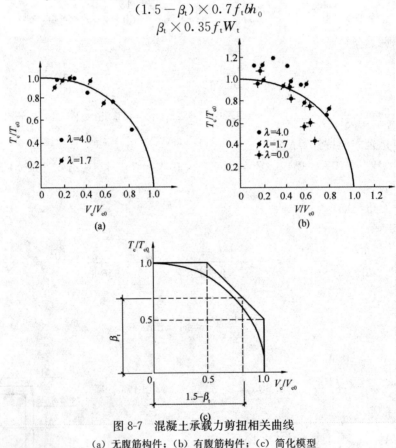

图 8-7 混凝土承载力剪扭相关曲线
(a) 无腹筋构件；(b) 有腹筋构件；(c) 简化模型

8.2.1 弯剪扭构件的计算公式

1. 一般剪扭构件

(1) 受剪承载力

$$V \leqslant V_u = (1.5 - \beta_t)0.7f_t bh_0 + f_{yv}\frac{A_{sv}}{s}h_0 \qquad (8\text{-}10)$$

$$\beta_t = \frac{1.5}{1 + 0.5 \dfrac{VW_t}{Tbh_0}} \qquad (8\text{-}11)$$

式中 A_{sv} ——受剪承载力所需的箍筋截面面积；

β_t ——一般剪扭构件混凝土受扭承载力降低系数：$0.5 \leqslant \beta_t \leqslant 1.0$。

（2）受扭承载力

$$T \leqslant T_u = \beta_t \times 0.35 f_t W_t + 1.2\sqrt{\zeta} f_{yv} \frac{A_{st1} A_{cor}}{s} \qquad (8\text{-}12)$$

2. 集中荷载作用下的独立剪扭构件

（1）受剪承载力

$$V \leqslant V_u = (1.5 - \beta_t) \frac{1.75}{\lambda + 1} f_t b h_0 + f_{yv} \frac{A_{sv}}{s} h_0 \qquad (8\text{-}13)$$

$$\beta_t = \frac{1.5}{1 + 0.2(\lambda + 1) \dfrac{VW_t}{Tbh_0}} \qquad (8\text{-}14)$$

式中 λ ——计算截面的剪跨比，按7.4.1节的规定取用；

β_t ——集中荷载作用下剪扭构件混凝土受扭承载力降低系数：$0.5 \leqslant \beta_t \leqslant 1.0$。

（2）受扭承载力

计算公式同（8-12），但式中的 β_t 按（8-14）计算。

8.2.2 公式的适用范围

1. 避免超筋破坏

为避免超筋破坏，应对构件截面尺寸加以限制：

当 $\dfrac{h_w}{b} \leqslant 4$ 时 $\qquad \dfrac{V}{bh_0} + \dfrac{T}{0.8W_t} \leqslant 0.25\beta_c f_c \qquad (8\text{-}15)$

当 $\dfrac{h_w}{b} = 6$ 时 $\qquad \dfrac{V}{bh_0} + \dfrac{T}{0.8W_t} \leqslant 0.2\beta_c f_c \qquad (8\text{-}16)$

当 $4 < \dfrac{h_w}{b} < 6$ 时，按线性内插法确定。

2. 避免少筋破坏

计算要求同8.1.4节的相关内容。

8.2.3 按构造配筋的条件

在弯矩、剪力和扭矩共同作用下的构件，当符合下列要求时，可不进行构件剪扭承载力计算，按照构造要求配置纵向钢筋和箍筋。

$$\frac{V}{bh_0} + \frac{T}{W_t} \leqslant 0.7 f_t \qquad (8\text{-}17)$$

即：剪扭箍筋满足最小面积配箍率 $0.28 f_t / f_{yv}$、最大间距和最小直径的要求；受扭纵筋的截面面积按最小配筋率确定，受弯纵筋按计算确定，然后统一配置在相应的位置。

8.2.4 不考虑剪力影响的条件和不考虑扭矩影响的条件

当符合下列条件时，可不考虑剪力的影响，仅计算受弯构件的正截面受弯承载力和纯扭构件的受扭承载力，即：

$$V \leqslant 0.35 f_t b h_0 \tag{8-18}$$

对于集中荷载作用下的构件：

$$V \leqslant \frac{0.875}{\lambda+1} f_t b h_0 \tag{8-19}$$

当符合下列条件时，可不考虑扭矩的影响，仅验算受弯构件的正截面受弯承载力和斜截面受剪承载力，即：

$$T \leqslant 0.175 f_t W_t \tag{8-20}$$

8.2.5 计算规定

（1）箍筋截面面积应分别按剪扭构件的受剪承载力和受扭承载力计算确定，并应配置在相应的位置。

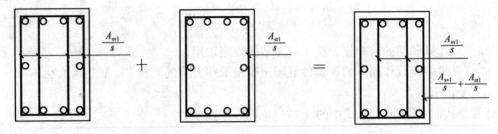

图 8-8[32]　弯剪扭构件的箍筋配置

将抗剪计算所需的箍筋用量中的单肢箍筋用量 A_{sv1}/s（如采用双肢箍筋，A_{sv1}/s 即为需要量 A_{sv}/s 的一半；如采用四肢箍筋，A_{sv1}/s 即为需要量 A_{sv}/s 的 1/4）与抗扭所需的单肢箍筋用量 A_{st1}/s 相加，从而得到每侧所需单肢箍筋总量为：

$$\frac{A_{sv1}}{s} + \frac{A_{st1}}{s}$$

值得注意的是，抗剪所需的受剪箍筋 A_{sv} 是指同一截面内箍筋各肢的全部截面面积。而抗扭所需的受扭箍筋 A_{st1} 则是沿截面周边配置的单肢箍筋截面面积，叠加是抗剪外侧单肢箍 A_{sv1} 与抗扭截面周边单肢箍筋 A_{st1} 相加，当采用复合箍筋时，位于截面内部的箍筋则只能抗剪而不能抗扭（图 8-8）。

（2）纵向钢筋截面面积应分别按受弯构件的正截面受弯承载力和剪扭构件的受扭承载力计算确定，并配置在相应的位置。

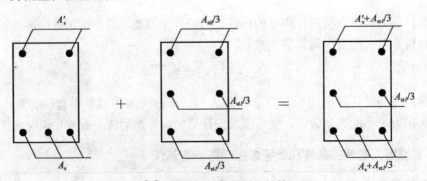

图 8-9[32]　弯剪扭构件的纵向钢筋配置

受弯纵筋 A_s 及 A_s' 配置在截面的底部和顶部。受扭纵筋 A_{stl} 则应在截面周边对称均匀布置。如果受扭纵筋 A_{stl} 准备分三层配置，则每一层的受扭纵筋面积为 $A_{stl}/3$，因此，叠加时，梁底部（受拉区）所需的纵筋面积为 $A_{stl}/3+A_s$；梁顶部（受压区）为 $A_{stl}/3+A_s'$；梁中部纵筋为 $A_{stl}/3$。钢筋面积叠加后，顶层、底层钢筋可统一配筋（图 8-9）。

【例 8-2】某梁截面 $200\text{mm}\times450\text{mm}$，弯矩设计值 $M=65\text{kN}\cdot\text{m}$，剪力设计值 $V=70\text{kN}$，扭矩设计值 $T=15\text{kN}\cdot\text{m}$，采用 C30 混凝土，纵筋采用 HRB400，箍筋采用 HPB300，一类环境，$h_0=410\text{mm}$。试进行其配筋计算。

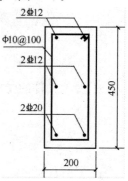

图 8-10 例 8-2 附图

【解】（1）截面特征同例 8-1

$W_t = 7.67\times10^6\text{mm}^3$，$u_{cor}=1060\text{mm}$，$A_{cor}=54600\text{mm}^2$，

$\rho_{sv,min}=0.148\%$

$$\frac{T}{Vb}=\frac{15\times10^6}{70\times10^3\times200}=1.071<2$$

$$\rho_{tl,min}=0.6\times\sqrt{\frac{T}{Vb}}\frac{f_t}{f_y}=0.6\times\sqrt{1.071}\times\frac{1.43}{360}=0.247\%$$

$$45\frac{f_t}{f_y}=45\times\frac{1.43}{360}=0.18<0.2$$

$$A_{s,min}=0.2\%\times200\times450=180\text{mm}^2$$

（2）验算截面条件

$$\frac{h_w}{b}=\frac{410}{200}<4$$

$$\frac{V}{bh_0}+\frac{T}{0.8W_t}=\frac{70\times10^3}{200\times410}+\frac{15\times10^6}{0.8\times7.67\times10^6}=3.298<0.25\beta_c f_c=3.58$$

（3）验算是否需要按计算配筋

$$\frac{V}{bh_0}+\frac{T}{W_t}=\frac{70\times10^3}{200\times410}+\frac{15\times10^6}{7.67\times10^6}=2.809>0.7f_t=1.001$$

需要按计算配筋。

（4）验算是否可以忽略剪力或扭矩

$$0.35f_t bh_0=0.35\times1.43\times200\times410\times10^{-3}=41.04<V=70\text{kN}$$

不可以忽略剪力。

$$0.175f_t W_t=0.175\times1.43\times7.67\times10^6\times10^{-6}=1.92\text{kN}\cdot\text{m}<T=15\text{kN}\cdot\text{m}$$

不可以忽略扭矩。

（5）剪扭构件的受剪箍筋

$$\beta_t=\frac{1.5}{1+0.5\dfrac{VW_t}{Tbh_0}}=\frac{1.5}{1+0.5\times\dfrac{70\times10^3\times7.67\times10^6}{15\times10^6\times200\times410}}=1.231>1.0$$

取 $\beta_t=1.0$。

$$\frac{A_{sv}}{s}\geq\frac{V-(1.5-\beta_t)0.7f_t bh_0}{f_{yv}h_0}=\frac{70\times10^3-(1.5-1)0.7\times1.43\times200\times410}{270\times410}=0.262$$

（6）剪扭构件的受扭箍筋

取 $\zeta = 1.2$，得

$$\frac{A_{st1}}{s} \geqslant \frac{T - \beta_t 0.35 f_t W_t}{1.2 \sqrt{\zeta} f_{yv} A_{cor}} = \frac{15 \times 10^6 - 1 \times 0.35 \times 1.43 \times 7.67 \times 10^6}{1.2 \sqrt{1.2} \times 270 \times 54600} = 0.576$$

（7）剪扭构件的受扭纵筋

$$A_{stl} \geqslant \frac{\zeta f_{yv} A_{st1} u_{cor}}{f_y s} = \frac{1.2 \times 270 \times 1060}{360} \times 0.576 = 550 \text{mm}^2$$

$$\rho_{tl} = \frac{A_{stl}}{bh} = \frac{550}{200 \times 450} = 0.611\% > \rho_{tl,min} = 0.247\%$$

（8）受弯构件的受拉纵筋

$$\alpha_s = \frac{M}{\alpha_1 f_c bh_0^2} = \frac{65 \times 10^6}{1 \times 14.3 \times 200 \times 410^2} = 0.1352$$

$$\xi = 1 - \sqrt{1 - 2\alpha_s} = 1 - \sqrt{1 - 2 \times 0.1352} = 0.1458 < \xi_b = 0.518$$

$$A_s = \frac{\alpha_1 f_c b \xi h_0}{f_y} = \frac{1 \times 14.3 \times 200 \times 0.1458 \times 410}{360} = 475 \text{mm}^2 > A_{s,min} = 180 \text{mm}^2$$

（9）箍筋配置

选用双肢箍，

$$\frac{A_{sv1}}{s} + \frac{A_{st1}}{s} = \frac{\frac{1}{2} A_{sv}}{s} + \frac{A_{st1}}{s} = \frac{1}{2} \times 0.262 + 0.576 = 0.707$$

选用 $\Phi 10$（78.5mm²）。

$$s \leqslant \frac{78.5}{0.707} = 111 \text{mm}$$

取 $s = 100 \text{mm} < 200 \text{mm}$，

$$\rho_{sv} = \frac{A_{sv}}{bs} = \frac{2 \times 78.5}{200 \times 100} = 0.785\% > \rho_{sv,min} = 0.148\%$$

（10）纵筋配置

梁底部：$\dfrac{A_{stl}}{3} + A_s = \dfrac{550}{3} + 475 = 658 \text{mm}^2$，选用 $2\,\Phi\,20$（628mm²）；

梁顶：$\dfrac{A_{stl}}{3} = \dfrac{550}{3} = 183 \text{mm}^2$，选用 $2\,\Phi\,12$（226mm²）；

梁中部：$\dfrac{A_{stl}}{3} = \dfrac{550}{3} = 183 \text{mm}^2$，选用 $2\,\Phi\,12$（226mm²）。

钢筋配置见图 8-10。

【例 8-3】(2013.1) 某钢筋混凝土边梁，独立承担弯、剪、扭，安全等级为二级，不考虑抗震。梁混凝土强度等级为 C35，截面尺寸为 400mm×600mm，$h_0 = 550$mm，梁内配置四肢箍筋，箍筋采用 HPB300 钢筋，梁中未配置计算需要的纵向受压钢筋。箍筋内表面范围内截面核心部分的短边和长边尺寸分别为 320mm 和 520mm，截面受扭塑性抵抗矩 $W_t = 37.333 \times 10^6$ mm³。

（1）假定，梁中最大剪力设计值 $V = 150$kN，最大扭矩设计值 $T = 10$kN·m。试问，梁中应选用下列何项箍筋配置？

(A) $\Phi 6@200$（4）   (B) $\Phi 8@350$（4）

(C) $\Phi 10@350$（4）   (D) $\Phi 12@400$（4）

（2）假定，梁端剪力设计值 $V=300\text{kN}$，扭矩设计值 $T=70\text{kN}\cdot\text{m}$，按一般剪扭构件受剪承载力计算所得 $\dfrac{A_{sv}}{s}=1.206$。试问，梁端至少选用下列何项箍筋配置才能满足承载力要求？

提示：①受扭的纵向钢筋与箍筋的配筋强度比值 $\zeta=1.6$；

②按一般剪扭构件计算，不需要验算截面限制条件和最小配箍率。

(A) Φ 8@100 （4）　　　(B) Φ 10@100 （4）

(C) Φ 12@100 （4）　　　(D) Φ 14@100 （4）

【解】（1）（C）

验算截面条件：

$$\frac{h_w}{b}=\frac{550}{400}<4$$

$$\frac{V}{bh_0}+\frac{T}{0.8W_t}=\frac{150\times10^3}{400\times550}+\frac{10\times10^6}{0.8\times37.333\times10^6}$$

$$=1.02<0.25\beta_c f_c=0.25\times1\times16.7=4.18$$

截面符合要求。

验算是否需要按计算配筋：

$$\frac{V}{bh_0}+\frac{T}{W_t}=\frac{150\times10^3}{400\times550}+\frac{10\times10^6}{37.333\times10^6}=0.95<0.7f_t=0.7\times1.57=1.10$$

可以按构造配筋。

$$V=150\text{kN}<0.7f_t bh_0=0.7\times1.57\times400\times550\times10^{-3}=241.78\text{kN}$$

查表 7-1，梁内箍筋的最大间距为 350mm，最小直径为Φ 6。四个选项都满足要求。

$$\rho_{sv,min}=0.28\frac{f_t}{f_{yv}}=0.28\times\frac{1.57}{270}=0.163\%$$

(A) $\rho_{sv}=\dfrac{A_{sv}}{bs}=\dfrac{4\times28.3}{400\times200}=0.142\%<\rho_{sv,min}$

(B) $\rho_{sv}=\dfrac{A_{sv}}{bs}=\dfrac{4\times50.3}{400\times350}=0.144\%<\rho_{sv,min}$

(C) $\rho_{sv}=\dfrac{A_{sv}}{bs}=\dfrac{4\times78.5}{400\times350}=0.224\%>\rho_{sv,min}$

（2）（B）

$$\beta_t=\frac{1.5}{1+0.5\dfrac{VW_t}{Tbh_0}}=\frac{1.5}{1+0.5\times\dfrac{300\times10^3\times37.333\times10^6}{70\times10^6\times400\times550}}=1.1>1.0$$

取 $\beta_t=1.0$。

$$A_{cor}=b_{cor}h_{cor}=320\times520=166400\text{mm}^2$$

抗扭箍筋

$$\frac{A_{st1}}{s}\geqslant\frac{T-\beta_t 0.35f_t W_t}{1.2\sqrt{\zeta}f_{yv}A_{cor}}=\frac{70\times10^6-1\times0.35\times1.57\times37.333\times10^6}{1.2\sqrt{1.6}\times270\times166400}=0.726$$

根据选项，按四肢箍，间距100mm计算。

抗扭和抗剪所需的总箍筋面积 $A_{sv,t}=0.726\times100\times2+1.206\times100=266\text{mm}^2$；

单肢箍筋面积 $A_{sv,t1} = \dfrac{266}{4} = 67\text{mm}^2$ ；

外圈单肢抗扭箍筋面积 $A_{st1} = 0.726 \times 100 = 73\text{mm}^2$ 。

取较大值 73mm^2 ，选项（B）满足要求。

8.3 T形和I形截面弯剪扭构件承载力计算

仍是按受弯构件和剪扭构件分别计算。截面尺寸如图 8-11 所示。

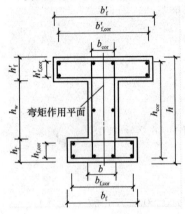

图 8-11[35] T形或I形截面核心区

8.3.1 剪扭构件的受剪承载力

受剪承载力只考虑腹板，不考虑翼缘。

（1）一般剪扭构件仍按公式（8-10）计算，但

$$\beta_t = \frac{1.5}{1 + 0.5 \dfrac{VW_{tw}}{T_w b h_0}} \tag{8-21}$$

（2）集中荷载作用下的独立剪扭构件仍按公式（8-13）计算，但

$$\beta_t = \frac{1.5}{1 + 0.2(\lambda+1) \dfrac{VW_{tw}}{T_w b h_0}} \tag{8-22}$$

8.3.2 剪扭构件的受扭承载力

扭矩在腹板、翼缘之间按塑性抵抗矩分配，其分配原则如图 8-12 所示。

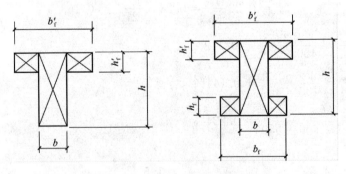

图 8-12 T形和I形截面划分为矩形截面示意图

其划分原则是首先满足腹板矩形截面的完整性。这样可将 T 形截面划分为两个矩形分块，将 I 形截面划分为三个矩形分块。腹板为剪扭构件，翼缘为纯扭构件。

扭矩在腹板和翼缘之间的分配按下式计算：

1）腹板

$$T_w = \frac{W_{tw}}{W_t} T \tag{8-23}$$

2）受压翼缘

$$T'_f = \frac{W'_{tf}}{W_t}T \qquad (8-24)$$

3）受拉翼缘

$$T_f = \frac{W_{tf}}{W_t}T \qquad (8-25)$$

$$W_t = W_{tw} + W'_{tf} + W_{tf} \qquad (8-26)$$

式中　T_w——腹板所承受的扭矩设计值；

　　　T'_f、T_f——受压翼缘、受拉翼缘所承受的扭矩设计值。

其中，腹板和翼缘的塑性抵抗矩可按下式计算：

1）腹板

$$W_{tw} = \frac{b^2}{6}(3h - b) \qquad (8-27)$$

2）受压翼缘

$$W'_{tf} = \frac{h'^2_f}{2}(b'_f - b) \qquad (8-28)$$

3）受拉翼缘

$$W_{tf} = \frac{h^2_f}{2}(b_f - b) \qquad (8-29)$$

式中　b、h——腹板宽度、截面高度；

　　　b'_f、b_f——截面受压区、受拉区的翼缘宽度；

　　　h'_f、h_f——截面受压区、受拉区的翼缘高度。

计算时取用的翼缘宽度尚应符合 $b'_f \leqslant b + 6h'_f$ 及 $b_f \leqslant b + 6h_f$ 的规定。

1. 腹板受扭承载力

$$T_w \leqslant T_u = \beta_t \times 0.35 f_t W_{tw} + 1.2\sqrt{\zeta}f_{yv}\frac{A_{st1}A_{cor}}{s} \qquad (8-30)$$

其中，一般剪扭构件 β_t 按公式（8-21）计算；集中荷载作用下的独立剪扭构件 β_t 按公式（8-22）计算。

2. 翼缘受扭承载力

受压翼缘：

$$T'_f \leqslant T_u = 0.35 f_t W'_{tf} + 1.2\sqrt{\zeta}f_{yv}\frac{A_{st1}A'_{corf}}{s} \qquad (8-31)$$

受拉翼缘：

$$T_f \leqslant T_u = 0.35 f_t W_{tf} + 1.2\sqrt{\zeta}f_{yv}\frac{A_{st1}A_{corf}}{s} \qquad (8-32)$$

8.3.3　按构造配筋的条件

在剪力和扭矩共同作用下的腹板，当符合公式（8-17）的要求时，可不进行剪扭承载力计算，按照构造要求配置纵向钢筋和箍筋。

受压翼缘和受拉翼缘符合公式（8-9）的要求时，可不进行纯扭承载力计算，按构造要求配置纵向钢筋和箍筋。

8.3.4 不考虑剪力影响的条件和不考虑扭矩影响的条件

当符合公式（8-18）或公式（8-19）的要求时，腹板可不考虑剪力的影响，按纯扭构件计算。

当符合公式（8-20）的要求时，腹板可不考虑扭矩的影响，按斜截面受剪承载力配置箍筋。

【例 8-4】 某梁截面如图 8-13 所示，弯矩设计值 $M=100$kN·m，剪力设计值 $V=70$kN，扭矩设计值 $T=20$kN·m，采用 C30 混凝土，纵筋采用 HRB400，箍筋采用 HPB300，一类环境，$h_0=410$mm。试进行其配筋计算。

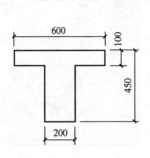

图 8-13　例 8-4 附图 1　　　　　图 8-14　例 8-4 附图 2

【解】（1）截面特征

$$b'_f < b+6h'_f = 200+6\times100 = 800\text{mm}，\text{可以取 } b'_f = 600\text{mm}$$

$$W'_{tf} = \frac{h'^2_f}{2}(b'_f-b) = \frac{100^2}{2}\times(600-200) = 2.0\times10^6\text{mm}^3，W_{tw} = 7.67\times10^6\text{mm}^3$$

$$W_t = W_{tw}+W'_{tf} = 7.67\times10^6+2.0\times10^6 = 9.67\times10^6\text{mm}^3$$

$$T_w = \frac{W_{tw}}{W_t}T = \frac{7.67\times10^6}{9.67\times10^6}\times20 = 16\text{kN·m}，T'_f = \frac{W'_{tf}}{W_t}T = \frac{2.0\times10^6}{9.67\times10^6}\times20 = 4\text{kN·m}$$

$$\rho_{sv,min} = 0.148\%，A_{s,min} = 180\text{mm}^2$$

腹板：$u_{cor} = 1060$mm，$A_{cor} = 54600$mm²

$$\frac{T_w}{Vb} = \frac{14\times10^6}{70\times10^3\times200} = 1.0 < 2$$

$$\rho_{tl,min} = 0.6\times\sqrt{\frac{T}{Vb}}\frac{f_t}{f_y} = 0.6\times\sqrt{1.0}\times\frac{1.43}{360} = 0.238\%$$

受压翼缘：$A'_{corf} = (400-60)\times(100-60) = 13600$mm²

$$u'_{corf} = 2(400-60+100-60) = 760\text{mm}，\rho_{tl,min} = 0.6\times\sqrt{2}\frac{f_t}{f_y} = 0.337\%$$

（2）验算截面条件

$$\frac{h_w}{b} = \frac{410}{200} < 4$$

腹板：$\dfrac{V}{bh_0}+\dfrac{T_w}{0.8W_{tw}} = \dfrac{70\times10^3}{200\times410}+\dfrac{16\times10^6}{0.8\times7.67\times10^6} = 3.46 < 0.25\beta_c f_c = 3.58$

受压翼缘：$\dfrac{T'_f}{0.8W'_{tf}} = \dfrac{4\times10^6}{0.8\times2\times10^6} = 2.5 < 0.25\beta_c f_c = 3.58$

（3）验算是否需要按计算配筋

腹板：$\dfrac{V}{bh_0} + \dfrac{T_w}{W_{tw}} = \dfrac{70 \times 10^3}{200 \times 410} + \dfrac{16 \times 10^6}{7.67 \times 10^6} = 2.940 > 0.7f_t = 1.001$

翼缘：$\dfrac{T_f'}{W_{tf}'} = \dfrac{4 \times 10^6}{2 \times 10^6} = 2.0 > 0.7f_t = 1.001$

需要按计算配筋。

（4）验算是否可以忽略剪力或扭矩

$$0.35f_t bh_0 = 41.04 < 70\text{kN}$$

不可以忽略剪力。

$$0.175f_t W_{tw} = 1.92\text{kN} \cdot \text{m} < 16\text{kN} \cdot \text{m}$$

不可以忽略扭矩。

（5）剪扭构件的受剪箍筋（腹板）

$$\beta_t = \dfrac{1.5}{1 + 0.5\dfrac{VW_{tw}}{T_w bh_0}} = \dfrac{1.5}{1 + 0.5 \times \dfrac{70 \times 10^3 \times 7.67 \times 10^6}{16 \times 10^6 \times 200 \times 410}} = 1.24 > 1.0$$

取 $\beta_t = 1.0$。

$$\dfrac{A_{sv}}{s} \geqslant \dfrac{V - (1.5 - \beta_t)0.7f_t bh_0}{f_{yv}h_0} = 0.262$$

（6）剪扭构件的受扭箍筋（腹板）

取 $\zeta = 1.2$，得

$$\dfrac{A_{st1}}{s} \geqslant \dfrac{T_w - \beta_t 0.35f_t W_{tw}}{1.2\sqrt{\zeta}f_{yv}A_{cor}} = \dfrac{16 \times 10^6 - 1 \times 0.35 \times 1.43 \times 7.67 \times 10^6}{1.2\sqrt{1.2} \times 270 \times 54600} = 0.628$$

（7）剪扭构件的受扭纵筋（腹板）

$$A_{stl} \geqslant \dfrac{\zeta f_{yv}A_{st1}u_{cor}}{f_y s} = \dfrac{1.2 \times 270 \times 1060}{360} \times 0.628 = 599\text{mm}^2$$

$$\rho_{tl} = \dfrac{A_{stl}}{bh} = \dfrac{599}{200 \times 450} = 0.66\% > \rho_{tl,\min} = 0.238\%$$

（8）受弯构件的受拉纵筋

$$\alpha_1 f_c b_f' h_f'\left(h_0 - \dfrac{h_f'}{2}\right) = 1 \times 14.3 \times 600 \times 100 \times \left(410 - \dfrac{100}{2}\right) \times 10^{-6}$$

$$= 308.88\text{kN} \cdot \text{m} > M = 100\text{kN} \cdot \text{m}$$

属于第一类 T 形截面。

$$\alpha_s = \dfrac{M}{\alpha_1 f_c b_f' h_0^2} = \dfrac{100 \times 10^6}{1 \times 14.3 \times 600 \times 410^2} = 0.0693$$

$$\xi = 1 - \sqrt{1 - 2\alpha_s} = 1 - \sqrt{1 - 2 \times 0.0693} = 0.0719 < \xi_b = 0.518$$

$$A_s = \dfrac{\alpha_1 f_c b_f' \xi h_0}{f_y} = \dfrac{1 \times 14.3 \times 600 \times 0.0719 \times 410}{360} = 702\text{mm}^2 > A_{s,\min} = 180\text{mm}^2$$

（9）箍筋配置（腹板）

选用双肢箍，

$$\dfrac{A_{sv1}}{s} + \dfrac{A_{st1}}{s} = \dfrac{\frac{1}{2}A_{sv}}{s} + \dfrac{A_{st1}}{s} = \dfrac{1}{2} \times 0.262 + 0.628 = 0.759$$

选用Φ 10（78.5mm²），

$$s \leqslant \frac{78.5}{0.759} = 103\text{mm},$$

取 $s = 100\text{mm} < 200\text{mm}$，

$$\rho_{sv} = \frac{A_{sv}}{bs} = \frac{2 \times 78.5}{200 \times 100} = 0.785\% > \rho_{sv,min} = 0.148\%$$

（10）纵筋配置（腹板）

梁底部：$\frac{A_{stl}}{3} + A_s = \frac{599}{3} + 702 = 902\text{mm}^2$，选用 3 Φ 20（942mm²）；

梁顶：$\frac{A_{stl}}{3} = \frac{599}{3} = 200\text{mm}^2$，选用 2 Φ 12（226mm²）；

梁中部：$\frac{A_{stl}}{3} = \frac{599}{3} = 200\text{mm}^2$，选用 2 Φ 12（226mm²）。

配筋如图 8-14 所示。

（10）翼缘配筋

计算受扭箍筋，取 $\zeta = 1.2$，得

$$\frac{A_{st1}}{s} \geqslant \frac{T'_f - 0.35 f_t W'_{tf}}{1.2 \sqrt{\zeta} f_{yv} A'_{corf}} = \frac{4 \times 10^6 - 0.35 \times 1.43 \times 2.0 \times 10^6}{1.2 \sqrt{1.2} \times 270 \times 13600} = 0.621$$

选用Φ 10，$A_{st1} = 78.5\text{mm}^2$，

$$s \leqslant \frac{78.5}{0.621} = 126\text{mm}$$

取 $s = 100\text{mm} \leqslant 200\text{mm}$，

$$\rho_{sv} = \frac{2A_{st1}}{b'_f s} = \frac{2 \times 78.5}{400 \times 100} = 0.392\% > \rho_{sv,min} = 0.148\%$$

（5）计算受扭纵筋

$$A_{stl} = \frac{\zeta f_{yv} A_{st1} u'_{corf}}{f_y s} = \frac{1.2 \times 270 \times 760}{360} \times 0.621 = 425\text{mm}^2$$

$$\rho_{tl} = \frac{A_{stl}}{b'_f h'_f} = \frac{425}{400 \times 100} = 1.06\% > \rho_{tl,min} = 0.337\%$$

选用 4 Φ 12（452mm²），配置在翼缘四角。配筋如图 8-14 所示。

8.4　箱形剪扭构件承载力计算

$h_w/t_w \leqslant 6$ 的箱形构件，其截面应符合下列条件：

当 $\dfrac{h_w}{t_w} \leqslant 4$ 时 $\qquad\qquad \dfrac{V}{bh_0} + \dfrac{T}{0.8W_t} \leqslant 0.25\beta_c f_c$ （8-33）

当 $\dfrac{h_w}{t_w} = 6$ 时 $\qquad\qquad \dfrac{V}{bh_0} + \dfrac{T}{0.8W_t} \leqslant 0.2\beta_c f_c$ （8-34）

当 $4 < \dfrac{h_w}{t_w} < 6$ 时，按线性内插法确定。

式中 h_w——截面的腹板高度，取腹板净高；

    t_w——箱形截面壁厚，其值不应小于 $b_h/7$，此处，b_h 为箱形截面的宽度；

    b——取箱形截面两侧壁总厚度 $2t_w$。

箱形截面受扭塑形抵抗矩可按下式计算：

$$W_t = \frac{b_h^2}{6}(3h_h - b_h) - \frac{(b_h - 2t_w)^2}{6}[3h_w - (b_h - 2t_w)] \quad (8\text{-}35)$$

式中 b_h、h_h——分别为箱形截面的短边尺寸、长边尺寸（图 8-15）。

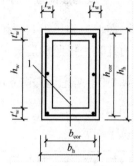

图 8-15[1]   箱形截面（$t_w \leqslant t'_w$）

1—弯矩、剪力作用平面

8.4.1 箱形纯扭构件

箱形纯扭构件的受扭承载力应符合下列规定：

$$T \leqslant T_u = 0.35\alpha_h f_t W_t + 1.2\sqrt{\zeta} f_{yv} \frac{A_{stl} A_{cor}}{s} \quad (8\text{-}36)$$

$$\alpha_h = \frac{2.5 t_w}{b_h} \quad (8\text{-}37)$$

式中 α_h——箱形截面壁厚影响系数，当 $\alpha_h > 1.0$ 时，取 $\alpha_h = 1.0$。

8.4.2 箱形剪、扭构件

箱形截面钢筋混凝土剪扭构件的受剪扭承载力可按下列规定计算：

1. 一般剪扭构件

（1）受剪承载力

$$V \leqslant V_u = (1.5 - \beta_t)0.7 f_t b h_0 + f_{yv} \frac{A_{sv}}{s} h_0 \quad (8\text{-}38)$$

$$\beta_t = \frac{1.5}{1 + 0.5 \dfrac{V \alpha_h W_t}{T b h_0}} \quad (8\text{-}39)$$

式中 β_t——一般剪扭构件混凝土受扭承载力降低系数：$0.5 \leqslant \beta_t \leqslant 1.0$。

（2）受扭承载力

$$T \leqslant T_u = \beta_t \times 0.35\alpha_h f_t W_t + 1.2\sqrt{\zeta} f_{yv} \frac{A_{stl} A_{cor}}{s} \quad (8\text{-}40)$$

2. 集中荷载作用下的独立剪扭构件

（1）受剪承载力

$$V \leqslant V_u = (1.5 - \beta_t)\frac{1.75}{\lambda + 1} f_t b h_0 + f_{yv} \frac{A_{sv}}{s} h_0 \quad (8\text{-}41)$$

$$\beta_t = \frac{1.5}{1 + 0.2(\lambda + 1)\dfrac{V \alpha_h W_t}{T b h_0}} \quad (8\text{-}42)$$

式中 β_t——集中荷载作用下剪扭构件混凝土受扭承载力降低系数：$0.5 \leqslant \beta_t \leqslant 1.0$。

（2）受扭承载力

计算公式同（8-40），但式中的 β_t 按（8-42）计算。

8.4.3 按构造配筋的条件

在剪力和扭矩共同作用下的箱形构件，当符合公式（8-17）的要求时，可不进行剪扭承载力计算，按照构造要求配置纵向钢筋和箍筋。

8.4.4 不考虑剪力影响的条件和不考虑扭矩影响的条件

当符合公式（8-18）或公式（8-19）的要求时，可不考虑剪力的影响，按纯扭构件计算。

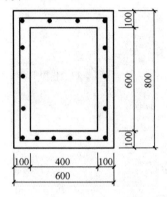

图 8-16 【例 8-5】附图

当符合公式（8-20）的要求时，可不考虑扭矩的影响，按斜截面受剪承载力配置箍筋。

【例 8-5】（2009.1）某承受竖向力作用的钢筋混凝土箱形截面梁，截面尺寸如图 8-16 所示，作用在梁上的荷载为均布荷载；混凝土强度等级为 C25，纵向受力钢筋采用 HRB335 级，箍筋采用 HPB235 级，$a_s = a'_s = 35mm$。

假设该箱形梁某截面处的剪力设计值 $V = 65kN$，扭矩设计值 $T = 60kN \cdot m$，试问，采用下列何项箍筋配置，才最接近《混凝土结构设计规范》（GB 50010—2002）的要求？

提示：已求得 $\alpha_h = 0.417$，$W_t = 7.1 \times 10^7 mm^3$，$\zeta = 1.0$，$A_{cor} = 4.125 \times 10^5 mm^2$。

（A）Φ 8@200 　　（B）Φ 8@150 　　（C）Φ 10@200 　　（D）Φ 10@150

说明：《混凝土结构设计规范》（GB 50010—2002），梁纵向受力钢筋可以用 HRB335 钢筋；a_s 和 A'_s 可以取到 35mm；一级钢筋（Φ）指的是 HPB235，其强度设计值为 210N/mm²。

【解】（D）

（1）验算截面条件

$$t_w = 100mm > \frac{b_h}{7} = \frac{600}{7} = 86mm , \frac{h_w}{t_w} = \frac{600}{100} = 6$$

$$\frac{V}{bh_0} + \frac{T}{0.8W_t} = \frac{65 \times 10^3}{200 \times 765} + \frac{60 \times 10^6}{0.8 \times 7.1 \times 10^7}$$

$$= 1.48 \leqslant 0.2\beta_c f_c = 0.2 \times 1 \times 11.9 = 2.38$$

截面符合要求。

（2）验算是否需要按计算配筋

$$\frac{V}{bh_0} + \frac{T}{W_t} = \frac{65 \times 10^3}{200 \times 765} + \frac{60 \times 10^6}{7.1 \times 10^7} = 1.27 > 0.7f_t = 0.7 \times 1.27 = 0.89$$

需要按计算配筋。

（3）验算是否可以忽略剪力或扭矩

$$0.35f_t bh_0 = 0.35 \times 1.27 \times 200 \times 765 \times 10^{-3} = 68.0kN > 65kN$$

可以忽略剪力。

$$0.175f_tW_t = 0.175 \times 1.27 \times 7.1 \times 10^7 \times 10^{-6} = 15.78 \text{kN} \cdot \text{m} < 60 \text{kN} \cdot \text{m}$$

不可以忽略扭矩。

（4）按纯扭构件计算

$$\frac{A_{st1}}{s} \geq \frac{T - 0.35\alpha_h f_t W_t}{1.2\sqrt{\zeta}f_{yv}A_{cor}} = \frac{60 \times 10^6 - 0.35 \times 0.417 \times 1.27 \times 7.1 \times 10^7}{1.2\sqrt{1.0} \times 210 \times 4.125 \times 10^5} = 0.45$$

（A）$\dfrac{A_{st1}}{s} = \dfrac{50.3}{200} = 0.25$ 　　　　（B）$\dfrac{A_{st1}}{s} = \dfrac{50.3}{150} = 0.34$

（C）$\dfrac{A_{st1}}{s} = \dfrac{78.5}{200} = 0.39$ 　　　　（D）$\dfrac{A_{st1}}{s} = \dfrac{78.5}{150} = 0.52$

（D）选项满足要求

$$\rho_{sv} = \frac{A_{sv}}{b_h s} = \frac{2 \times 78.5}{600 \times 150} = 0.174\% > \rho_{sv,min} = 0.28\frac{f_t}{f_{yv}} = 0.28 \times \frac{1.27}{210} = 0.169\%$$

习　　题

8-1（2007.2）某次梁截面尺寸为 $b \times h = 300 \text{mm} \times 600 \text{mm}$，混凝土强度等级为 C30，梁箍筋采用 HPB235 级钢筋，属弯剪扭构件。经计算可按构造要求配置箍筋。试问，该梁箍筋的最小配置选用以下何项最为恰当？

（A）Φ8@300（双肢）　　　　（B）Φ8@250（双肢）

（C）Φ8@200（双肢）　　　　（D）Φ8@150（双肢）

说明：《混凝土结构设计规范》（GB 50010—2002），一级钢筋（Φ）指的是 HPB235 级钢筋，其强度设计值为 210N/mm^2。

8-2（2011.2）某钢筋混凝土梁，同时承受弯矩、剪力和扭矩的作用，不考虑抗震设计。梁截面为 $400 \text{mm} \times 500 \text{mm}$，混凝土强度等级为 C30，梁内配置四肢箍筋，箍筋采用 HPB235 级钢筋。经计算，$A_{st1}/s = 0.65 \text{mm}$，$A_{sv}/s = 2.15 \text{mm}$，其中，$A_{st1}$ 为受扭计算中沿截面周边配置的箍筋单肢截面面积，A_{sv} 为受剪承载力所需的箍筋截面面积，s 为沿构件长度方向的箍筋间距。试问，至少选用下列何项箍筋配置才能满足计算要求？

（A）Φ8@100　　　（B）Φ10@100　　　（C）Φ12@100　　　（D）Φ14@100

说明：《混凝土结构设计规范》（GB 50010—2002），一级钢筋（Φ）指的是 HPB235 级钢筋，其强度设计值为 210N/mm^2。

8-3（2012.1）某钢筋混凝土框架结构多层办公楼局部平面布置如图 8-17 所示，混凝土强度等级为 C30，梁纵向钢筋为 HRB400 钢筋，梁箍筋为 HRB335 钢筋。

（1）假设，雨篷梁 KL1 与柱刚接。试问，在雨篷荷载作用下，梁 KL1 的扭矩图与下列何项图示较为接近？

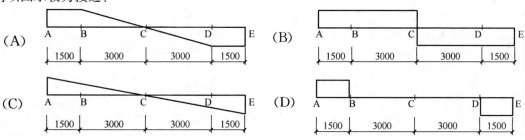

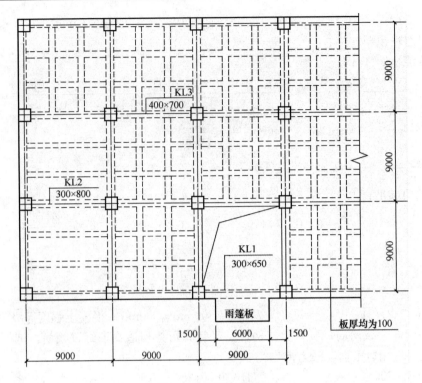

图 8-17　习题 8-3 附图

(2) 假设，KL1 梁端截面的剪力设计值 $V=160\text{kN}$，扭矩设计值 $T=36\text{kN}\cdot\text{m}$，截面受扭塑性抵抗矩 $W_t=2.475\times10^7\text{mm}^3$，受扭的纵向普通钢筋与箍筋的配筋强度比 $\zeta=1.0$，混凝土受扭承载力降低系数 $\beta_t=1.0$，梁截面尺寸及配筋形式如图 8-18 所示。试问，以下何项箍筋配置与计算所需要的箍筋最为接近？

提示：纵筋的混凝土保护层厚度取 30mm，$a_s=40\text{mm}$。

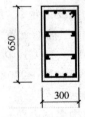

图 8-18　梁配筋

(A) $\Phi 10@200$　　　(B) $\Phi 10@150$　　　(C) $\Phi 10@120$　　　(D) $\Phi 10@100$

9　变形、裂缝

钢筋混凝土构件除需进行承载能力极限状态计算以外，还应根据使用条件，对某些构件进行正常使用极限状态验算，即裂缝宽度和变形验算，如楼盖梁、板、起重机梁等。

裂缝宽度和变形验算应符合以下规定：

1. 挠度

钢筋混凝土受弯构件的最大挠度应按荷载效应的标准组合并考虑荷载长期作用影响进行计算，其计算值不应超过附录 D-13 规定的挠度限值，即

$$f \leqslant f_{\text{lim}} \tag{9-1}$$

2. 裂缝宽度

对于钢筋混凝土构件，应根据使用要求和所处环境，验算裂缝宽度。按荷载效应的标准组合并考虑长期作用影响计算时，构件的最大裂缝宽度不应超过附录 D-12 规定的最大裂缝宽度限值，即

$$\omega_{\text{max}} \leqslant \omega_{\text{lim}} \tag{9-2}$$

9.1　钢筋混凝土受弯构件挠度验算

9.1.1　挠度验算规定

钢筋混凝土受弯构件的挠度可按照结构力学方法计算，并按荷载的准永久组合考虑。表 9-1 为常见荷载作用下梁的挠度计算公式。

表 9-1[58]　梁的挠度计算公式

荷载形式				
弯矩	$M_{\text{max}} = \dfrac{1}{8}ql^2$	$M_{\text{max}} = \dfrac{1}{4}Fl$	$M_{\text{max}} = Fa$	$M_{\text{max}} = -\dfrac{1}{2}ql^2$	$M_{\text{max}} = -Fl$
挠度	$f_{\text{max}} = \dfrac{5}{384}\dfrac{ql^4}{EI}$	$f_{\text{max}} = \dfrac{1}{48}\dfrac{Fl^3}{EI}$	$f_{\text{max}} = \dfrac{Fa}{24EI}(3l^2 - 4a^2)$	$f_{\text{max}} = \dfrac{1}{8}\dfrac{ql^4}{EI}$	$f_{\text{max}} = \dfrac{1}{3}\dfrac{Fl^3}{EI}$
	$f_{\text{max}} = \dfrac{5l^2}{48EI}M_{\text{max}}$	$f_{\text{max}} = \dfrac{l^2}{12EI}M_{\text{max}}$	$f_{\text{max}} = \dfrac{(3l^2-4a^2)}{24EI}M_{\text{max}}$	$f_{\text{max}} = \dfrac{l^2}{4EI}M_{\text{max}}$	$f_{\text{max}} = \dfrac{l^2}{3EI}M_{\text{max}}$

EI 称为梁的刚度，常用 *B* 表示。表 9-1 为等截面梁挠度计算公式。实际上，梁的刚度 *B* 沿截面是不同的，如图 9-1 所示的承受均布荷载的简支梁，当中间部分开裂后，中间部分

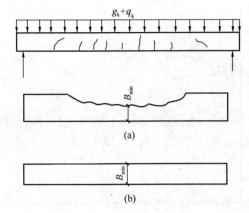

图 9-1[29]　简支梁抗弯刚度分布图
(a) 实际抗弯刚度分布图；(b) 计算抗弯刚度分布图

截面的刚度 B 较小，按照变刚度来计算梁的挠度显然是十分繁琐的。为了简化计算，《规范》规定：在等截面构件中，同一符号弯矩区段内，可假定各截面的刚度 B 相等，并按该区段内的最大弯矩处的刚度计算。当计算跨度内的支座截面刚度不大于跨中截面刚度的 2 倍或不小于跨中截面刚度的 1/2 时，该跨也可按等刚度构件计算，其构件刚度可取跨中最大弯矩截面的刚度。

9.1.2　刚度计算

1. 矩形、T 形、倒 T 形和 I 形截面受弯构件考虑荷载长期作用影响的刚度 B 可按下列规定计算

采用荷载准永久组合时：

$$B = \frac{B_s}{\theta} \tag{9-3}$$

式中　B_s——按荷载准永久组合计算的钢筋混凝土受弯构件的短期刚度；

θ——考虑荷载长期作用对挠度增大的影响系数。

θ 按下列规定采用：对于钢筋混凝土受弯构件，当 $\rho' = 0$ 时，取 $\theta = 2.0$；当 $\rho' = \rho$ 时，取 $\theta = 1.6$；当 ρ' 为中间数值时，θ 按线性内插法取用。此处：

$$\rho' = \frac{A_s'}{bh_0} \tag{9-4}$$

$$\rho = \frac{A_s}{bh_0} \tag{9-5}$$

对翼缘位于受拉区的倒 T 形截面，θ 应增加 20%。

2. 钢筋混凝土受弯构件的短期刚度 B_s

$$B_s = \frac{E_s A_s h_0^2}{1.15\psi + 0.2 + \dfrac{6\alpha_E \rho}{1 + 3.5\gamma_f'}} \tag{9-6}$$

式中　E_s——钢筋弹性模量，按附录 D-10 采用；

A_s——纵向受拉钢筋截面面积；

h_0——构件截面有效高度；

ρ——纵向受拉钢筋的配筋率，对钢筋混凝土受弯构件，$\rho = A_s/(bh_0)$；

γ_f'——受压翼缘截面面积与腹板有效截面面积的比值，计算式为：

$$\gamma_f' = \frac{(b_f' - b)h_f'}{bh_0} \tag{9-7}$$

b_f'、h_f'——受压区翼缘的宽度、高度；$h_f' > 0.2h_0$ 时，取 $h_f' = 0.2h_0$；

α_E——钢筋弹性模量与混凝土弹性模量的比值：$\alpha_E = \dfrac{E_s}{E_c}$

ψ——裂缝间纵向受拉钢筋应变不均匀系数，按下式计算：

$$\psi = 1.1 - 0.65 \frac{f_{tk}}{\rho_{te}\sigma_{sq}} \tag{9-8}$$

$0.2 \leqslant \psi \leqslant 1$；对直接承受重复荷载的构件，取 $\psi = 1.0$；

f_{tk} ——混凝土的轴心抗拉强度标准值，按附录 D-4 采用；

ρ_{te} ——按有效受拉混凝土截面面积计算的纵向受拉钢筋的配筋率；

$$\rho_{te} = \frac{A_s}{A_{te}} \qquad (9\text{-}9)$$

A_{te} ——有效受拉混凝土截面面积：对轴心受拉构件，取构件截面面积；对受弯、偏心受压和偏心受拉构件图 9-2 取 $A_{te} = 0.5bh + (b_f - b)h_f$，此处，$b_f$、$h_f$ 为受拉区翼缘的宽度、高度；

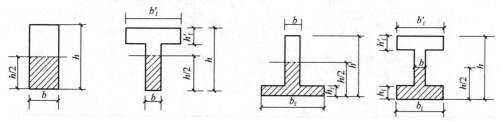

图 9-2 受弯、偏心受压、偏心受拉构件 A_{te}（图中阴影部分面积）

σ_{sq} ——按荷载准永久组合计算的钢筋混凝土受弯构件纵向受拉钢筋的应力，按下式计算：

$$\sigma_{sq} = \frac{M_q}{0.87 h_0 A_s} \qquad (9\text{-}10)$$

M_q ——按荷载准永久组合计算的弯矩值。

【例 9-1】（2012.1） 某钢筋混凝土框架结构多层办公楼局部平面布置如图 9-3 所示（均

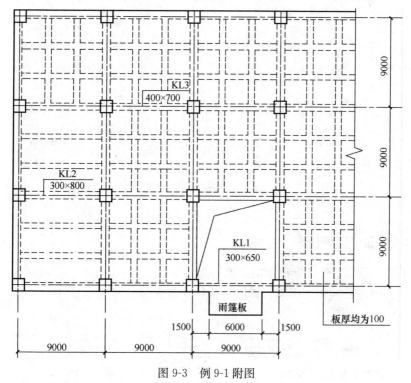

图 9-3 例 9-1 附图

为办公室），梁、板、柱混凝土强度等级均为 C30，梁、柱纵向钢筋为 HRB400，楼板纵向钢筋及梁、柱箍筋为 HRB335 钢筋。

假设，框架梁 KL2 的左、右端截面考虑荷载长期作用影响的刚度 B_A、B_B 分别为 $9.0 \times 10^{13} \text{N} \cdot \text{mm}^2$，$6.0 \times 10^{13} \text{N} \cdot \text{mm}^2$；跨中最大弯矩处纵向受拉钢筋应变不均匀系数 $\psi = 0.8$，梁底配置 4$\underline{\Phi}$25 纵向钢筋。作用在梁上的均布静荷载、均布活荷载标准值分别为 30kN/m、15kN/m。试问，按规范提供的简化方法，该梁考虑荷载长期作用影响的挠度 f（mm）与下列何项数值最为接近？

提示：①按矩形截面梁计算，不考虑受压钢筋的作用，$a_s = 45\text{mm}$；

②梁挠度近似按公式 $f = 0.00542 \dfrac{ql^4}{B}$ 计算；

③不考虑梁起拱的影响。

(A) 17   (B) 21   (C) 25   (D) 30

【解】（A）

(1) 截面刚度

$$\alpha_E = \frac{E_s}{E_c} = \frac{2.0 \times 10^5}{3.0 \times 10^5} = 6.667 \ , \ \rho = \frac{1964}{300 \times 755} = 0.867\% \ , \ \gamma'_f = 0$$

$$B_s = \frac{E_s A_s h_0^2}{1.15\psi + 0.2 + \dfrac{6\alpha_E \rho}{1 + 3.5\gamma'_f}}$$

$$= \frac{2.0 \times 10^5 \times 1964 \times 755^2}{1.15 \times 0.8 + 0.2 + \dfrac{6 \times 6.667 \times 0.00867}{1 + 3.5 \times 0}}$$

$$= 1.526 \times 10^{14} \text{N} \cdot \text{mm}^2$$

$$B = \frac{B_s}{\theta} = \frac{1.526 \times 10^{14}}{2} = 7.63 \times 10^{13} \text{N} \cdot \text{mm}^2$$

B 不大于 B_A、B_B 的两倍，不小于 B_A、B_B 的 1/2，可以按等刚度截面梁计算其挠度。

(2) 挠度

查附录 B，办公室楼面活荷载的准永久值系数 $\psi_q = 0.4$，

$$f = 0.00542 \frac{ql^4}{B} = 0.00542 \times \frac{(30 + 0.4 \times 15) \times 9000^4}{7.63 \times 10^{13}} = 16.8\text{mm}$$

<h2 style="text-align:center">9.2 钢筋混凝土构件裂缝宽度验算</h2>

9.2.1 最大裂缝宽度计算公式

矩形、T 形、倒 T 形、I 形截面的钢筋混凝土受拉、受弯、偏心受压构件，按荷载效应的准永久组合并考虑长期作用影响计算时，构件的最大裂缝宽度 $\omega_{\max}$（mm）按下式计算：

$$\omega_{\max} = \alpha_{cr}\psi \frac{\sigma_{sq}}{E_s}\left(1.9c_s + 0.08\frac{d_{eq}}{\rho_{te}}\right) \tag{9-11}$$

式中 α_{cr}——构件受力特征系数，按表 9-2 采用；

          c_s——最外层纵向受拉钢筋外边缘至受拉区底边的距离（mm），当 $c_s < 20$ 时，取 c_s

$= 20$；当 $c_s > 65$ 时，取 $c_s = 65$；

ρ_{te}——按有效受拉混凝土截面面积计算的纵向受拉钢筋的配筋率，按公式（9-9）计算。在最大裂缝宽度计算中，$\rho_{te} < 0.01$ 时，取 $\rho_{te} = 0.01$；

d_{eq}——纵向受拉钢筋的等效直径（mm），按下式计算

$$d_{eq} = \frac{\sum n_i d_i^2}{\sum n_i v_i d_i} \tag{9-12}$$

d_i——第 i 种纵向受拉钢筋的公称直径（mm）；

n_i——第 i 种纵向受拉钢筋的根数；

v_i——第 i 种纵向受拉钢筋的相对粘结特性系数，对光圆钢筋取 0.7，对带肋钢筋取 1.0。

表 9-2　构件受力特征系数 α_{cr}

类型	α_{cr}	
	钢筋混凝土构件	预应力混凝土构件
受弯、偏心受压	1.9	1.5
偏心受拉	2.4	—
轴心受拉	2.7	2.2

需要指出的是，对承受吊车荷载但不需做疲劳验算的受弯构件，可将计算求得的最大裂缝宽度乘以系数 0.85；对 $e_0/h_0 \leqslant 0.55$ 的偏心受压构件，可不验算裂缝宽度，因为这时偏心距较小，裂缝宽度一般可以满足允许值。

9.2.2　钢筋混凝土构件纵向受拉钢筋的应力 σ_{sq}

在荷载效应准永久组合下，钢筋混凝土构件纵向受拉钢筋的应力按下列公式计算：

1）轴心受拉构件

$$\sigma_{sq} = \frac{N_q}{A_s} \tag{9-13}$$

2）偏心受拉构件

$$\sigma_{sq} = \frac{N_q e'}{A_s(h_0 - a'_s)} \tag{9-14}$$

3）受弯构件按公式（9-10）计算：

4）偏心受压构件

$$\sigma_{sq} = \frac{N_q(e - z)}{A_s z} \tag{9-15}$$

$$z = \left[0.87 - 0.12(1 - \gamma'_f)\left(\frac{h_0}{e}\right)^2\right]h_0 \tag{9-16}$$

$$e = \eta_s e_0 + y_s \tag{9-17}$$

$$\eta_s = 1 + \frac{1}{4000 e_0/h_0}\left(\frac{l_0}{h}\right)^2 \tag{9-18}$$

式中　N_q——按荷载准永久组合计算的轴向力值；

A_s——受拉区纵向钢筋截面面积：对钢筋混凝土受弯和偏心受压构件，取受拉区纵向钢筋截面面积；对偏心受拉构件，取受拉较大边的纵向钢筋截面面积；对

轴心受拉构件，取全部纵向钢筋截面面积；

e' ——轴向拉力作用点至受压区或受拉较小边纵向钢筋合力点的距离；

e ——轴向压力作用点至纵向受拉钢筋合力点的距离；

e_0 ——荷载准永久组合下的初始偏心距，取为 M_q/N_q；

z ——纵向受拉钢筋合力点至截面受压区合力点的距离，且不大于 $0.87h_0$；

η_s ——使用阶段的轴向压力偏心距增大系数，当 $l_0/h \leqslant 14$ 时，取 $\eta_s = 1.0$；

y_s ——截面重心至纵向受拉钢筋合力点的距离。

【例 9-2】(2012.1) 已知条件同例 9-1，框架梁 KL2 的截面尺寸为 $300\text{mm} \times 800\text{mm}$，跨中截面底部纵向钢筋为 4 Φ 25。已知该截面处由永久荷载和可变荷载产生的弯矩标准值 M_{Gk}、M_{Qk} 分别为 250kN·m、100kN·m。试问，该梁跨中截面考虑荷载长期作用影响的最大裂缝宽度 ω_{max}（mm）与下列何项数值最为接近？

提示：$c_s = 30\text{mm}$，$h_0 = 755\text{mm}$。

(A) 0.25　　　　(B) 0.29　　　　(C) 0.32　　　　(D) 0.37

【解】(B)

$$\alpha_{cr} = 1.9, d_{eq} = 25\text{mm}, A_s = 1964\text{mm}^2, E_s = 2.0 \times 10^5 \text{N/mm}^2$$

$$M_q = 250 + 0.4 \times 100 = 290\text{kN·m}$$

$$\sigma_{sq} = \frac{M_q}{0.87h_0 A_s} = \frac{290 \times 10^6}{0.87 \times 755 \times 1964} = 224.8\text{N/mm}^2$$

$$\rho_{te} = \frac{A_s}{A_{te}} = \frac{1964}{0.5 \times 300 \times 800} = 0.0164 > 0.01$$

$$\psi = 1.1 - 0.65 \frac{f_{tk}}{\rho_{te}\sigma_{sq}} = 1.1 - 0.65 \times \frac{2.01}{0.0164 \times 224.8} = 0.746$$

$0.2 \leqslant \psi \leqslant 1$，满足要求。

$$\omega_{max} = \alpha_{cr}\psi\frac{\sigma_{sq}}{E_s}\left(1.9c_s + 0.08\frac{d_{eq}}{\rho_{te}}\right)$$

$$= 1.9 \times 0.746 \times \frac{224.8}{2.0 \times 10^5} \times \left(1.9 \times 30 + 0.08 \times \frac{25}{0.0164}\right) = 0.285\text{mm}$$

【例 9-3】(2013.1) 某办公楼中的钢筋混凝土四跨连续梁，结构设计使用年限为 50 年，其计算简图和支座 C 处的配筋如图 9-4 所示。梁的混凝土强度等级为 C35，纵筋采用 HRB500 钢筋，$a_s = a'_s = 45\text{mm}$，箍筋的保护层厚度为 20mm。假定，作用在梁上的永久荷载标准值 $q_{Gk} = 28\text{kN/m}$（包括自重），可变荷载标准值 $q_{Qk} = 8\text{kN/m}$，可变荷载准永久值系数为 0.4。试问，按《混凝土结构设计规范》(GB 50010—2010) 计算的支座 C 梁顶面裂缝最大宽度 ω_{max}（mm）与下列何项数值最为接近？

(A) 0.24　　　　(B) 0.28　　　　(C) 0.32　　　　(D) 0.36

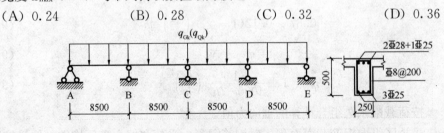

图 9-4　例 9-3 附图

提示：①裂缝宽度计算时不考虑支座宽度和受拉翼缘的影响；

②本题需要考虑可变荷载不利分布，等跨梁在不同荷载分布作用下，支座 C 的弯矩计算公式见图 9-5：

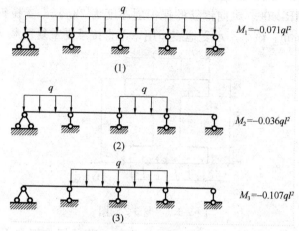

图 9-5　弯矩计算公式

【解】（B）

永久荷载采用图 9-5（1）的计算公式：

$$M_{Gk} = 0.071 \times 28 \times 8.5^2 = 143.63 \text{kN} \cdot \text{m}$$

可变荷载采用图 9-5（3）的计算公式：

$$M_{Gk} = 0.107 \times 8 \times 8.5^2 = 61.85 \text{kN} \cdot \text{m}$$

准永久值：

$$M_q = 143.63 + 0.4 \times 61.85 = 168.37 \text{kN} \cdot \text{m}$$

$$A_s = 1232 + 490.9 = 1722.9 \text{mm}^2, h_0 = 500 - 45 = 455 \text{mm}$$

$$\sigma_{sq} = \frac{M_q}{0.87 h_0 A_s} = \frac{168.37 \times 10^6}{0.87 \times 455 \times 1722.9} = 246.87 \text{N/mm}^2$$

$$\upsilon_i = 1.0, d_{eq} = \frac{\sum n_i d_i^2}{\sum n_i \upsilon_i d_i} = \frac{2 \times 28^2 + 25^2}{2 \times 28 + 25} = 27 \text{mm}$$

$$\rho_{te} = \frac{A_s}{A_{te}} = \frac{1722.9}{0.5 \times 250 \times 500} = 0.02757 > 0.01$$

$$\psi = 1.1 - 0.65 \frac{f_{tk}}{\rho_{te}\sigma_{sq}} = 1.1 - 0.65 \times \frac{2.2}{0.02757 \times 246.87} = 0.890$$

$0.2 \leqslant \psi \leqslant 1$，满足要求。

$$\alpha_{cr} = 1.9, E_s = 2.0 \times 10^5 \text{N/mm}^2, c_s = 28 \text{mm}$$

$$\omega_{max} = \alpha_{cr}\psi\frac{\sigma_{sq}}{E_s}\left(1.9 c_s + 0.08 \frac{d_{eq}}{\rho_{te}}\right)$$

$$= 1.9 \times 0.890 \times \frac{246.87}{2.0 \times 10^5} \times \left(1.9 \times 28 + 0.08 \times \frac{27}{0.02757}\right) = 0.275 \text{mm}$$

习　　题

9-1　（2009.2）某钢筋混凝土悬臂构件，其悬臂长度 $l = 3.0$m。当在使用中对挠度有较高要求时，试问，其挠度限值（mm）应与下列何项数值最为接近？

(A) 12 （B) 15
(C) 24 （D) 30

9-2　(2012.2)某钢筋混凝土简支梁，其截面可以简化成工字形，混凝土强度等级为 C30，纵向钢筋采用 HRB400，纵向钢筋的保护层厚度为 28mm，受拉钢筋合力点至梁截面受拉边缘的距离为 40mm。该梁不承受地震作用，不直接承受重复荷载，安全等级为二级。

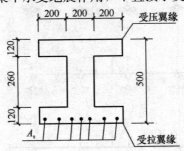

图 9-6　习题 9-2 附图

(1) 若该梁纵向受拉钢筋 A_s 为 4Φ12+3Φ25，荷载标准组合下截面弯矩值为 $M_k=250$kN·m，荷载准永久组合下截面弯矩值为 $M_q=215$kN·m，钢筋应变不均匀系数 $\psi=0.861$。试问，荷载准永久组合下的短期刚度 B_s（$\times10^{13}$N·mm^2）与下列何项数值最为接近？

(A) 3.2 （B) 5.3
(C) 6.8 （D) 8.3

(2) 若该梁在荷载准永久组合下的短期刚度 $B_s=2\times10^{13}$N·mm^2，且该梁配置的纵向受压钢筋面积为纵向受拉钢筋面积的 80%。试问，该梁考虑荷载长期作用影响的刚度 B（$\times10^{13}$N·mm^2）与下列何项数值最为接近？

(A) 1.00 （B) 1.04
(C) 1.19 （D) 1.60

(3) 若该梁纵向受拉钢筋 A_s 为 4Φ12+3Φ28，荷载标准组合下截面弯矩值为 $M_k=300$kN·m，准永久组合下截面弯矩值为 $M_q=275$kN·m。试问，该梁的最大裂缝宽度计算值 ω_{max}（mm）与下列何项数值最为接近？

(A) 0.17 （B) 0.29
(C) 0.33 （D) 0.45

9-3　已知条件见习题 2-2，试验算其挠度是否符合要求。

10 肋梁楼盖设计

10.1 概　述

楼盖是建筑结构中的重要组成部分，对于保证建筑物的承载力、刚度、耐久性以及抗风、抗震性能都具有重要的作用，对于建筑效果和建筑隔声、隔热也有直接的影响[26]。

混凝土楼盖在整个房屋的材料用量和造价方面所占的比例是很大的，选择适当的楼盖形式，并正确、合理地进行设计计算，对整个房屋的使用和技术经济指标至关重要[26]。

常见的楼盖结构形式有肋梁楼盖、井式楼盖、无梁楼盖、密肋楼盖和扁梁楼盖等（图10-1）。其中，肋梁楼盖又分为单向板肋梁楼盖[图10-1(a)]和双向板肋梁楼盖[图10-1(b)]。

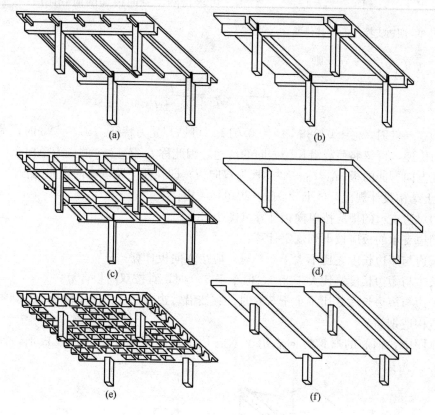

图 10-1　常用的楼盖形式
（a）单向板肋梁楼盖；（b）双向板肋梁楼盖；（c）井式楼盖；
（d）无梁楼盖；（e）密肋楼盖；（f）扁梁楼盖

板肋梁楼盖由板及支撑板的梁组成。梁通常双向正交布置，将板划分为矩形区格，形成四边支撑的连续或单块板。受垂直荷载作用的四边支撑板，其两个方向均发生弯曲变形，同时将板上荷载传递给四边的支撑梁。弹性理论的分析结果表明，当四边支撑矩形板的长、短边长的比值较大时，板上荷载主要沿短边方向传递，沿长边方向传递的很少。下面的分析可以说明该现象。

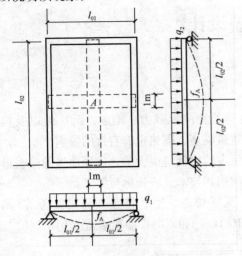

图 10-2　四边支撑板的荷载传递

在图 10-2 所示的承受竖向均布荷载 q 的四边简支矩形板中，l_{02}、l_{01} 分别为其长、短跨方向的计算跨度，现在来研究荷载 q 在长、短跨方向的传递情况。取出跨度中点两个相互垂直的宽度为 1m 的板带来分析。沿长跨方向传递的荷载为 q_2，设沿短跨方向传递的荷载为 q_1，则 $q = q_1 + q_2$。当不计相邻板对它们的影响时，这两条板带的受力如同简支梁，由跨度中心点 A 处挠度 f_A 相等的条件：

$$\frac{5q_1 l_{01}^4}{384EI} = \frac{5q_2 l_{02}^4}{384EI}$$

可求得两个方向传递的荷载比值：

$$\frac{q_1}{q_2} = \left(\frac{l_{02}}{l_{01}}\right)^4$$

取 $q_1 = \eta_1 q$，$q_2 = \eta_2 q$，则

$$\eta_1 = \frac{l_{02}^4}{l_{01}^4 + l_{02}^4}，\eta_2 = \frac{l_{01}^4}{l_{01}^4 + l_{02}^4}$$

当 $l_{02}/l_{01} = 3$ 时，$\eta_1 = 0.988$，$\eta_2 = 0.012$。可见其受力特征：$l_{02}/l_{01} \geqslant 3$ 时，荷载主要沿短跨方向传递，可忽略荷载沿长跨方向的传递，因此称 $l_{02}/l_{01} \geqslant 3$ 的板为单向板，即主要在一个跨度方向弯曲的板；$l_{02}/l_{01} \leqslant 2$ 的板为双向板，即在两个跨度方向弯曲的板。

《混凝土结构设计规范》（GB 50010—2010）规定：

（1）两对边支承的板应按单向板计算（图 10-3）；

（2）四边支承的板应按下列规定计算：

①当长边与短边长度之比不大于 2.0 时，应按双向板计算；

②当长边与短边长度之比大于 2.0，但小于 3.0 时，宜按双向板计算；

③当长边与短边长度之比不小于 3.0 时，宜按沿短边方向受力的单向板计算，并应沿长边方向布置构造钢筋。

在施工图中，钢筋的弯钩方向表示了钢筋是布置在板底还是布置在板顶，如图 10-4 所示。

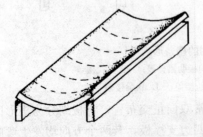

图 10-3[20]　两对边支承板

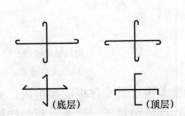

图 10-4　板钢筋表示方法

简支板下部受拉，故把钢筋配在板底（图 10-6）；悬挑板上部受拉，故把钢筋配在板顶（图 10-7）；图 10-5 和图 10-8 为施工现场图。

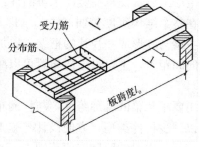

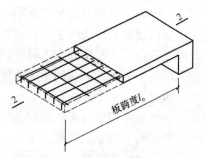

图 10-5 板钢筋支撑　　　　图 10-6 板底钢筋示意　　　　图 10-7 板顶钢筋示意

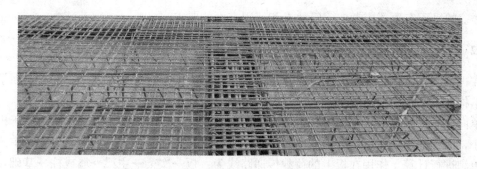

图 10-8 板顶负筋"隔一布一"方式配置

现浇楼（屋）面板中受力钢筋的直径宜符合表 10-1 的规定。

表 10-1 单向或双向板受力钢筋的直径（mm）

直径	板厚（mm）		
	$h<100$	$100\leqslant h\leqslant150$	$h>150$
最小	6	8	10
常用	6～10	8～12	10～16

受力钢筋的间距宜符合表 10-2 的规定。

表 10-2 现浇板受力钢筋的间距（mm）

间距	板厚 $h\leqslant150mm$	板厚 $h>150mm$
最大	200	$1.5h$ 及 250 中的较小者
最小	70	70

10.2 单向板肋梁楼盖设计

单向板肋梁楼盖以其传力明确、计算简单、荷载不大时相对较经济而被广泛应用于一般工业与民用建筑的楼、屋面。其设计步骤为：① 结构布置；② 内力计算；③ 配筋；④ 绘制施工图。本书按此顺序讲解单向板设计。

10.2.1　单向板肋梁楼盖结构布置

单向板肋梁楼盖由板、次梁、主梁组成，支承在竖向承重的柱或墙上。

单向板肋梁楼盖的主梁宜布置在整个结构刚度较弱的方向（即垂直于纵墙的方向），这样可使截面较大、抗弯刚度较好的主梁与柱形成一片片的框架，以加强承受水平作用力时的侧向刚度。当柱的横向间距大于纵向间距时，主梁沿纵向布置可以减小主梁的截面高度，增大室内净高。

梁格布置应综合考虑房屋的使用要求和梁的合理跨度，与柱网布置统一考虑。梁格及柱网布置应力求简单、规整、统一，以减少构件类型，方便设计与施工。

通常单向板的跨度取值范围 2～3m；次梁的跨度取值范围 4～6m；主梁的跨度取值范围5～8m 为宜。

楼盖的平面布置还应考虑建筑效果和使用方面的要求。

10.2.2　单向板肋梁楼盖的计算简图

在进行结构分析之前，应先对实际结构受力情况进行分析。通常忽略一些次要因素，对实际结构加以简化，抽象为某一计算简图，据此进行内力计算。

单向板肋梁楼盖的板、次梁、主梁和柱均整浇在一起，形成一个复杂体系。由于板的刚度最小，次梁的刚度又比主梁的刚度小很多，则整个楼盖体系可分解为板、次梁、主梁三类构件单独进行计算。作用在板上的荷载传递路线为：板→次梁→主梁→墙或柱→基础，或板（次梁或主梁）→墙体→基础。

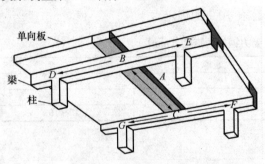

图 10-9[20]　单向板的计算单元

根据各构件的刚度以及荷载的传递路线，可作如下简化：

（1）对于单向板，可取单位板宽（$b=1000mm$）作为计算单元（图 10-9），计算简图可取以次梁为铰支座的"连续梁"［图10-10 (b)］。

（2）次梁的计算简图可取以主梁为铰支座的"连续梁"，其荷载包括楼板传来的荷载和次梁自重，均按均布荷载考虑［图 10-10(c)］。

（3）当主梁与柱整体浇筑时，梁与柱组成一个整体，其内力可按刚架计算；如果梁的抗弯刚度比柱的抗弯刚度大很多时（如主梁与柱的线刚度比大于 3），可将主梁视为铰支于柱上的连续梁计算。主梁承受次梁传来的集中力及主梁的自重。通常主梁自重较次梁传来的荷载小很多，为简化计算，可将其换算成集中荷载一起计算［图 10-10 (d)、(e)］。

楼板传给次梁以及次梁传给主梁的荷载分别是楼板和次梁的支座反力。但为了简化计算，在确定次梁和主梁所承受的荷载时，可不考虑构件的连续性，按简支构件分别计算楼板传给次梁以及次梁传给主梁的荷载，即按其负荷面积计算荷载 ［图 10-10 (a)］。

单向板肋梁楼盖的计算简图中，两相邻支座中心线间的距离 l_0 称为计算跨度。从理论上来说，计算跨度 l_0 是两端支座处转动点之间的距离。当按弹性理论计算连续梁内力时，

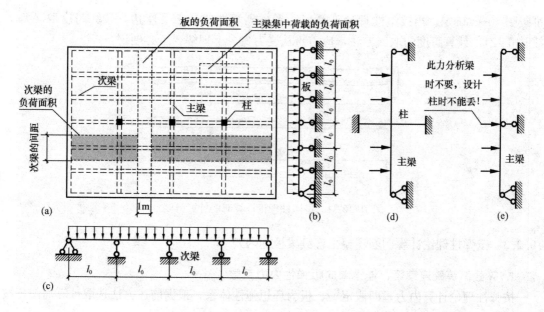

图 10-10[26]   单向板肋梁楼盖的计算简图

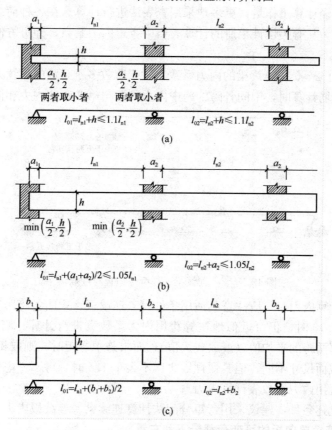

图 10-11[20]   按弹性理论计算时的计算跨度

（a）支撑于墙上的单向板；（b）支撑于墙上的梁；

（c）与次梁整浇的单向板和与主梁整浇的次梁

可按图 10-11 确定。当按塑性理论计算时，考虑到塑性铰位于支座边，计算跨度取净跨 l_n（图 10-12）。计算跨度的取值方法，应着重从受力概念上理解，不必硬记。

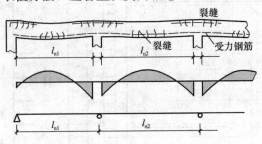

图 10-12[20]　按塑性理论计算时的计算跨度

10.2.3　按弹性理论计算钢筋混凝土连续梁板的内力

1. 等截面等跨连续梁、连续单向板弹性内力系数

按弹性理论计算内力，即假定梁、板为理想弹性体系，根据前述方法选取计算简图，按结构力学的方法进行内力计算。

设计时为了减轻计算工作量，更多地采用查表法进行计算。在各种荷载作用下的等跨连续梁和连续单向板，从有关设计手册的计算表格中查得内力系数，即可方便地算得各截面的弯矩值和剪力值。

附录 C1 给出了 2～5 跨连续梁的内力系数。对于跨数多于 5 跨的连续梁或板，可近似地按 5 跨计算；在配筋计算时，中间各跨的跨中内力可取与第 3 跨的内力相同。

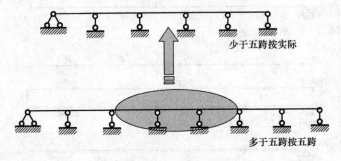

图 10-13[26]　连续梁、连续单向板跨度取值

当用查表法计算内力时，应注意其适用条件。若连续板、梁的各跨跨度不等，但长跨和短跨的比值小于 1.10 时，仍可近似地按等跨用内力系数表进行计算。当求支座负弯矩时，计算跨度可取相邻两跨的平均值（或取较大值）；而求跨中弯矩时，则取相应跨的计算跨度。若各跨板厚、梁截面尺寸不同，但其惯性矩之比不大于 1.5 时，可不考虑构件刚度的变化对内力的影响，仍可用内力系数表计算内力。

若是不满足上述条件，建议采用弯矩分配法计算连续梁、连续板内力。

2. 连续梁和连续单向板的可变荷载最不利布置

楼盖所受荷载包括永久荷载和可变荷载两部分，其中可变荷载（或称活荷载）的位置是变化的。

对于单跨梁（板），显然是全部永久荷载和可变荷载同时作用时将产生最大内力；但对于多跨连续梁（板）的某一指定截面而言，当所有荷载同时满布梁（板）上时，引起的内力未必最大。欲使设计的连续梁（板）在各种可能的荷载布置下都能可靠使用，就必须求出在各截面上可能产生的最不利内力，即必须考虑可变荷载的最不利布置。

图 10-14 所示为 5 跨连续梁在不同跨布置荷载时梁的弯矩图和剪力图，从中可以看出一些变化规律。如：当可变荷载作用在某跨时，该跨跨中为正弯矩，邻跨跨中弯矩为负弯矩，然后正负弯矩相间。由此，不难总结出连续梁（板）可变荷载最不利布置的原则。其原则如下：

（1）欲求结构某跨跨内截面最大正弯矩，除恒荷载作用外，应在该跨布置活荷载，然后向两侧隔跨布置活荷载，如图 10-15（a）、（b）所示。

（2）欲求结构某跨跨内截面最大负弯矩（绝对值），除恒荷载作用外，应在该跨不布置活荷载，而在相邻两跨布置活荷载，然后向两侧隔跨布置活荷载，如图 10-15（a）、（b）所示。

（3）欲求结构某支座截面最大负弯矩（绝对值），除恒荷载作用外，应在该支座相邻两跨布置活荷载，然后向两侧隔跨布置活荷载，如图 10-15（c）、（d）、（e）、（f）所示。

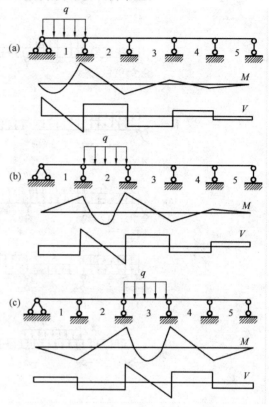

图 10-14[26]　荷载不同跨间布置时连续梁的内力图

（4）欲求结构边支座截面最大剪力，除恒荷载作用外，其活荷载布置与求该跨跨内截面最大正弯矩时活荷载布置相同，如图 10-15（a）所示。当欲求结构中间跨支座截面最大剪力时，其活荷载布置与求该支座截面最大负弯矩（绝对值）时活荷载布置相同，如图 10-15（c）、（d）、（e）、（f）所示。

一般对于 N 跨连续梁有 N+1 种最不利荷载组合。

结构分析还表明：对于等跨度、等截面和相同均布荷载作用下的连续梁（如图 10-15 所示五跨连续梁），边跨跨内截面最大正弯矩 $M_{1,max}$，$M_{5,max}$ 为各跨跨内截面最大正弯矩之极值；边跨的第一内支座截面最大负弯矩（绝对值）$M_{B,max}$，$M_{E,max}$ 为各支座截面最大负弯矩（绝对值）之极值；边跨的第一内支座截面最大剪力 $V_{B左,max}$，$V_{E右,max}$ 为各支座截面最大剪力之极值。

3. 内力包络图

将所有活荷载不利布置情况的内力图与恒载的内力图叠加，并将这些内力图全部叠画在一起，其外包线就是内力包络图。它反映出各截面可能产生的最大内力值，是设计的依据。如：弯矩包络图是计算和布置纵筋的依据，要求抵抗弯矩图应包住弯矩包络图；剪力包络图是计算和布置腹筋的依据，要求抵抗剪力图应包住剪力包络图。

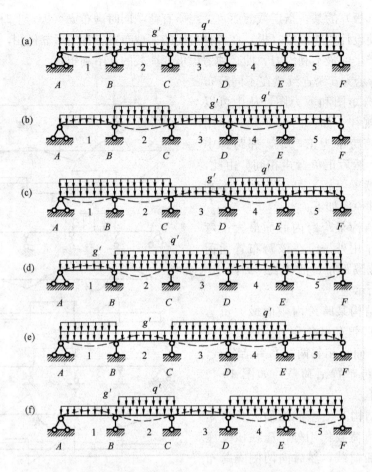

图 10-15[28]　连续梁（板）最不利荷载布置

弯矩包络图的绘制如图 10-16 所示。

4. 连续梁和单向连续板的折算荷载

在将单向板和次梁简化为连续梁的计算模型中，支座均简化为理想铰结，梁在支座上可自由转动。而实际结构中，单向板与次梁整浇，次梁与主梁整浇，次梁对板有弹性约束作用，主梁对次梁也有弹性约束作用。如果考虑次梁的扭转刚度对板在支座截面处转动的约束作用，实际支座转角 θ_a 将小于计算简图中简化为铰支座时的转角 θ_c ［图 10-17（b）、(c)］，其效果相当于降低了板的跨中弯矩值。类似的情况也不同程度地发生在次梁与主梁之间。要精确地考虑这种由计算简图带来的计算差异是比较复杂的，实际应用中可近似地采取减小可变荷载、加大永久荷载的方法，即以折算荷载代替实际的计算荷载 ［图 10-17（a）、（d）］。对于板和次梁，折算荷载取为：

板　　　　　　折算恒载 $g' = g + \dfrac{q}{2}$，折算活载 $q' = \dfrac{q}{2}$

次梁　　　　　折算恒载 $g' = g + \dfrac{q}{4}$，折算活载 $q' = \dfrac{3}{4}q$

当板或梁支承在砖墙（或砖柱或钢结构）上时，不需要对荷载进行调整；主梁按连续梁计算时，当柱的刚度较小时，荷载也不折算。

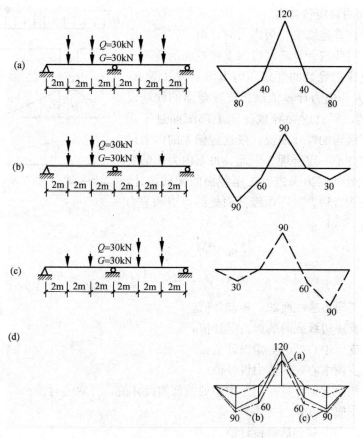

图 10-16[20]　弯矩包络图的绘制

（a）中间支座最大负弯矩；（b）第一跨跨中最大负弯矩；

（c）第二跨跨中最大负弯矩；（d）弯矩包络图

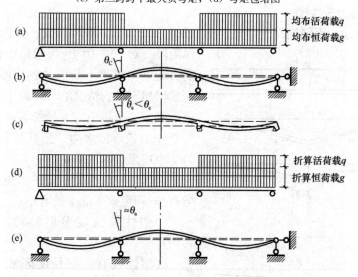

图 10-17[20]　支座梁抗扭刚度的影响

（a）实际荷载；（b）理想铰支座连续梁变形；（c）实际连续梁变形；（d）折算荷载；

（e）折算荷载作用下按理想铰支座连续梁计算得到的变形

5. 控制截面的弯矩和剪力

按弹性理论计算连续梁、板内力时，由于实际支座有一定的宽度，因此按计算跨度得到支座截面的弯矩和剪力值比实际支座边缘处的弯矩和剪力值要大（图 10-18）。尽管按偏大的内力计算值进行支座截面的配筋设计是偏于安全的，但有时会导致支座上部配筋过于密集，而对于抗震结构的设计来说，按这种偏大的内力进行配筋设计有时并不一定合理。因此，根据内力图的变化确定支座边缘处的内力来进行支座截面的配筋设计，不仅经济，也更为合理。支座边缘截面处的弯矩和剪力设计值可近似按下式计算：

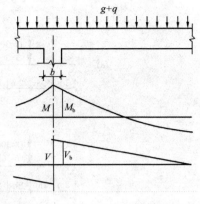

图 10-18[20]　支座截面的弯矩和剪力

$$M_b = M - \frac{V_0 b}{2} \tag{10-1}$$

$$V_b = V - \frac{(g+q)b}{2} \tag{10-2}$$

式中　　M_b ——支座边缘截面的弯矩设计值；

$\quad\quad V_b$ ——支座边缘截面的剪力设计值；

$\quad\quad M$ ——支座中心处的弯矩设计值；

$\quad\quad V$ ——支座中心处的剪力设计值；

$\quad\quad V_0$ ——按简支梁计算的支座中心处的剪力设计值，并取绝对值；

$\quad\quad b$ ——支座宽度；

$\quad\quad g$、q ——均布恒载和活载设计值。

10.2.4　按塑性理论计算钢筋混凝土连续梁板的内力

1. 钢筋混凝土塑性铰

对于配筋合适的钢筋混凝土梁，其受力分为 3 个阶段：弹性阶段、带裂缝工作阶段和破坏阶段。对于图 10-19 所示跨中集中荷载作用下的简支梁，当跨中截面达到屈服弯矩 M_y 后，在荷载增加不多的情况下，在跨中"屈服"截面附近形成了一个集中的可持续转动变形的区域，相当于一个铰，称之为"塑性铰"。塑性铰与结构力学中理想铰的区别是：

①塑性铰能承受一定的弯矩（近似等于极限弯矩），理想铰不能承担弯矩；

②塑性铰仅能单向转动，理想铰能双向转动；

③塑性铰有一定长度区域，理想铰集中于一点；

④塑性铰转动能力有一定限度，理想铰的转动没有限度。

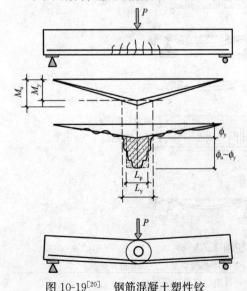

图 10-19[20]　钢筋混凝土塑性铰

截面屈服曲率 ϕ_y 随配筋率增加略有增加，而截面极限曲率 ϕ_u 则随配筋率增加很快减小。当达到最大配筋率时（即界限配筋率），受拉钢筋屈服的同时压区混凝土压坏，即 $\phi_u = \phi_y$，这时塑性转动能力很小。

塑性铰的转动能力取决于截面屈服后的曲率增量 $(\phi_u - \phi_y)$ 和塑性铰转动区域的长度 L_p。塑性铰转动区域的长度 L_p 与荷载作用形式和截面有效高度有关。对于图 10-19 所示跨中集中荷载作用下的简支梁，塑性铰的转动能力可对跨中截面达到极限曲率时跨中附近超过屈服弯矩区域内的曲率 $(\phi - \phi_y)$ 积分，即图 10-19 中的阴影面积：

$$\theta_u = \int_0^{L_y} (\phi - \phi_y)\,\mathrm{d}x \tag{10-3}$$

式中 L_y——跨中附近超过屈服弯矩区域的长度。

为简化计算，可近似取名义塑性铰转动区域长度 L_p，在该长度范围内认为均达到极限曲率 ϕ_u。因此上式可表示为：

$$\theta_u = (\phi_u - \phi_y)L_p \tag{10-4}$$

式（10-4）为图 10-19 中的虚线所围梯形部分的面积。根据试验研究，塑性铰名义长度 L_p 在 1.0～1.5 倍截面高度范围，即 $L_p = (1.0 \sim 1.5)h$。由式（10-4）可知，塑性铰的极限转动能力 θ_u 主要取决于 ϕ_u，也即取决于配筋率和受拉钢筋的延伸率。

2. 连续梁和连续单向板的塑性内力重分布

图 10-20 为按图 10-16 所示的弯矩包络图进行配筋，则跨中极限（正）弯矩 $M_{1u} =$

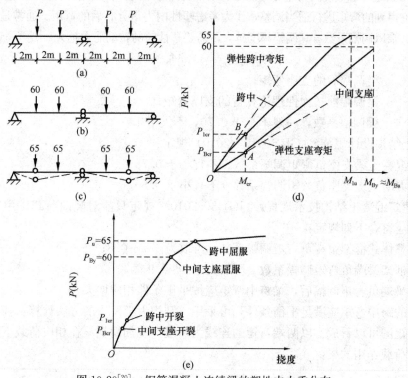

图 10-20[20] 钢筋混凝土连续梁的塑性内力重分布
（a）近似弹性受力阶段；（b）中间支座屈服；（c）跨中截面屈服；
（d）荷载-截面弯矩关系；（e）荷载-挠度曲线

90kN·m，中间支座极限（负）弯矩 $M_{Bu}=120$kN·m，近似取截面的屈服弯矩等于极限弯矩，即 $M_{1y}=M_{1u}=90$kN·m，$M_{By}=M_{Bu}=120$kN·m。同时，假定该连续梁为等截面，跨中和支座截面的开裂弯矩相同，记为 M_{cr}。下面分析该梁的加载受力过程（4 个荷载点同时加载），以说明钢筋混凝土连续梁的塑性内力重分布的概念。

开始加载时，内力分布可按等刚度梁用弹性理论计算。当荷载增加至 P_{Bcr} 时，中间支座首先达到开裂弯矩 M_{cr}，连续梁的刚度发生变化；当荷载增加至 P_{1cr} 时，跨中弯矩也达到开裂弯矩 M_{cr}，连续梁的刚度又一次发生变化。在这个阶段，沿整个连续梁的抗弯刚度变化不是很大，实际内力分布与弹性内力分布相近 [图 10-20（d）、（e）]。

当荷载达到 60kN 时，中间支座的弯矩为 120kN，其受拉钢筋屈服，形成塑性铰 [图 10-20（b）]。计算简图由两跨连续梁变成两个独立的简支梁，但仍是静定结构，仍可以承担荷载。再增加荷载时，由两个独立的简支梁承担，中间支座的弯矩维持 120kN 不变。荷载增加 5kN 时，简支梁跨中弯矩为 10kN，加上第一个计算简图的跨中弯矩 80kN [图 10-20（a）]，跨中最大弯矩共计 90kN，跨中也形成塑性铰 [图 10-20（c）]，至此，该结构变成一个几何可变体系。

以上的分析过程是《结构力学》里极限荷载的概念。超静定结构达到承载能力极限状态的标志不是一个截面达到屈服，而是出现足够多的塑性铰，使结构形成破坏机构。当超静定结构出现第一个塑性铰后，计算简图发生变化，结构的内力不再满足弹性性质，这种现象被称为"塑性内力重分布"。

3. 连续梁和连续单向板的弯矩调幅法

弯矩调幅法是考虑塑性内力重分布确定连续梁设计弯矩的一种实用计算方法，其基本概念是将按弹性理论得到的弯矩进行适当调整，作为考虑塑性内力重分布后的弯矩。通常是对支座的弯矩进行调幅，乘以调幅系数 β。调幅幅度越大，需要塑性铰的转动能力越大，裂缝宽度也越大。

$$M_{Bu}=\beta \times M_{Be} \tag{10-5}$$

式中　　M_{Bu}——梁调幅后的支座弯矩；

　　　　M_{Be}——梁调幅前按弹性理论算得的支座弯矩；

　　　　β——梁调幅系数，一般不小于 0.70，不大于 1.0。

《混凝土结构设计规范》（GB 50010—2010）规定：

①钢筋混凝土梁支座负弯矩调幅系数 β 不宜小于 0.75；

②钢筋混凝土板支座负弯矩调幅系数 β 不宜小于 0.80。

《高层建筑混凝土结构技术规程》（JGJ 3—2010）规定只能对竖向荷载作用下的梁端弯矩调幅，并应符合下列规定：

①装配整体式框架梁端负弯矩调幅系数 β 可取为 0.7～0.8；

②现浇框架梁端负弯矩调幅系数 β 可取为 0.8～0.9；

③框架梁端负弯矩调幅后，梁跨中弯矩应按平衡条件相应增大。

调幅后的跨中弯矩应满足平衡条件，可采用《结构力学》里的方法计算：任何一段等截面直杆的弯矩图可以看成：以两端弯矩的连线为基线，叠加简支梁在相应荷载下的弯矩图。

受均布荷载作用的梁：

$$M_{中}=\frac{1}{8}ql_0^2-\frac{1}{2}(M_{左}+M_{右}) \tag{10-6}$$

式中　　$M_中$——梁调幅后的跨中弯矩；

$M_左$——梁调幅后的左支座弯矩；

$M_右$——梁调幅后的右支座弯矩；

q——梁上的线荷载。

受集中荷载作用的梁（图 10-21）：

第 1 集中荷载作用下的弯矩：$M_1 = Pa - \dfrac{1}{3}M_{Bu}$；

第 2 集中荷载作用下的弯矩：$M_2 = Pa - \dfrac{2}{3}M_{Bu}$。

图 10-20 调幅前后弯矩如图 10-22 所示。

在以上例子中，跨中截面和支座截面的配筋是根

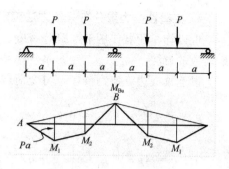

图 10-21[20]　跨中弯矩的确定

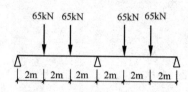

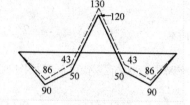

图 10-22　调幅前后弯矩图（调幅系数 $\beta = 0.92$）

据图 10-16 的弯矩包络图确定的，各自所采用的设计弯矩值对应的不是同一工况。如果该梁仅有一种工况，理论上跨中和支座将同时达到极限弯矩而形成塑性铰，不会产生塑性内力重分布。采用弯矩调幅法，使支座负弯矩降下来，可以有效解决梁端配筋困难、不便施工的问题，使施工质量得到保证。

将图 10-16（d）的支座弯矩调幅系数取 0.9，调幅后支座弯矩降为 108kN·m，跨中弯矩相应增加，变为 84kN·m 和 48kN·m，如图 10-23 所示。

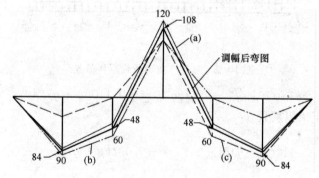

图 10-23　图 10-16 调幅后的弯矩图（调幅系数 $\beta = 0.9$）

采用弯矩调幅法设计时，应避免在其他截面尚未形成塑性铰时，支座截面的塑性铰已"过早"的发生混凝土压碎而导致结构破坏，故塑性铰应有足够的转动能力。由式（10-4）可知：随着配筋率 ρ_s 的提高，或随着截面受压区相对高度 $\xi = x/h_0$ 的提高，塑性铰的转动能力不断下降。《混凝土结构设计规范》（GB 50010—2010）规定：弯矩调整后的梁端截面相对受压区高度 ξ 不应超过 0.35，且不宜小于 0.10。

有些构件不宜采用调幅法，例如，对于直接承受动力荷载的构件、要求不出现裂缝的构件以及侵蚀气体、液体作用的构件等。

4. 按塑性内力重分布分析方法确定内力系数

现以均布荷载作用下 5 跨等跨度、等截面连续板为例，说明采用弯矩调幅法求解截面弯矩系数的方法。

设连续板边支座为铰接，可变荷载与永久荷载比值 $q/g = 3$。

$$g + q = \frac{4}{3}q，则 q = \frac{3}{4}(g+q)$$

$$g + q = 4g，则 g = \frac{1}{4}(g+q)$$

折算永久荷载 $\qquad\qquad g' = g + \frac{q}{2} = \frac{5}{8}(g+q)$

折算可变荷载 $\qquad\qquad q' = \frac{q}{2} = \frac{3}{8}(g+q)$

(1) 第 1 跨跨中弯矩荷载不利布置如图 10-24 所示。

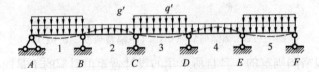

图 10-24　第 1 跨跨中弯矩荷载不利布置

查附录 C-4，$M_1 = 0.078g'l_0^2 + 0.100q'l_0^2 = 0.086(g+q)l_0^2$。

(2) B 支座弯矩荷载不利布置如图 10-25 所示。

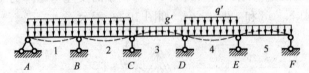

图 10-25　B 支座弯矩荷载不利布置

查附录 C-4，$M_B = -0.105g'l_0^2 - 0.119q'l_0^2 = -0.110(g+q)l_0^2$。

取 B 支座的弯矩调幅系数 $\beta = 0.83$，

$$M'_B = -0.110(g+q)l_0^2 \times 0.83 = -0.091(g+q)l_0^2 = \frac{1}{11}(g+q)l_0^2$$

调幅后第 1 跨的跨中弯矩：

$$M'_1 = \frac{1}{8}(g+q)l_0^2 - \frac{1}{2}|M'_B| = 0.080(g+q)l_0^2$$

(3) 第 1 跨的跨中弯矩取荷载不利布置和塑形调幅后的较大值，即：

$$M_1 = \max(0.086, 0.080)(g+q)l_0^2 = 0.086(g+q)l_0^2 \approx \frac{1}{11}(g+q)l_0^2$$

其余截面的弯矩可按类似的方法求得。

为了方便工程计算，把内力系数制成表格查阅。

$$M = \alpha_M(g+q)l_0^2 \tag{10-7}$$
$$V = \alpha_V(g+q)l_n \tag{10-8}$$

式中　l_0——梁、板结构的计算跨度；

　　　l_n——梁、板结构的净跨；

　α_M，α_V——梁、板结构的弯矩及剪力计算系数，见表 10-3 和表 10-4；

　　g，q——梁、板结构的恒载及活载设计值。

表 10-3　次梁和单向板的弯矩系数 α_M

支承情况		截面位置					
		端支座	边跨跨中	离端第二支座	离端第二跨跨中	中间支座	中间跨跨中
		A	1	B	2	C	3
梁、板搁支在墙上		0	$\frac{1}{11}$				
板 梁	与梁整浇连接	$-\frac{1}{16}$ $-\frac{1}{24}$	$\frac{1}{14}$	2 跨连续： $-\frac{1}{10}$ 3 跨以上连续： $-\frac{1}{11}$	$\frac{1}{16}$	$-\frac{1}{14}$	$\frac{1}{16}$
与梁或柱整浇连接		$-\frac{1}{16}$	$\frac{1}{14}$				

表 10-4　次梁的剪力系数 α_V

支承情况	截面位置				
	端支座内侧 A_{in}	离端第二支座		中间支座	
		外侧 B_{ex}	内侧 B_{in}	外侧 C_{ex}	内侧 C_{in}
搁支在墙上	0.45	0.60	0.55	0.55	0.55
与梁或柱整浇连接	0.50	0.55			

表 10-3 和表 10-4 中的弯矩系数 α_M 和剪力系数 α_V 是根据 5 跨等跨、等截面连续梁、连续板，活载设计值和恒载设计值的比值 $q/g = 3$，弯矩调幅系数 β 为 0.8 左右时确定的。如果结构荷载 $\frac{q}{g} = \frac{1}{3} \sim 5$，结构跨数大于或小于 5 跨，各跨跨度相对差值小于 10％ 时，上述系数 α_M 和 α_V 原则上仍可适用。但对于超出上述范围的连续梁、板，结构内力应按考虑塑性内力重分布的分析方法自行调幅计算，并确定结构内力包络图[27]。表 10-3 和表 10-4 的内容如图 10-26 所示。

10.2.5　单向板肋梁楼盖的截面设计与配筋构造

1. 荷载

（1）板上的荷载

① 永久荷载亦称恒载，它是在结构使用期间基本不变的荷载，如结构自重、构造层重量等。

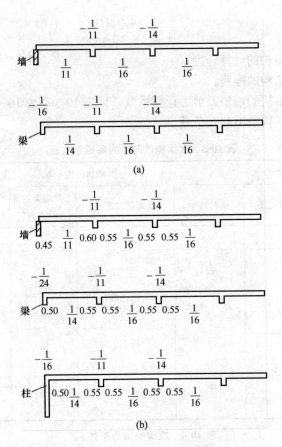

图 10-26[20] 单向板、次梁的弯矩系数和剪力系数

（a）单向板的弯矩系数 α_M；（b）次梁的弯矩系数 α_M 和剪力系数 α_V

② 可变荷载也称活荷载，它是在结构使用期间，时有时无可变作用的荷载，如楼面活荷载（包括人群、家具及可移动的设备）、屋面活荷载、积灰荷载和雪荷载等。

永久荷载一般为均布荷载，如结构自重标准值可根据板的几何尺寸求得；而可变荷载的分布通常是不规则的，一般均折合成等效均布荷载计算，其标准值可由《建筑结构荷载规范》（GB 5009—2012）查得。

（2）次梁上的荷载

作用在次梁上的荷载有次梁的自重和板传来的荷载。计算板传来的荷载时，可忽略板的连续性，即次梁两侧板跨上的荷载各有一半传给次梁。

（3）主梁上的荷载

主梁除承受自重和直接作用在主梁上的荷载外，主要是承受由次梁传递过来的集中荷载。对多跨次梁，计算时可不考虑次梁的连续性，即按简支梁的反力作用在主梁上。因为主梁的自重相对次梁传给它的荷载而言比较小，为了简化计算，可将主梁自重折算为集中荷载。

2. 连续板的弯矩折减

对与梁整体连接的连续板，在正弯矩作用下跨中截面在下部开裂，在负弯矩作用下支座截面在上部开裂（图 10-27），由于梁在水平方向对板的约束而在板跨内形成内拱，内拱结构以轴心压力形式直接传递一部分竖向荷载，使板的弯矩相应减小。

　　为了考虑这种有利的影响，按塑性计算得到的弯矩值，可根据梁对板的约束情况而予以折减，折减系数为 0.8（图 10-28）。对于整体式单向板周边（或仅一边）支承在砖墙上的情况，由于内拱作用不够可靠，故内力计算时不考虑拱作用。

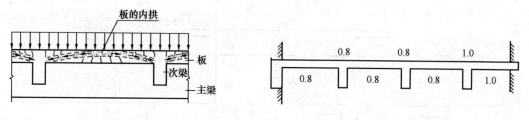

図 10-27　单向连续板的拱作用　　　　図 10-28[26]　单向连续板的弯矩折减系数

3. 板的配筋

　　在求得板各跨跨中及各支座截面的弯矩设计值后，可按《混凝土结构设计规范》（GB 50010—2010）计算板的正截面承载力。对单向板，短跨方向的配筋由计算确定，长跨方向的配筋按构造要求确定。

　　板的截面尺寸一般均能满足斜截面抗剪承载力的要求，因此对板只需进行正截面受弯承载力计算。

　　计算截面宽度：$b=1000$mm；

　　截面高度：$h=$板厚；

　　截面的有效高度：$h_0=h-20$mm（一类环境，C30 及其以上混凝土）；

　　根据各跨中及支座截面的弯矩采用列表法配筋。

　　（1）连续板的配筋方案

　　连续板的配筋方案有两种：弯起式和分离式。

　　连续板采用弯起式配筋方案时：首先确定板底钢筋直径和间距，然后由支座两侧板底各弯起一半钢筋（每隔一根弯起一根），最后凑支座截面钢筋截面面积。

　　连续板采用分离式配筋方案时：各自确定板底和支座配筋。分离式配筋方案因设计和施工简单而受到工程界的欢迎。

　　（2）板中受力钢筋的构造要求

　　1）当采用分离式配筋时，板底钢筋宜全部伸入支座。

　　2）简支板或连续板下部纵向受力钢筋伸入支座的锚固长度不应小于钢筋直径的 5 倍，且宜伸过墙或梁中心线 ［图 10-29（a）］。当连续板内温度、收缩应力较大时，伸入支座的长度宜适当增加。

　　3）现浇板的搁置长度：在砖砌体上时不小于 120mm，且不小于板的厚度 ［图 10-29（a）］；在混凝土构件上时不小于 80mm；在钢构件上时不小于 50mm。

　　4）板面负筋的截断位置如图 10-29 所示。

4. 梁的配筋

　　（1）截面

　　考虑到梁与板整体浇注，板可作为次梁的翼缘共同受力，因此跨中截面在正弯矩作用下，按 T 形（或倒 L 形）截面计算，翼缘宽度按《混凝土结构设计规范》（GB 50010—2010）计算；支座截面在负弯矩作用下，上侧混凝土受拉开裂，不参与计算，有没有翼缘都

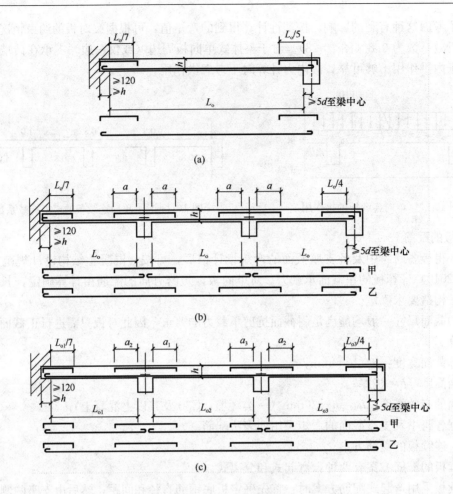

图 10-29[14]　单向板配筋

（a）单跨板；（b）等跨连续板；（c）不等跨连续板（当跨度相差≤20%时）

注：1. 当 $Q_k \leqslant 3G_k$ 时：$a = L_0/4$，$a_1 = L_{01}/4$，$a_2 = L_{02}/4$，$a_3 = L_{03}/4$；

　　当 $Q_k > 3G_k$ 时：$a = L_0/3$，$a_1 = L_{01}/3$，$a_2 = L_{02}/3$，$a_3 = L_{03}/3$；

　　式中　Q_k——可变荷载的标准值；

　　　　　G_k——永久荷载的标准值。

2. 板下部受力钢筋，可根据钢筋实际长度采用甲或乙的配筋形式。

3. 当跨度相差>20%时，上部受力钢筋伸过支座边缘的长度 a 值应按弯矩图形确定。

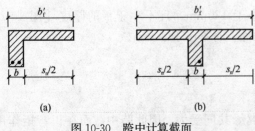

图 10-30　跨中计算截面

（a）边梁；（b）中间梁

一样，故支座截面按矩形截面计算，如图 10-30 所示。

（2）主梁有效高度

在节点处，主、次梁（或纵、横向梁）和板的钢筋相互交叉，如图 10-31 所示。

计算主梁支座截面负弯矩钢筋时，要注意由于钢筋的先后次序导致的主梁有效高度的减小：先放板纵筋，然后是次梁纵筋，最后才是主梁纵筋（图10-32）。一类环境时，主梁支座截面的有效高度 h_0 取值如下：

图 10-31　节点钢筋（该图片来自网络）

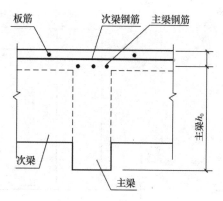

图 10-32　主梁支座处截面的有效高度

单排钢筋：$h_0 = h - 55\text{mm}$；

双排钢筋：$h_0 = h - 80\text{mm}$。

（3）梁钢筋的截断长度

梁正弯矩图的范围比较大，受拉区几乎覆盖整个跨度，故梁底纵筋不宜截断。梁负弯矩图的范围比较小，受拉区比较短，故梁顶纵筋往往采用截断的方式来减少纵筋的数量。

从该钢筋充分利用的截面起到截断点的长度，称为"伸出长度"；从不需要该钢筋的截面起到截断点的长度，称为"延伸长度"。梁顶面钢筋的截断位置应满足包络图、材料图及锚固的要求。《混凝土结构设计规范》（GB 50010—2010）规定：梁支座截面负弯矩纵向受拉钢筋不宜在受拉区截断，当需要截断时，应符合以下规定：

① 当 V 不大于 $0.7f_t bh_0$ 时，应延伸至按正截面受弯承载力计算不需要该钢筋的截面以外不小于 $20d$ 处截断，且从该钢筋强度充分利用截面伸出的长度不应小于 $1.2l_a$ [图 10-33（a）]；

② 当 V 大于 $0.7f_t bh_0$ 时，应延伸至按正截面受弯承载力计算不需要该钢筋的截面以外不小于 h_0 且不小于 $20d$ 处截断，且从该钢筋强度充分利用截面伸出的长度不应小于 $1.2l_a$ 与 h_0 之和；

③ 若按本条第①、②款确定的截断点仍位于负弯矩对应的受拉区内，则应延伸至按正截面受弯承载力计算不需要该钢筋的截面以外不小于 $1.3h_0$ 且不小于 $20d$ 处截断，且从该钢筋强度充分利用截面伸出的长度不应小于 $1.2l_a$ 与 $1.7h_0$ 之和 [图 10-33（b）]。

实际工程往往是按照图集施工，11G101-1 把梁顶第一排钢筋在 $l_n/3$ 处截断，第二排钢筋在 $l_n/4$ 处截断。设计人员需验算此种截断方法是否满足要求，如不满足要求，则需另画钢筋截断详图。非框架梁（即次梁）梁顶纵筋截断位置见图集 11G101-1 第 86 页，如图 10-34 所示。

非抗震楼层主梁梁顶纵筋的截断位置见图集 11G101-1 第 81 页，如图 10-35 所示。

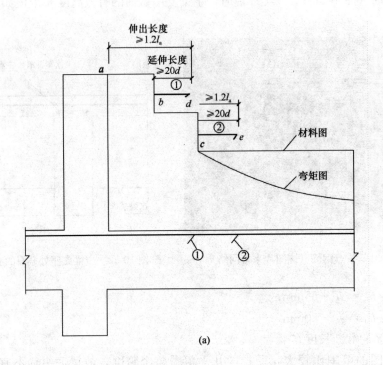

(a)

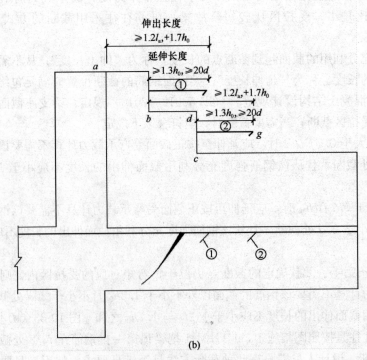

(b)

图 10-33[23]   负弯矩区段纵向钢筋的截断

(a) $V \leqslant 0.7 f_t b h_0$；(b) 截断点位于负弯矩受拉区

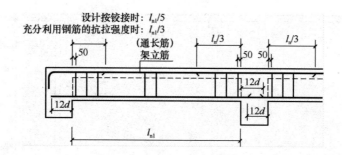

图 10-34[11]　次梁配筋构造

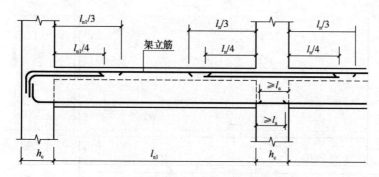

图 10-35[11]　非抗震楼层主梁纵向钢筋构造

10.3　单向板肋梁楼盖设计例题

某建筑屋面如图 10-36 所示，设计年限为 50 年，柱截面 400mm×400mm，屋面面层做法荷载为 1.72kN/m²，板底、梁侧抹灰 20mm（17kN/m³），雪载 0.25kN/m²，屋面活荷载 2.0kN/m²。

1. 结构布置

布置成单向板，如图 10-37 所示，板长边与短边之比：

$$\frac{6600}{2000} = 3.3 > 3$$

可按单向板设计。

2. 初选材料和截面尺寸

（1）材料：混凝土采用 C30，梁纵筋和板纵筋采用 HRB400，箍筋采用 HPB300。

（2）截面尺寸

主梁 KL1 按弹性设计：$l_0 = 6000\text{mm}$；

$h = \left(\frac{1}{10} \sim \frac{1}{18}\right) \times 6000 = 600 \sim 333\text{mm}$，取 $h = 400\text{mm}$，相当于 $\frac{l_0}{15}$；

$b = \left(\frac{1}{2} \sim \frac{1}{3}\right) \times 400 = 200 \sim 133\text{mm}$，考虑到梁宽不宜小于 200mm，取 $b = 200\text{mm}$；

主梁 KL2 参考 KL1 取 200mm×400mm；

次梁 L1 按塑性设计：$l_0 = l_n = 6600 - 100 = 6500\text{mm}$

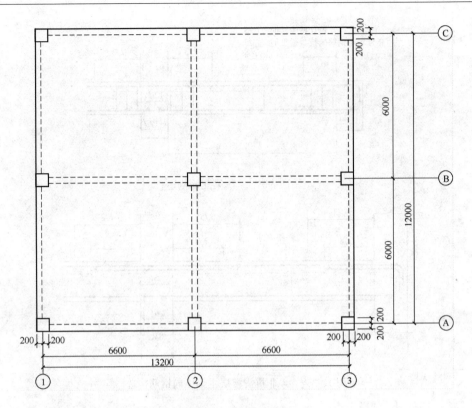

图 10-36　柱网布置图

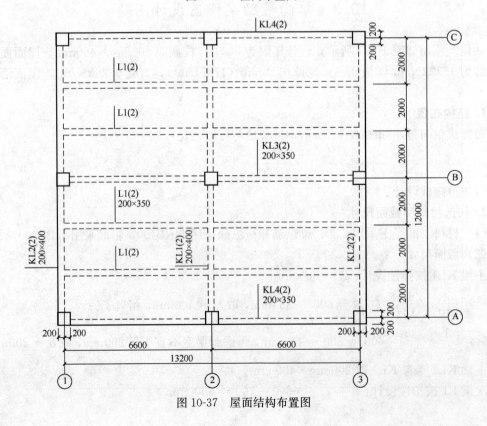

图 10-37　屋面结构布置图

$h = \left(\dfrac{1}{12} \sim \dfrac{1}{20}\right) \times 6500 = 542 \sim 325\text{mm}$，为方便施工，主、次梁高差至少为 50mm，取

$h = 350\text{mm}$，相当于 $\dfrac{l_0}{18.6}$；

取 $b = 200\text{mm}$；

KL3 和 KL4 参考 L1 取 200mm×350mm；

板按塑性设计：边跨：$l_{01} = l_n = 2000 - 100 = 1900\text{mm}$

中跨：$l_{02} = l_n = 2000 - 200 = 1800\text{mm}$

综合考虑变形、舒适度取 $h = \dfrac{1}{30} \times 1900 = 63\text{mm}$，取 $h = 80\text{mm}$，满足最小板厚的要求。

3. 板的设计（塑性）：取 1m 板带计算

板块划分如图 10-38 所示

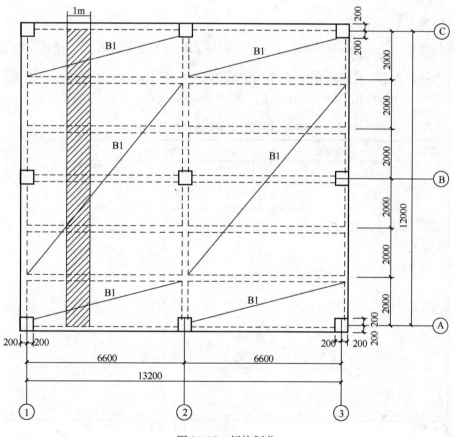

图 10-38 板块划分

1）统荷载

恒载标准值：

屋面面层做法	1.75kN/m²
80mm 厚钢筋混凝土板	0.08×25=2.00kN/m²
20mm 厚抹灰	0.02×17=0.34kN/m²

$g_k = 4.09\text{kN/m}^2$

活载标准值:

雪载和屋面活载不同时考虑,取较大值 $\qquad q_k = 2.0 \text{kN/m}^2$

荷载设计值:

可变荷载起控制作用的组合

$$g + q = 1.2 \times 4.09 + 1.4 \times 2 = 7.71 \text{kN/m}^2$$

永久荷载起控制作用的组合

$$g + q = 1.35 \times 4.09 + 1.4 \times 0.7 \times 2 = 7.48 \text{kN/m}^2$$

取较大值:$g + q = 7.71 \text{kN/m}^2$

$$\frac{1}{3} < \frac{q}{g} = \frac{1.4 \times 2}{1.2 \times 4.09} = 0.6 < 5$$

可以采用内力系数法计算板内力。

2)板配筋设计

(1)板受力筋

计算跨度差 $\frac{1900 - 1800}{1800} = 6\% < 10\%$,可以采用内力系数法计算,计算支座弯矩时取相邻两跨中的较大值,计算跨中弯矩时,取本跨跨度。偏于安全,不考虑内拱作用。

$b = 1000\text{mm}$,$h = 80\text{mm}$,$h_0 = 80 - 20 = 60\text{mm}$,$g + q = 7.71 \text{kN/m}$

表 10-5 板的受弯承载力及配筋计算

截面	端支座	离端第二支座	中间支座	边跨跨中	中间跨跨中
弯矩系数 α_M	$-\frac{1}{16}$	$-\frac{1}{11}$	$-\frac{1}{14}$	$\frac{1}{14}$	$\frac{1}{16}$
l_0 (m)	1.9	1.9	1.8	1.9	1.8
$M = \alpha_M(g+q)l_0^2$ (kN·m)/m	-1.74	-2.53	-1.78	1.99	1.56
$\alpha_s = \dfrac{M}{\alpha_1 f_c b h_0^2}$	0.0332	0.0491	0.0346	0.0386	0.0303
$\xi = 1 - \sqrt{1 - 2\alpha_s}$	0.0338	0.0504	0.0352	0.0394	0.0308
$\xi \leqslant \xi_b = 0.518$,为适筋梁;$\xi < 0.35$,满足塑性设计要求					
$A_s = \dfrac{\alpha_1 f_c b \xi h_0}{f_y}$ (mm²/m)	80	120	84	94	74
选配钢筋	$\Phi 8@200$(按构造要求选配的钢筋)				
实配钢筋面积(mm²/m)	251				
$\rho_{min} = \max\left(0.2\%, 0.45\dfrac{f_t}{f_y}\right) = \max(0.2\%, 0.18\%) = 0.2\%$,$A_{s,min} = \rho_{min}bh = 0.2\% \times 1000 \times 80 = 160\text{mm}^2$					

板如果要求满足 $\xi \geqslant 0.1$,将导致用钢量比按弹性方法计算的还多,这显然是不合理的。因此,板不考虑 $\xi \geqslant 0.1$ 的要求。

(2)板分布钢筋

$$\max(0.15A_s, 0.15\%bh)$$

$$= \max(0.15 \times 251, 0.15\% \times 1000 \times 80)$$

$$= \max(38, 120)$$

$$= 120 \text{mm}^2$$

按构造配筋：$\Phi 8@250$（$A_s = 201 \text{mm}^2$）。

（3）非受力边板顶钢筋

$$\max(\frac{1}{3} \times 201, \frac{1}{3} \times 251) = 84 \text{mm}^2$$

按构造配筋：$\Phi 8@200$（$A_s = 251 \text{mm}^2$）。

（4）板顶负筋的截断长度

$$\frac{q_k}{g_k} = \frac{2.0}{4.09} = 0.5 < 3$$

且跨差小于 20%，按构造截断。

① 支座负筋

端支座：$\dfrac{l_{01}}{4} = \dfrac{1900}{4} = 475 \text{mm}$，取 500mm。

中跨：$a_1 = \dfrac{l_{01}}{4} = \dfrac{1900}{4} = 475 \text{mm}$

$$a_2 = \frac{l_{02}}{4} = \frac{1800}{4} = 450 \text{mm}$$

为方便施工，统一取 500mm。

② 非受力边负筋

取受力方向计算跨度的 $\dfrac{1}{4}$，为 475mm 和 450mm，统一取 500mm。

板的配筋图如图 10-39 所示。

4. 次梁 L1 的设计（塑性）

1）统荷载

恒载标准值：

由板传来	$4.09 \times 2 = 8.18 \text{kN/m}$
次梁 L1 自重	$(0.35 - 0.08) \times 0.2 \times 25 = 1.35 \text{kN/m}$
L1 梁侧抹灰	$[(0.35 - 0.08) \times 2 + 0.2] \times 0.02 \times 17 = 0.25 \text{kN/m}$

$$g_k = 9.78 \text{kN/m}$$

活载标准值：

由板传来 $\qquad\qquad q_k = 2.0 \text{kN/m}^2 \times 2 = 4 \text{kN/m}$

荷载设计值：

可变荷载起控制作用的组合

$$g + q = 1.2 \times 9.78 + 1.4 \times 4 = 17.34 \text{kN/m}$$

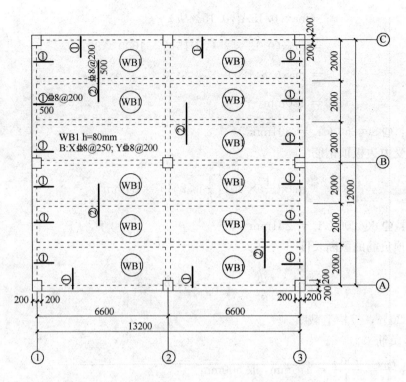

图 10-39　板配筋图（未注明分布钢筋为ϕ 8@250）

永久荷载起控制作用的组合

$$g+q = 1.35 \times 9.78 + 1.4 \times 0.7 \times 4 = 17.12 \text{kN/m}$$

取较大值：$g+q = 17.34 \text{kN/m}$

$$\frac{1}{3} < \frac{q}{g} = \frac{1.4 \times 4}{1.2 \times 9.78} = 0.5 < 5$$

可以采用内力系数法计算次梁 L1 内力。

2）L1 配筋设计

（1）正截面受弯承载力计算

跨中取 T 形截面，支座取矩形截面，计算过程见表 10-6。

按计算跨度 l_0 考虑　　　　$b'_f = l_0/3 = 6500/3 = 2167 \text{mm}$

按 L1 净距 s_n 考虑　　　　$b'_f = b + s_n = 200 + 1800 = 2000 \text{mm}$

按翼缘高度 h'_f 考虑　　　　$h'_f/h_0 = 80/310 = 0.26 > 0.1$，故 b'_f 不受此项限制。

b'_f 取上述三项中最小值，$b'_f = 2000 \text{mm}$。

先计算边跨跨中，其中

$$\alpha_s = \frac{M}{\alpha_1 f_c b'_f h_0^2}$$

$$A_s = \frac{\alpha_1 f_c b'_f \xi h_0}{f_y}$$

把梁底 2 ϕ 18 做成通长钢筋，为支座受压筋，$A'_s = 509 \text{mm}^2$，$a'_s = 39 \text{mm}$。计算支座配筋时，

$$\alpha_s = \frac{M - f'_y A'_s (h_0 - a'_s)}{\alpha_1 f_c b h_0^2}$$

$$A_s = \frac{M}{f_y (h_0 - a'_s)}$$

表 10-6 次梁 L1 正截面受弯承载力配筋设计

截面	边跨跨中	端支座	离端第二支座
计算截面	2000 / 80 / 350 / 200	350 / 200	350 / 200
弯矩系数 α_M	$\frac{1}{14}$	$-\frac{1}{24}$	$-\frac{1}{10}$
l_0 (m)	6.5	6.5	6.5
$M = \alpha_M (g+q) l_0^2$ (kN·m)	52.33	−30.52	−73.26
界限破坏时的受弯承载力 (kN·m)	617.76		
截面类型	第一类 T 形截面	—	—
α_s	0.0190	<0	0.0859
$\xi = 1 - \sqrt{1-2\alpha_s}$	0.0192		0.0899
$\xi \leq \xi_b = 0.518$，为适筋梁；$\xi < 0.35$，满足塑性设计要求			
$x = \xi h_0$ (mm)	6	$<2a'_s$	$28 < 2a'_s$
A_s (mm²)	473	313	751
选配钢筋	2Φ18	2Φ14	3Φ18
实配钢筋面积 (mm²)	509	308	763
所需最小截面宽度 (mm)	126	118	174

$\rho_{min} = \max\left(0.2\%, 0.45\frac{f_t}{f_y}\right) = \max(0.2\%, 0.18\%) = 0.2\%$，$A_{s,min} = \rho_{min} bh = 0.2\% \times 200 \times 350 = 140 \text{mm}^2$

这里梁顶没有设通长钢筋，在没有抗震设防的地区，这样做是可以的。

梁顶设架立钢筋 2Φ14，配筋图如图 10-40 所示。

（2）L1 斜截面受剪承载力计算

表 10-7 次梁 L1 斜截面受剪承载力配筋设计

截面	端支座内侧	离端第二支座（外侧）
剪力系数 α_v	0.5	0.55
l_n (m)	6.5	6.5
$V = \alpha_v (g+q) l_n$	56.36	61.99
$h_w = h_0 = 310\text{mm}$，$h_w/b = 310/200 < 4$		
$0.25\beta_c f_c b h_0 = 0.25 \times 1 \times 14.3 \times 200 \times 310 \times 10^{-3} = 221.65\text{kN}$		
$0.7 f_t b h_0 = 0.7 \times 1.43 \times 200 \times 310 \times 10^{-3} = 62.06\text{kN}$		
选配钢筋	Φ8@300 (2)	Φ8@300 (2)

L1 的配筋如图 10-40 所示。

5. 主梁 KL1 的设计（弹性）

KL1 计算简图如图 10-41 所示。

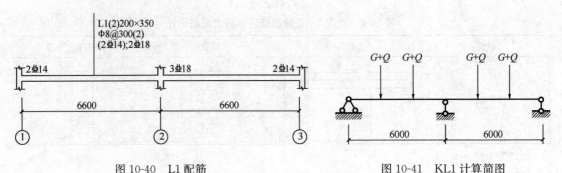

图 10-40 L1 配筋　　　　　　　　　　　图 10-41 KL1 计算简图

1）统荷载

恒载标准值：

从次梁传来	$9.78 \times 6.6 = 64.55\text{kN}$
KL1 自重	$(0.4 - 0.08) \times 0.2 \times 2 \times 25 = 3.20\text{kN}$
KL1 梁侧抹灰	$[(0.4 - 0.08) \times 2 + 0.2] \times 0.02 \times 2 \times 17 = 0.57\text{kN}$

$$G_k = 68.32\text{kN}$$

活载标准值：

由次梁传来 　　　　　　　　$Q_k = 4\ \text{kN/m} \times 6.6 = 26.40\text{kN}$

荷载设计值：

可变荷载起控制作用的组合

$$G + Q = 1.2 \times 68.32 + 1.4 \times 26.4 = 118.94\text{kN}$$

永久荷载起控制作用的组合

$$G + Q = 1.35 \times 68.32 + 1.4 \times 0.7 \times 26.4 = 118.10\text{kN}$$

取较大值：$G + Q = 118.94\text{kN}$，其中

$$G = 1.2 \times 68.32 = 81.98\text{kN}$$
$$Q = 1.4 \times 26.40 = 36.96\text{kN}$$

2）KL1 内力计算

（1）弯矩设计值

$$M = \alpha \times P \times l_0, \text{其中} \ l_0 = 6\text{m}$$

表 10-8　KL1 弯矩设计值

序号	计算简图	边跨跨中 $\dfrac{\alpha}{M_1}$	中间支座 $\dfrac{\alpha}{M_B}$	边跨跨中 $\dfrac{\alpha}{M_2}$
		$\dfrac{0.222}{109.20}$	$\dfrac{-0.333}{-163.80}$	$\dfrac{0.222}{109.20}$
①		163.8 54.76 109.2　　　　109.2		

184

序号	计算简图	边跨跨中 $\dfrac{\alpha}{M_1}$	中间支座 $\dfrac{\alpha}{M_B}$	边跨跨中 $\dfrac{\alpha}{M_2}$
②		$\dfrac{0.278}{61.65}$	$\dfrac{-0.167}{-37.03}$	—
			37.03 24.69 12.34 61.65 49.24	
③		—	$\dfrac{-0.167}{-37.03}$	$\dfrac{0.278}{61.65}$
			12.34 24.69 37.03 49.24 61.65	
④		$\dfrac{0.222}{49.23}$	$\dfrac{-0.333}{-73.85}$	$\dfrac{0.222}{49.23}$
			73.85 49.23 24.68 49.23	
最不利荷载组合	①+②	170.85	—	—
			200.83 30.07 104.0 96.86 170.85	
	①+③	—	—	170.85
			200.83 30.07 96.86 104.0 170.85	
	①+④	—	−237.65	—
			237.65 79.44 158.43 158.43	

（2）剪力设计值

$$V = \alpha \times P$$

表 10-9　KL1 弯矩设计值

序号	计算简图	端支座 $\dfrac{\alpha}{V_A}$	中间支座 $\dfrac{\alpha}{V_B^l(V_B^r)}$	端支座 $\dfrac{\alpha}{V_C}$
①		$\dfrac{0.667}{54.68}$	$\dfrac{-1.333(1.333)}{-109.28(109.28)}$	$\dfrac{-0.667}{-54.68}$
②		$\dfrac{0.833}{30.79}$	$\dfrac{-1.167(1.167)}{-43.13(6.17)}$	$\dfrac{0.167}{6.17}$
③		$\dfrac{-0.167}{-6.17}$	$\dfrac{-0.167\ (1.167)}{-6.17\ (43.13)}$	$\dfrac{-0.833}{-30.79}$
④		$\dfrac{0.667}{24.65}$	$\dfrac{-1.333(1.333)}{-49.27(49.27)}$	$\dfrac{-0.667}{-24.65}$
最不利荷载组合	①+②	85.47	—	
	①+③	—	—	−85.47

186

续表

序号	计算简图	端支座	中间支座	端支座
		$\dfrac{\alpha}{V_A}$	$\dfrac{\alpha}{V_B^l(V_B^r)}$	$\dfrac{\alpha}{V_C}$
最不利荷载组合	①+④	—	$-158.55(158.55)$	

弯矩包络图和剪力包络图如图 10-42 所示。

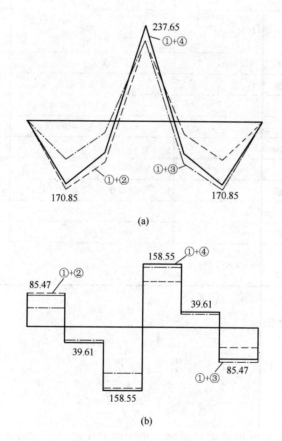

(a)

(b)

图 10-42　KL1 内力包络图

(a) 弯矩包络图；(b) 剪力包络图

3）KL1 配筋设计

（1）正截面受弯承载力计算

跨中取 T 形截面，$a_s = 40\text{mm}$；支座取矩形截面，$a_s = 80\text{mm}$。计算过程见表 10-10。

按计算跨度 l_0 考虑 $b_f' = l_0/3 = = 6000/3 = 2000\text{mm}$；

按 L1 净距 s_n 考虑 $b_f' = b + s_n = 200 + (6600 - 100) = 6700\text{mm}$；

按翼缘高度 h'_f 考虑 $h'_f/h_0 = 80/360 = 0.22 > 0.1$，故 b'_f 不受此项限制。

b'_f 取上述三项中最小值，$b'_f = 2000mm$。

表 10-10　主梁 KL1 正截面受弯承载力配筋设计

截面	边跨跨中	中间支座
计算截面		
h_0 (mm)	360	320
M(kN·m)	170.85	237.65
支座边弯矩 $M_b = M - \dfrac{V_0 b}{2}$(kN·m)	—	225.76
界限破坏时的受弯承载力（kN·m）	732.16	
截面类型	第一类 T 形截面	—
α_s	0.0461	0.3054
$\xi = 1 - \sqrt{1 - 2\alpha_s}$	$0.0472 < \xi_b = 0.518$	$0.3761 < \xi_b = 0.518$
$x = \xi h_0$ (mm)	17	$120 > 2a'_s = 84$
A_s (mm^2)	1350	2315
选配钢筋	2 ⊈ 25+1 ⊈ 22	6 ⊈ 22　3/3
实配钢筋面积（mm^2）	1362.1	2281（误差小于 5%）
所需最小截面宽度（mm）	182	192

$\rho_{min} = \max\left(0.2\%, 0.45\dfrac{f_t}{f_y}\right) = \max(0.2\%, 0.18\%) = 0.2\%$，$A_{s,min} = \rho_{min}bh = 0.2\% \times 200 \times 400 = 160mm^2$

注：$V_0 = G + Q = 81.98 + 36.96 = 118.94kN$

先算边跨跨中，其中

$$\alpha_s = \frac{M}{\alpha_1 f_c b'_f h_0^2}$$

$$A_s = \frac{\alpha_1 f_c b'_f \xi h_0}{f_y}$$

把梁底 2 ⊈ 25+1 ⊈ 22 做成通长钢筋，为支座受压筋，$A'_s = 1362.1mm^2$，$a'_s = 42mm$。计算支座配筋时：

$$\alpha_s = \frac{M - f'_y A'_s (h_0 - a'_s)}{\alpha_1 f_c b h_0^2}$$

$$A_s = \frac{\alpha_1 f_c bx}{f_y} + A'_s$$

把梁顶 2 ⊈ 22 做成通长钢筋，配筋如图 10-46 所示。

（2）KL1 斜截面受剪承载力计算

表 10-11　主梁 KL1 斜截面受剪承载力配筋设计

截面	端支座	中间支座
$V(\text{kN})$	85.47	158.55

$$h_\text{w} = h_0 = 320\text{mm}, \ h_\text{w}/b = 320/200 < 4$$

$$0.25\beta_\text{c}f_\text{c}bh_0 = 0.25 \times 1 \times 14.3 \times 200 \times 320 \times 10^{-3} = 228.8\text{kN}$$

$$\lambda = \frac{a}{h_0} = \frac{2000}{320} = 6.25 > 3, \ \text{取} \ \lambda = 3$$

$$\frac{1.75}{\lambda+1}f_\text{t}bh_0 = \frac{1.75}{3+1} \times 1.43 \times 200 \times 320 \times 10^{-3} = 40.04\text{kN}$$

$\dfrac{A_\text{sv}}{s} = \dfrac{V - \dfrac{1.75}{\lambda+1}f_\text{t}bh_0}{f_\text{yv}h_0}$	0.526	1.372
选配钢筋	Φ10@200（2）	Φ10@100（2）
实际 $\dfrac{A_\text{sv}}{s}$	0.785	1.57
面积配箍率 $\rho_\text{sv} = \dfrac{A_\text{sv}}{bs}$	0.392%	0.785%

$$\rho_{\text{sv,min}} = 0.24\frac{f_\text{t}}{f_\text{yv}} = 0.24 \times \frac{1.43}{270} = 0.127\%$$

（3）KL1 梁端纵向构造钢筋

$$\frac{1}{4} \times 1350 = 337.5\text{mm}^2$$

选用 2Φ22（760mm²）

$$A_\text{s} < \frac{0.35\beta_\text{c}f_\text{c}bh_0}{f_\text{y}} = \frac{0.35 \times 1 \times 14.3 \times 200 \times 360}{360} = 1001\text{mm}^2$$

满足顶层端节点对梁上部纵筋的要求。

（4）KL1 吊筋计算

次梁 L1 上的均布荷载设计值为 17.34kN/m，次梁 L1 在中间支座处的剪力系数为 0.625。传至 KL1 的集中力设计值为：

$$F = 2 \times 0.625ql_0 = 2 \times 0.625 \times 17.34 \times 6.6 = 143\text{kN}$$

所需箍筋面积：

$$A_\text{sv} \geqslant \frac{F}{2 \times f_\text{yv}} = \frac{143 \times 10^3}{2 \times 270} = 265\text{mm}^2$$

单侧所能放箍筋个数：

$$\frac{h_1 + b}{50} = \frac{(50-40) + 200}{50} = 4.2（\text{个}）$$

选配 6Φ8@50（2）（A_sv=302mm²），每侧 3 个<4.2 个，满足要求。

（5）验算梁顶负筋的长度

按照 11G101-1 的规定,第二排钢筋 3 Φ 22 在 $l_n/4$ 处截断,第一排中间钢筋 1 Φ 22 在 $l_n/3$ 处截断,现验算其是否满足要求。

$$l_{ab} = \alpha \frac{f_y}{f_t} d = 0.14 \times \frac{360}{1.43} \times 22 = 775\text{mm}$$

第二排钢筋的保护层厚度:

$$(15+8) + 18 + 22 + 25 = 88\text{mm}$$
$$\zeta_a = 0.75$$

第二排钢筋的锚固长度 l_{a2}:

$$l_{a2} = \zeta_a l_{ab} = 0.75 \times 775 = 581\text{mm}$$

第一排钢筋的锚固长度 l_{a1}:

$$l_{a1} = \zeta_a l_{ab} = 1.0 \times 775 = 775\text{mm}$$

第二排钢筋截断点距支座 B 为 $l_{2B} = 200 + \dfrac{l_n}{4} = 200 + \dfrac{5600}{4} = 1600\text{mm}$,大于零弯矩截面至支座 B 的距离:1499mm,故截断点没有位于负弯矩区。

第二排钢筋截断后,KL1 的受弯承载力:

$$M_u = f_y A_s (h_0 - a_s') = 360 \times 1140 \times (360-42) \times 10^{-6} = 130.51\text{kN} \cdot \text{m}$$

不需要第二排钢筋 3 Φ 22 的截面如图 10-43 所示,$x_2 = 1324\text{mm}$。

第二排钢筋 3 Φ 22 的延伸长度为:

$$l_{2B} - (2000 - x_2) = 1600 - (2000 - 1324) = 924\text{mm} > h_0 = 320\text{mm}$$
$$> 20d = 440\text{mm}$$

第二排钢筋 3 Φ 22 的伸出长度为:

$$l_{2B} - 200 = 1400\text{mm} > 1.2 l_{a2} + h_0 = 1.2 \times 581 + 320 = 1017\text{mm}$$

第一排中间 1 Φ 22 钢筋截断后,KL1 的受弯承载力:

$$M_u = f_y A_s (h_0 - a_s') = 360 \times 760 \times (360-42) \times 10^{-6} = 87.00\text{kN} \cdot \text{m}$$

不需要第一排中间钢筋 1 Φ 22 的截面如图 10-44 所示,$x_1 = 1050\text{mm}$。

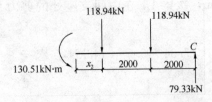

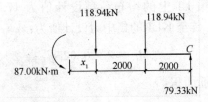

图 10-43　不需要第二排钢筋 3 Φ 22 的　　　　图 10-44　不需要第一排中间钢筋 1 Φ 22 的
截面位置　　　　　　　　　　　　　　　截面位置

第一排中间钢筋 1 Φ 22 的延伸长度为:

$$200 + \frac{l_n}{3} - (2000 - x_1) = 200 + \frac{5600}{3} - (2000 - 1050) = 1117\text{mm} > h_0 = 320\text{mm}$$
$$> 20d = 440\text{mm}$$

第一排中间钢筋 1 Φ 22 的伸出长度为：

$$\frac{l_{\mathrm{n}}}{3} - (1400 - 924) = \frac{5600}{3} - (1400 - 924) = 1391\mathrm{mm}$$

$$> 1.2l_{\mathrm{a1}} + h_0 = 1.2 \times 775 + 320 = 1250\mathrm{mm}$$

材料图和弯矩包络图如图 10-45 所示。

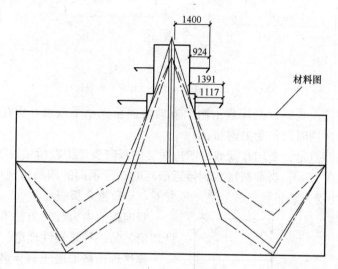

图 10-45　KL1 材料图和弯矩包络图

KL1 的配筋如图 10-46 所示。

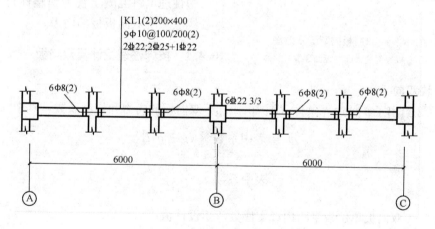

图 10-46　KL1 配筋

10.4　双向板肋梁楼盖设计

在荷载作用下，当板的长边与短边的比值 $l_{01}/l_{02} \leqslant 2$ 时，板上的荷载向两个方向传递，在两个方向上发生弯曲并产生内力，这种板称双向板。由双向板及支承梁组成的楼盖称为双向板肋梁楼盖。双向板常用在公共建筑的门厅部位、工业建筑楼（屋）盖及横墙较多的民用房屋上[39]。

图 10-47 为四边支承双向板。

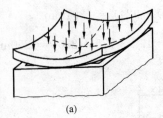 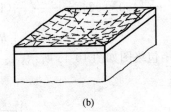

图 10-47[20]　四边支承双向板

(a) 支座对板无限制时；(b) 支座对板有限制时

双向板的受力特点是：板上荷载由两个方向传递至支承梁或墙，板在两个方向受力较大，需要在两个方向同时配备受力钢筋。

双向板的破坏特点是：受均布荷载、四边简支的双向板，随着荷载的增加，首先在板底出现裂缝［图 10-48（a）］，当荷载增加到接近破坏时，板顶面的四角出现环形裂缝［图 10-48（b）］，最后板中受力筋屈服，裂缝进一步发展，导致整个板破坏。

图 10-48[24]　双向板的裂缝示意图

(a) 板底裂缝；(b) 板面裂缝

双向板的内力计算方法有两种，一种是弹性理论，另一种是塑性理论。

弹性理论将混凝土视为各向同性材料，按弹性薄板理论计算。为了方便工程设计，把不同边界条件的双向板内力制成表，见附表 C2。

塑性理论将混凝土视为弹塑性材料，按塑性铰线法求解双向板板的内力。

10.4.1　按弹性理论计算双向板

1. 单块双向板

附录 C2 给出了 6 种边界条件（图 10-49）下双向板的内力和挠度系数，其中

$$m = 表中系数 \times (g+q)l_0^2 \tag{10-9}$$

$$f = 表中系数 \times \frac{(g+q)l_0^4}{B_c} \tag{10-10}$$

式中　m——双向板单位板带跨内或支座处弯矩设计值；

　　　f——双向板的挠度值；

　　g, q——双向板上均布恒荷载及活荷载设计值；

　　　l_0——短跨方向的计算跨度；

　　　B_c——双向板板带截面受弯截面刚度。

需要说明的是，附录 C2 中的系数是根据材料的泊松比 $v=0$ 制定的。当 $v \neq 0$ 时，跨中弯矩可按下式计算：

$$m_1^v = m_1 + vm_2 \tag{10-11}$$

$$m_2^v = m_2 + vm_1 \tag{10-12}$$

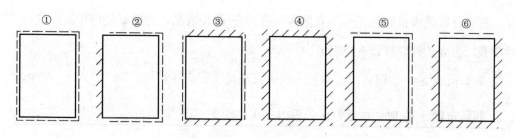

图 10-49　双向板的计算简图

式中　　m_1^v，m_2^v——考虑 v 的影响时，l_{01}、l_{02} 方向单位板带上跨中弯矩设计值；

　　　　m_1，m_2——按 $v=0$ 时计算的 l_{01}、l_{02} 方向单位板带上跨中弯矩设计值；

　　　　v——泊松比，对于钢筋混凝土 $v=0.2$。

对于支座截面的弯矩，由于另一个方向板带弯矩等于零，故不存在两个方向板带弯矩的相互影响问题。

2. 多跨连续双向板

多跨连续双向板的计算多采用以单区格板计算为基础的计算方法。此法假定支承梁不产生竖向位移且不受扭；同时还规定，双向板沿同一方向相邻跨度的比值 $l_{0min}/l_{0max} \geqslant 0.75$，以免计算误差过大。

（1）跨中最大正弯矩

为了求连续双向板跨中最大正弯矩，活荷载应按图 10-50 所示的棋盘式布置。为了方便

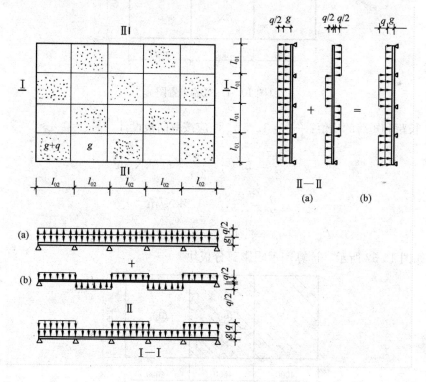

图 10-50[24]　连续双向板的计算图示

（a）满布荷载；（b）荷载间隔布置

计算，把它分解成满布荷载 $g+\dfrac{q}{2}$ 及间隔布置 $\pm\dfrac{q}{2}$ 两种情况，这里 g 是均布恒荷载，q 是均布活荷载。边界条件应符合下列规定：

① 满布荷载 $g+\dfrac{q}{2}$ 时，可近似认为板内支座是固定支座；

② 间隔布置 $\pm\dfrac{q}{2}$ 时，可近似认为板内支座是铰支座；

③ 沿板周边根据实际支承情况确定。

于是可以利用附录 C2 分别求出单区格板在两种荷载情况下的跨中弯矩，然后叠加，得到各区格板的跨中最大正弯矩。

（2）支座最大负弯矩

支座最大负弯矩可近似按满布活荷载时求得。这时认为板内支座是固定支座，板周边仍按实际支承情况确定。然后按单块双向板计算出各支座的负弯矩。由相邻区格板分别求得的同一支座负弯矩不相等时，取绝对值的较大值作为该支座的最大负弯矩。

【例 10-1】某农村自建房采用砌体结构，现浇屋盖，如图 10-51 所示，图中跨度即为计算跨度。屋面永久荷载设计值 $g=5.4\mathrm{kN/m^2}$，屋面活荷载设计值 $q=2.8\mathrm{kN/m^2}$。试按弹性方法计算板块的弯矩设计值。

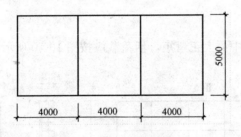

图 10-51　屋盖布置图

【解】长跨和短跨的比值：$\dfrac{5.0}{4.0}=1.25<2$，应按双向板设计。$\dfrac{4.0}{5.0}=0.8>0.75$，可以查表。

$$g+\frac{q}{2}=5.4+\frac{2.8}{2}=6.8\mathrm{kN/m^2}$$

$$\frac{q}{2}=\frac{2.8}{2}=1.4\mathrm{kN/m^2}$$

$$g+q=5.4+2.8=8.2\mathrm{kN/m^2}$$

板块划分如图 10-52 所示，计算图示阴影部分板块。

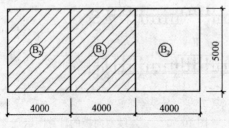

图 10-52　板块划分

表 10-12 例 10-1 弯矩计算表

计算内容		B₁		B₂	
l_{01}/l_{02}		4.0/5.0 = 0.8		4.0/5.0 = 0.8	
计算简图					
荷载(kN/m²)		6.8	1.4	6.8	1.4
跨中 $v=0$ m_1		0.0351	0.0561	0.0463	0.0561
m_2		0.0103	0.0334	0.0193	0.0334
$v=0.2$ m_1^v		$0.0351+0.2\times0.0103$ $=0.0372$	$0.0561+0.2\times0.0334$ $=0.0628$	$0.0463+0.2\times0.0193$ $=0.0502$	$0.0561+0.2\times0.0334$ $=0.0628$
m_2^v		$0.0103+0.2\times0.0351$ $=0.0173$	$0.0334+0.2\times0.0561$ $=0.0446$	$0.0193+0.2\times0.0463$ $=0.0286$	$0.0334+0.2\times0.0561$ $=0.0446$
m_1(kN·m/m)		$0.0372\times6.8\times4^2+0.0628\times1.4\times4^2=5.45$		$0.0502\times6.8\times4^2+0.0628\times1.4\times4^2=6.87$	
m_2(kN·m/m)		$0.0173\times6.8\times4^2+0.0446\times1.4\times4^2=2.88$		$0.0286\times6.8\times4^2+0.0446\times1.4\times4^2=4.11$	
支座 计算简图					
荷载(kN/m²)		8.2		8.2	
m_1'(kN·m/m)		$-0.0782\times8.2\times4^2=-10.26$		$-0.1007\times8.2\times4^2=-13.21$	
		取较大值：-13.21			

10.4.2 按塑性理论计算双向板

1. 塑性铰线

当梁某个截面的受拉钢筋屈服时，认为在该截面出现了塑性铰。板的受拉钢筋屈服时，就会形成一条塑性铰线。四边支承双向板板底和板顶的塑性铰线如图 10-48（a）、（b）所示。根据板的典型破坏特征，可以认为板的塑性变形（转动）是集中发生在塑性铰线（也称屈服线）上的。

2. 破坏机构

确定板的破坏机构，就是要确定塑性铰线的位置。与"正弯矩"和"负弯矩"的名称相对应，位于板底的塑性铰线称为"正塑性铰线"，位于板面的塑性铰线称为"负塑性铰线"。塑性铰线位置与板的平面形状、边界条件、荷载形式、配筋情况等多种因素有关。通常负塑性铰线发生在固定边界处，正塑性铰线出现在弯矩最大处且通过相邻板块转动轴的交点。确定塑性铰线的位置可以依据以下原则

① 塑性铰线是直线，因为它是两块板的交线；

② 板即将破坏时，塑性铰线发生在弯矩最大处；

③ 当板块产生竖向位移时，板块必绕一转动轴产生转动；

④ 板的支承边必是转动轴；

⑤ 转动轴必定通过柱支承点；

⑥ 两相邻板块的塑性铰线必经过该两板块转动轴的交点；在图 10-53 中，板块Ⅰ和Ⅱ、Ⅱ和Ⅲ、Ⅲ和Ⅳ，以及Ⅳ和Ⅰ的转动轴交点分别在四角，因而塑性铰线 1、2、3、4 需通过这些点，塑性铰线 5 与长向支承边（即板块Ⅰ、Ⅲ的转动轴）平行，意味着它们在无穷远处相交；

⑦ 对称结构具有对称的塑性铰线分布；

⑧ 正弯矩部位出现正塑性铰线，如图 10-53 中的实线所示，负塑性铰线则出现在负弯矩区域，如图 10-53 中的虚线所示；

⑨ 塑性铰线的数量应使整块板成为一个几何可变体系（破坏机构）；

⑩ 板在理论上存在多种可能的塑性铰线形式，但只有相应于极限荷载为最小的塑性铰线形式才是真实的。

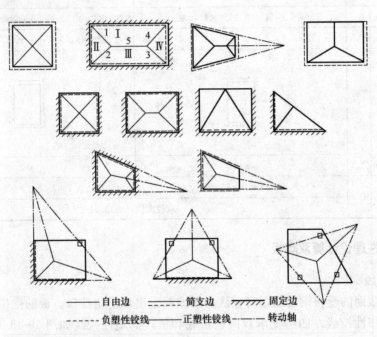

图 10-53[26]　板的塑性铰线

3. 塑性铰线法的基本假定

钢筋混凝土双向板按塑性铰线法计算时，需作如下基本假定：

（1）通过塑性铰线的钢筋均达到屈服，且塑性铰线可在保持屈服弯矩的条件下产生很大的转角变形；

（2）塑性铰线之间的板块处于弹性阶段，与塑性铰线的塑性变形相比很小，故板块可视为刚体，整个板的变形都集中在塑性铰线上；

（3）塑性铰线上只存在一定值的极限弯矩，其扭矩和剪力可认为等于零；

（4）沿塑性铰线单位长度上的弯矩为常数，等于相应板配筋的极限弯矩。

4. 塑性铰线法基本原理

塑性铰线法，又称极限平衡法，是在塑性铰线位置确定的前提下，利用虚功原理建立外荷载与作用在塑性铰线上弯矩之间的关系，从而求出各塑性铰线上的弯矩值，并依此对各截面进行配筋计算。

根据虚功原理，外力虚功等于内力虚功。板块视为刚体，内力虚功只考虑塑性铰线，且只考虑弯矩虚功，因而内力虚功 U 可表示为

$$U = \sum l \vec{m} \cdot \vec{\theta} \tag{10-13}$$

式中　　m ——单位长度塑性铰线的受弯承载力；

　　　　θ ——塑性铰线两侧板块的相对转角；

　　　　l ——塑性铰线的长度。

外力虚功 W 等于微元 ds 上外力大小与该处竖向位移乘积的积分，可表示为

$$W = \iint (g+q)\omega ds = (g+q)\iint \omega ds = (g+q)V \tag{10-14}$$

式中　　ω ——板内各点的竖向位移；

　　　　V ——板发生位移后倒角锥体体积。

楼盖中最常见的是四边支承矩形板。现在来分析四边固支矩形板的极限承载力。其破坏机构如图 10-54 所示。共有 5 条正塑性铰线（4 条斜向正塑性铰线相同均用 1 表示，水平正塑性铰线用 2 表示）和 4 条负塑性铰线（分别用 3、4、5、6 表示）。这些塑性铰线将板划分为 4 个板块。短跨（l_{01}）方向，跨中极限承载力用 M_{1u} 表示，两支座的极限承载力分别用 M'_{1u} 和 M''_{1u} 表示；长跨（l_{02}）方向，跨中极限承载力用 M_{2u} 表示，两支座的极限承载力分别用 M'_{2u} 和 M''_{2u} 表示。

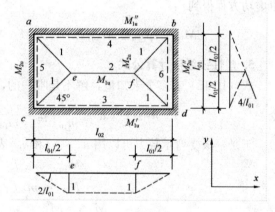

图 10-54[24]　四边固支板的破坏机构

为了简化计算，近似取斜向塑性铰线与板边的夹角为 45°。设点 e、f 发生单位竖向位移，则外力虚功为：

$$W = (g+q)\left[\frac{l_{01}}{2} \times l_{02} - 2 \times \frac{l_{01}}{2} \times \frac{1}{3} \times \frac{l_{01}}{2}\right] = (g+q)\frac{l_{01}}{6}(3l_{02} - l_{01})$$

计算内力虚功：

单位长度上塑性铰线的受弯承载力：

$$m_{1u} = \frac{M_{1u}}{l_{02}};\ m'_{1u} = \frac{M'_{1u}}{l_{02}};\ m''_{1u} = \frac{M''_{1u}}{l_{02}};$$

$$m_{2u} = \frac{M_{2u}}{l_{01}};\ m'_{2u} = \frac{M'_{2u}}{l_{01}};\ m''_{2u} = \frac{M''_{2u}}{l_{01}}$$

各条塑性铰线的转角分量及铰线在 x、y 方向的投影长度为：

塑性铰线 1（共 4 条）

$$\theta_{1x} = \theta_{1y} = \frac{2}{l_{01}}; \; l_{1x} = l_{1y} = \frac{l_{01}}{2}$$

塑性铰线 2

$$\theta_{2x} = \frac{4}{l_{01}}; \; l_{2x} = l_{02} - l_{01}$$

塑性铰线 3、4

$$\theta_{3x} = \theta_{4x} = \frac{2}{l_{01}}; \; l_{3x} = l_{4x} = l_{02}$$

塑性铰线 5、6

$$\theta_{5y} = \theta_{6y} = \frac{2}{l_{01}}; \; l_{5y} = l_{6y} = l_{01}$$

则内力虚功为：

$$\begin{aligned}
U &= 4(l_{1x}m_{1u}\theta_{1x} + l_{1y}m_{2u}\theta_{1y}) + l_{2x}m_{1u}\theta_{2x} + l_{3x}m'_{1u}\theta_{3x} + l_{4x}m''_{1u}\theta_{4x} + l_{5y}m'_{2u}\theta_{5y} + l_{6y}m''_{2u}\theta_{6y} \\
&= \frac{1}{l_{01}}\left[4(l_{02}m_{1u} + l_{01}m_{2u}) + 2(l_{02}m'_{1u} + l_{02}m''_{1u}) + 2(l_{01}m'_{2u} + l_{01}m''_{2u})\right] \\
&= \frac{2}{l_{01}}\left[2M_{1u} + 2M_{2u} + M'_{1u} + M''_{1u} + M'_{2u} + M''_{2u}\right]
\end{aligned}$$

由虚功方程得到：

$$2M_{1u} + 2M_{2u} + M'_{1u} + M''_{1u} + M'_{2u} + M''_{2u} = (g+q)\frac{l_{01}^2}{12}(3l_{02} - l_{01}) \tag{10-15}$$

5. 塑性铰线法计算公式

式（10-15）有多个未知量，解不是唯一的，为了使设计更合理，需补充附加条件。

令

$$n = \frac{l_{02}}{l_{01}}; \; \alpha = \frac{m_{2u}}{m_{1u}}; \; \beta = \frac{m'_{1u}}{m_{1u}} = \frac{m''_{1u}}{m_{1u}} = \frac{m'_{2u}}{m_{2u}} = \frac{m''_{2u}}{m_{2u}}$$

于是，板受弯承载力可以用 n、α、β 和 m_1 表示：

$$M_{1u} = m_{1u}l_{02} = nm_{1u}l_{01} \tag{10-16}$$

$$M_{2u} = m_{2u}l_{01} = \alpha m_{1u}l_{01} \tag{10-17}$$

$$M'_{1u} = M''_{1u} = m'_{1u}l_{02} = n\beta m_{1u}l_{01} \tag{10-18}$$

$$M'_{2u} = M''_{2u} = m'_{2u}l_{01} = \alpha\beta m_{1u}l_{01} \tag{10-19}$$

带入式（10-15），得

$$m_{1u} = (g+q)\frac{n - 1/3}{n + \alpha + n\beta + \alpha\beta} \times \frac{l_{01}^2}{8} \tag{10-20}$$

结构设计时，用弯矩设计值代替各塑性铰线上的受弯承载力，例如用 m_1 代替 m_{1u} 即可得单位板宽上的弯矩设计值。

式（10-20）中，n 为已知，α 和 β 尽量参考弹性理论的取值，以期在两个阶段两个方向的截面应力比比较接近，同时考虑到节省钢材及配筋方便，宜取

$$\alpha = \frac{1}{n^2}$$

$$\beta = 1.5 \sim 2.5$$

通常取 $\beta = 2.0$。

当双向板支座负弯矩钢筋切断过早时或 β 取值过大，可能形成如图 10-55 所示的"局部

倒锥形"破坏机构；当双向板活荷载较大且按棋盘式间隔布置时，可能形成图10-56所示的"正幂形"破坏机构。这两种破坏一般可不进行验算而采取构造措施来避免：支座负钢筋伸出长度不小于 $l_0/4$（l_0 为双向板短边方向计算跨度），β 值在 $1.5 \sim 2.5$ 之间选用。

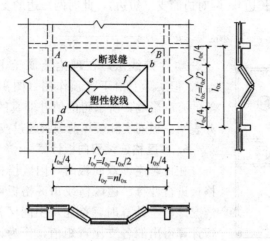

图 10-55[28]　"局部倒锥形"破坏模式

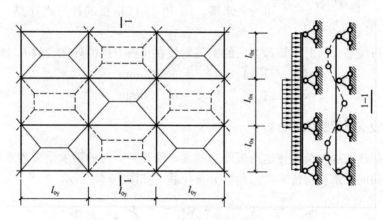

图 10-56[28]　"正幂形"破坏机构

双向板楼盖的中间区格可认为是四边固定的，在均布荷载作用下可采用上述设计方法，但楼盖周边的区格有可能是简支的。对于具有简支边的连续双向板，只需将不同情况下的支座弯矩代入公式（10-20），即可得到相应的设计公式。

（1）三边连续、一长边简支，此时一长边的支座弯矩等于零。

$$m_{1u} = (g+q) \frac{n-1/3}{2n+2\alpha+n\beta+2\alpha\beta} \frac{l_{01}^2}{4} \tag{10-20a}$$

（2）三边连续、一短边简支，此时一短边的支座弯矩等于零。

$$m_{1u} = (g+q) \frac{n-1/3}{2n+2\alpha+2n\beta+\alpha\beta} \frac{l_{01}^2}{4} \tag{10-20b}$$

（3）两相邻边连续、另两相邻边简支，此时一长边支座弯矩和一短边支座弯矩等于零。

$$m_{1u} = (g+q) \frac{n-1/3}{2n+2\alpha+n\beta+\alpha\beta} \frac{l_{01}^2}{4} \tag{10-20c}$$

（4）两对边连续（短边）、两对边简支（长边），此时两长边的支座弯矩等于零。

$$m_{1u} = (g+q) \frac{n-1/3}{2n+2\alpha+2\alpha\beta} \frac{l_{01}^2}{4} \qquad (10\text{-}20d)$$

（5）两对边连续（长边）、两对边简支（短边），此时两短边的支座弯矩等于零。

$$m_{1u} = (g+q) \frac{n-1/3}{2n+2\alpha+2n\beta} \frac{l_{01}^2}{4} \qquad (10\text{-}20e)$$

塑性铰线法，在理论上属于上限解，即偏于"不安全"，但实际上由于穹顶作用（图 10-27 中的双向拱作用）等的有利影响，所求得的值并非真的"上限值"。试验结果亦表明，板的实际破坏荷载都超过按塑性铰线法算得的值。

6. 多区格连续双向板计算

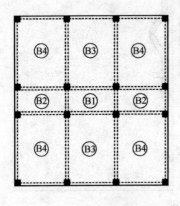

图 10-57　多跨双向板

在计算连续双向板时，内区格板可按四边固定的单区格板进行计算，边区格或角区格板可按外边界的实际支承情况计算。计算时，首先从中间区格板开始，将中间区格板计算得出的各支座弯矩值，作为计算相邻区格板支座的已知弯矩值，代入式（10-15）求解。这样，依次由内向外可一一求解。图 10-57 区格板的计算次序是：B1→B2→B3→B4。

进行双向板配筋计算时，短跨方向的钢筋要放在长跨方向的外侧，故 h_0 通常取为：

短向　　　$h_0 = h - 20\text{mm}$

长向　　　$h_0 = h - 30\text{mm}$

10.4.3　双向板支承梁的内力分析

双向板按塑性铰线把荷载传递给板周边的梁，沿长跨方向的梁承受板传来的梯形分布荷载，沿短跨方向的梁承受板传来的三角形分布荷载，如图 10-58 所示。

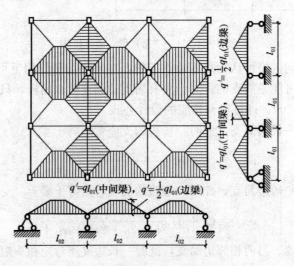

图 10-58[20]　双向板支承梁承受的荷载

　　按弹性理论计算双向板支承梁内力时，可先将梁上的梯形或三角形荷载根据支座转角相等的条件换算为等效均布荷载，再利用均布荷载下等跨连续梁的表格求得支座弯矩，然后再根据所求得的支座弯矩和每跨的实际荷载分布（三角形或梯形分布荷载），利用平衡条件求得跨中弯矩和支座剪力。

　　换算荷载如图 10-59 所示。

三角形荷载时

$$q_E = \frac{5}{8}q \qquad (10\text{-}21)$$

梯形荷载时

$$q_E = (1 - 2\alpha_l^2 + \alpha_l^3)q \qquad (10\text{-}22)$$

$$\alpha_l = \frac{a}{l} \qquad (10\text{-}23)$$

【例 10-2】 试用塑性铰线理论计算例 10-1

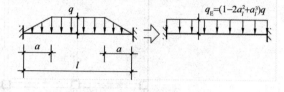

图 10-59　换算的等效均布荷载

【解】 计算板块如图 10-52 所示阴影部分。按公式（10-15）依次计算 B_1 和 B_2，计算 B_2 时，已知 $m'_1 = 6.84$。

表 10-13　例 10-2 弯矩计算

计算内容	B_1	B_2
计算跨度（m）	$l_{02}=5.0\text{m}$，$l_{01}=4.0$	$l_{02}=5.0\text{m}$，$l_{01}=4.0$
$n = l_{02}/l_{01}$	$5/4=1.25$	$5/4=1.25$
$\alpha = 1/n^2$	0.64	0.64
β	2	2
$M_{1u} = nm_{1u}l_{01}$	$1.25\,m_{1u}l_{01}$	$1.25\,m_{1u}l_{01}$
$M_{2u} = \alpha m_{1u}l_{01}$	$0.64\,m_{1u}l_{01}$	$0.64\,m_{1u}l_{01}$
$M'_{1u} = \eta\beta m_{1u}l_{01}$	$2.5\,m_{1u}l_{01}$	0（该边为铰支）
$M''_{1u} = \eta\beta m_{1u}l_{01}$	$2.5\,m_{1u}l_{01}$	5.0×6.84
$M'_{2u} = \alpha\beta m_{1u}l_{01}$	0（该边为铰支）	0（该边为铰支）
$M''_{2u} = \alpha\beta m_{1u}l_{01}$	0（该边为铰支）	0（该边为铰支）
m_1	3.42	5.69
$m_2 = \alpha m_1(\text{kN}\cdot\text{m/m})$	2.19	3.64
$m'_1 = \beta m_1(\text{kN}\cdot\text{m/m})$	6.84	0
$m''_1 = \beta m_1(\text{kN}\cdot\text{m/m})$	6.84	6.84
$m'_2 = \beta m_2(\text{kN}\cdot\text{m/m})$	0	0
$m''_2 = \beta m_2(\text{kN}\cdot\text{m/m})$	0	0

10.5 双向板肋梁楼盖设计例题

某建筑屋面如图 10-60 所示，设计年限为 50 年，柱截面 400mm×400mm，屋面面层做法荷载为 1.50kN/m²，板底、梁侧抹灰 20mm（17kN/m³），雪载 0.25kN/m²，屋面活荷载 2.0kN/m²。

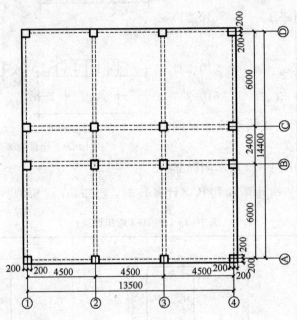

图 10-60　柱网布置图

1. 结构布置

柱距较小，不用布置次梁。

2. 初选材料和截面尺寸

（1）材料：混凝土采用 C30，梁纵筋采用 HRB400，梁箍筋和板纵筋采用 HPB300。

（2）截面尺寸（图 10-61）

KL1 和 KL2 取 250mm×400mm；

KL3 和 KL4 取 200mm×350mm；

板厚取 120mm，满足挠度、舒适度和最小厚度的要求。

3. 板的设计（塑性）

板块划分如图 10-62 所示。

1）统荷载

恒载标准值

屋面面层做法	1.50kN/m²
120mm 厚钢筋混凝土板	0.12×25＝3.00kN/m²
20mm 厚抹灰	0.02×17＝0.34kN/m²

$$g_k = 4.84 \text{kN/m}^2$$

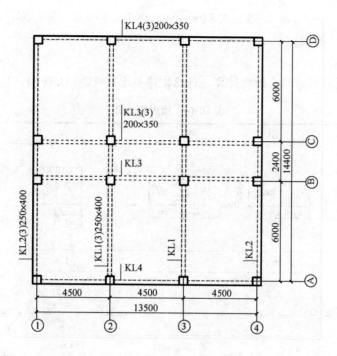

图 10-61 屋面结构布置图

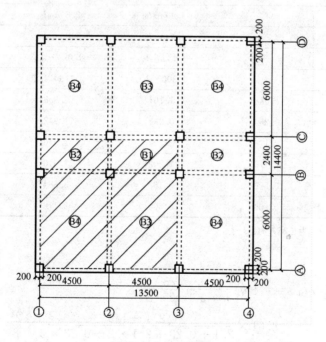

图 10-62 板块划分

活载标准值

取屋面活载和雪载较大值 $q_k = 2.0 \text{kN/m}^2$

荷载设计值

$$g + q = 1.2 \times 4.84 + 1.4 \times 2 = 8.61 \text{kN/m}^2$$

$$g + q = 1.35 \times 4.84 + 1.4 \times 0.7 \times 2 = 8.49 \text{kN/m}^2$$

取较大值：$g + q = 8.61 \text{kN/m}^2$。

2）板内力计算

取图 10-62 阴影部分四块板块计算，计算次序是 B1→B2→B3→B4，见表 10-14。

表 10-14　板内力计算

计算内容	B1	B2	B3	B4
计算跨度(m)	$l_{01}=2.0$m, $l_{02}=4.25$m	$l_{01}=2.0$m, $l_{02}=4.375$m	$l_{02}=6.0$m, $l_{01}=4.25$	$l_{02}=6.0$m, $l_{01}=4.375$
$n = l_{02}/l_{01}$	2.1	2.2	1.4	1.4
$\alpha = \dfrac{1}{n^2}$	0.23	0.21	0.51	0.51
β	2	2	2	2
$M_{1u} = nm_{1u}l_{01}$	—	2.2 $m_{1u}l_{01}$	1.4 $m_{1u}l_{01}$	1.4 $m_{1u}l_{01}$
$M_{2u} = \alpha m_{1u}l_{01}$	—	0.21 $m_{1u}l_{01}$	0.51 $m_{1u}l_{01}$	0.51 $m_{1u}l_{01}$
$M'_{1u} = n\beta m_{1u}l_{01}$	—	4.4 $m_{1u}l_{01}$	2.8 $m_{1u}l_{01}$	2.8 $m_{1u}l_{01}$
$M''_{1u} = n\beta m_{1u}l_{01}$	—	4.4 $m_{1u}l_{01}$	2.8 $m_{1u}l_{01}$	7.616×6.0
$M'_{2u} = \alpha\beta m_{1u}l_{01}$	—	0.42 $m_{1u}l_{01}$	1.02 $m_{1u}l_{01}$	1.02 $m_{1u}l_{01}$
$M''_{2u} = \alpha\beta m_{1u}l_{01}$	—	0.500×2.0	2.176×4.25	2.202×4.375
m_1	1.088	1.101	3.808	3.943
$m_2 = \alpha m_1$(kN·m/m)	0.250	0.231	1.942	2.011
$m'_1 = \beta m_1$(kN·m/m)	2.176	2.202	7.616	7.886
$m''_1 = \beta m_1$(kN·m/m)	2.176	2.202	7.616	7.616
$m'_2 = \beta m_2$(kN·m/m)	0.500	0.462	3.884	4.022
$m''_2 = \beta m_2$(kN·m/m)	0.500	0.500	2.176	2.202

注：l_{01} 为短跨方向；l_{02} 为长跨方向。

计算 B1 时

$$m_{1u} = (g + q)\frac{n - 1/3}{n + \alpha + n\beta + \alpha\beta} \times \frac{l_{01}^2}{8}$$

$$= 8.61 \times \frac{2.1 - 1/3}{2.1 + 0.23 + 2.1 \times 2 + 0.23 \times 2} \times \frac{2^2}{8}$$

$$= 1.088 \text{kN} \cdot \text{m/m}$$

按公式（10-15）依次计算 B2、B3 和 B4。计算 B2 时，已知 $m''_2 = 0.500$；计算 B3 时，已知 $m''_2 = 2.176$；计算 B4 时，$m''_1 = 7.616$，$m''_2 = 2.202$。

3）板配筋设计

（1）受力钢筋

$b = 1000\text{mm}$；短向 $h_{01} = h - 20 = 100\text{mm}$，长向 $h_{02} = h - 30 = 90\text{mm}$；$\xi_b = 0.576$

表 10-15 板的受弯承载力及配筋计算

项目		M (kN·m/m)	$\alpha_s = \dfrac{M}{\alpha_1 f_c b h_0^2}$	$\xi = 1 - \sqrt{1 - 2\alpha_s}$	$A_s = \dfrac{\alpha_1 f_c b \xi h_0}{f_y}$ (mm²/m)	实配钢筋	实配钢筋面积 (mm²/m)
B1	m_1	1.088	0.0076	0.0076	40		
	m_2	0.250	0.0022	0.0022	10		
	m_1'	2.176	0.0152	0.0153	81		
	m_1''	2.176	0.0152	0.0153	81		
	m_2'	0.500	0.0043	0.0043	20		
	m_2''	0.500	0.0043	0.0043	20		
B2	m_1	1.101	0.0077	0.0077	41	Φ8@200	251
	m_2	0.231	0.0020	0.0020	10		
	m_1'	2.202	0.0154	0.0155	82		
	m_1''	2.202	0.0154	0.0155	82		
	m_2'	0.462	0.0040	0.0040	19		
	m_2''	0.500	0.0043	0.0043	20		
B3	m_1	3.808	0.0266	0.0270	143		
	m_2	1.942	0.0168	0.0169	80		
	m_1'	7.616	0.0532	0.0547	290	Φ8/10@200	322
	m_1''	7.616	0.0532	0.0547	290		
	m_2'	3.884	0.0335	0.0341	162	Φ8@200	251
	m_2''	2.176	0.0188	0.0190	90		
B4	m_1	3.943	0.0276	0.0280	148	Φ8@200	251
	m_2	2.011	0.0174	0.0176	84		
	m_1'	7.886	0.0551	0.0567	300	Φ8/10@200	322
	m_1''	7.616	0.0532	0.0547	290		
	m_2'	4.022	0.0347	0.0353	168	Φ8@200	251
	m_2''	2.202	0.0190	0.0192	92		

$$\rho_{\min} = \left(0.2\%, 0.45\frac{f_t}{f_y}\right) = 0.24\%, \quad A_{s,\min} = 0.24\% \times 1000 \times 120 = 288\text{mm}^2$$

（2）板分布钢筋

$$\max(0.15A_s, 0.15\%bh)$$

$$= \max(0.15 \times 322, 0.15\% \times 1000 \times 120)$$

$$= \max(48.3, 180)$$

$$= 180\text{mm}^2$$

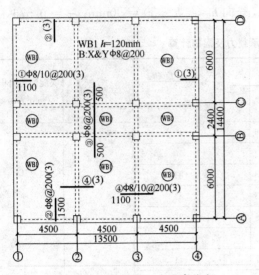

图 10-63　板配筋图（未注明分布
钢筋为Φ8@250）

按构造配筋：Φ8@250，$A_s = 201\text{mm}^2$。

（3）板顶负筋的截断长度

B1 板块和 B2 板块短跨方向跨度较小，板
顶钢筋不截断，全部拉通。其他板块钢筋截断
长度取 $\dfrac{l_0}{4}$：

$$\frac{1}{4} \times 6000 = 1500\text{mm}$$

$$\frac{1}{4} \times 4250 = 1062\text{mm}$$

$$\frac{1}{4} \times 4375 = 1093\text{mm}$$

$$\frac{1}{4} \times 2000 = 500\text{mm}$$

取为 1500mm、1100mm 和 500mm。

把贯通纵筋相同的板块归为同一板块，整
理后板的配筋图如图 10-63 所示。

4. 主梁 KL1 的设计（弹性）

1）计算简图

KL1 荷载从属面积如图 10-64 所示，其计算简图如图 10-65 所示。

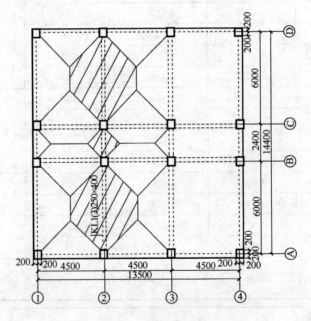

图 10-64　KL1 的负荷面积

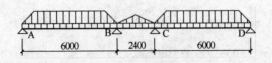

图 10-65　KL1 计算简图

表 10-16　KL1 荷载计算

项目	AB跨	BC跨
KL1 自重	$(0.4-0.12)\times0.25\times25=1.75\text{kN/m}$	
KL1 梁侧抹灰	$[(0.4-0.12)\times2+0.25]\times0.02\times17=0.28\text{kN/m}$	
	2.03kN/m	
由板传来恒载标准值（kN/m）	$4.84\times4.5=21.78$	$4.84\times2.4=11.62$
等效均布恒载标准值（kN/m）	$2.03+(1-2\times0.375^2+0.375^3)\times21.78=18.83$	$2.03+\dfrac{5}{8}\times11.62=9.29$
由板传来活载标准值（kN/m）	$2.0\times4.5=9.0$	$2.0\times2.4=4.8$
等效均布活载标准值（kN/m）	$(1-2\times0.375^2+0.375^3)\times9.0=6.94$	$\dfrac{5}{8}\times4.8=3.0$
等效均布荷载设计值（kN/m）	$1.2\times18.83+1.4\times6.94=32.31$	$1.35\times9.29+1.4\times0.7\times3=15.48$
固端弯矩设计值（kN·m）	$\dfrac{1}{8}\times32.31\times6^2=145.40$	$\dfrac{1}{12}\times15.48\times2.4^2=7.43$

注：AB跨 $\alpha_l=(4.5/2)/6=0.375$。

（2）内力计算

采用弯矩分配法，见表 10-17。

表 10-17　KL1 内力计算

项目	A	BA	BC		CB	CD	D
$i_{BA}=\dfrac{EI}{6}$；$S_{BA}=3i_{BA}=3\times\dfrac{EI}{6}=\dfrac{EI}{2}$；$\mu_{BA}=\dfrac{S_{BA}}{S_{BA}+S_{BC}}=\dfrac{1/2}{1/2+1/0.6}=0.231$							
$i_{BC}=\dfrac{EI}{2.4}$；$S_{BC}=4i_{BC}=4\times\dfrac{EI}{2.4}=\dfrac{EI}{0.6}$；$\mu_{BC}=\dfrac{S_{BC}}{S_{BA}+S_{BC}}=\dfrac{1/0.6}{1/2+1/0.6}=0.769$							
分配系数		0.231	0.769		0.769	0.231	
固端弯矩设计值（kN·m）	0	145.40	−7.43		7.43	−145.40	0
分配和传递	0	← −31.87	−106.10	→	−53.05		
		73.44	←	146.89	44.13	→	0
	0	← −16.96	−56.48	→	−28.24		
		10.86	←	21.72	6.52	→	0
	0	← −2.51	−8.35	→	−4.18		
		1.60	←	3.21	0.97	→	0
	0	← −0.37	−1.23	→	−0.62		
					0.48	0.14	
总弯矩设计值（kN·m）	0	93.69	−93.69		93.64	−93.64	0

B 支座和 C 支座的弯矩设计值取 94.0kN·m。

表 10-18　KL1 内力图绘制

项目	AB 跨	BC 跨
矩形分布荷载设计值（kN/m）	$1.2 \times 2.03 = 2.44$	$1.35 \times 2.03 = 2.74$
梯形或三角形分布荷载设计值（kN/m）	$1.2 \times 21.78 + 1.4 \times 9 = 38.74$	$1.35 \times 11.62 + 1.4 \times 0.7 \times 4.8 = 20.39$
计算简图（kN/m）		
支反力（kN）		
剪力图（kN）		
矩形分布荷载作用下跨中弯矩设计值（kN·m）	$\dfrac{1}{8} \times 2.44 \times 6^2 = 10.98$	$\dfrac{1}{8} \times 2.74 \times 2.4^2 = 1.97$
梯形或三角形分布荷载作用下跨中弯矩设计值（kN/m）	$72.64 \times 3 - \dfrac{1}{2} \times 38.74 \times (3-2.25)^2$ $- \dfrac{1}{2} \times 38.74 \times 2.25 \times \left(3 - \dfrac{2}{3} \times 2.25\right)$ $= 141.65$	$12.23 \times 1.2 - \dfrac{1}{2} \times 20.39 \times 1.2$ $\times \dfrac{1}{3} \times 1.2$ $= 9.78$
跨中弯矩设计值（kN·m）	$10.98 + 141.65 - \dfrac{94.0}{2} = 105.63$	$1.97 + 9.78 - 94.0 = -82.25$
弯矩图（kN·m）		

3）KL1 配筋设计

（1）正截面受弯承载力计算

跨中取 T 形截面，支座取矩形截面，计算过程见表 10-19。

按计算跨度 l_0 考虑　$b'_f = l_0/3 = 6000/3 = 2000\text{mm}$；

按 KL1 净距 s_n 考虑　$b'_f = b + s_n = 250 + \dfrac{4325}{2} + \dfrac{4250}{2} = 4538\text{mm}$；

按翼缘高度 h'_f 考虑　$h'_f/h_0 = 120/360 = 0.33 > 0.1$，故 b'_f 不受此项限制。

b'_f 取上述三项中最小值，$b'_f = 2000\text{mm}$；

$h_0 = 360\text{mm}$。

表 10-19　KL1 正截面受弯承载力配筋设计

截面	边跨跨中	支座
计算截面	(图：T形截面，2000，120，400，250)	(图：矩形截面，400，250)
弯矩设计值 M（kN·m）	105.63	94.0
$\alpha_1 f_c b'_f h'_f \left(h_0 - \dfrac{h'_f}{2}\right)$（kN·m）	1029.60 属于第一类 T 形截面	—
α_s	0.0285	0.1017
$\xi = 1 - \sqrt{1 - 2\alpha_s}$	0.0289	0.1075
$x = \xi h_0$（mm）	10	$39 < 2a'_s$
A_s（mm²）	826	806
选配钢筋	4 ⚫ 16	4 ⚫ 16
实配钢筋面积（mm²）	804（误差小于 5%）	804
所需最小截面宽度（mm）	199	214
$\rho_{\min} = \max\left(0.2\%, 0.45\dfrac{f_t}{f_y}\right) = \max(0.2\%, 0.18\%) = 0.2\%$，$A_{s,\min} = \rho_{\min} bh = 0.2\% \times 250 \times 400 = 200\text{mm}^2$		

先计算边跨跨中，其中

$$\alpha_s = \frac{M}{\alpha_1 f_c b'_f h_0^2}$$

$$A_s = \frac{\alpha_1 f_c b'_f \xi h_0}{f_y}$$

把跨中 2 ⚫ 16 钢筋做成通长钢筋，为支座受压筋，$A'_s = 402\text{mm}^2$，$a'_s = 36\text{mm}$。计算支座配筋时

$$\alpha_s = \frac{M - f'_y A'_s (h_0 - a'_s)}{\alpha_1 f_c b h_0^2}$$

$$A_s = \frac{M}{f_y(h_0 - a'_s)}$$

梁端纵向构造钢筋选用 2Φ16，其面积大于跨中下部配筋的 1/4，且不少于 2 根，满足 $A_s < \frac{0.35\beta_c f_c b h_0}{f_y}$ 的要求。把梁顶 2Φ16 做成通长钢筋，如图 10-66 所示。

（2）KL1 斜截面受剪承载力计算

$h_0 = 360\text{mm}$。

表 10-20　KL1 斜截面受剪承载力配筋设计

截面	AB 跨	BC 跨
剪力设计值 V（kN）	95.63	15.52
$h_w = h_0 = 360\text{mm}, h_w/b = 360/250 < 4$ $0.25\beta_c f_c b h_0 = 0.25 \times 1 \times 14.3 \times 250 \times 360 \times 10^{-3} = 321.75\text{kN}$ $0.7 f_t b h_0 = 0.7 \times 1.43 \times 250 \times 360 \times 10^{-3} = 90.09\text{kN}$		
$\frac{A_{sv}}{s} = \frac{V - 0.7 f_t b h_0}{f_{yv} h_0}$	0.057	<0
选配钢筋	Φ8@200（2）	Φ8@300（2）
实际 $\frac{A_{sv}}{s}$	0.503	0.335
面积配箍率 $\rho_{sv} = \frac{A_{sv}}{bs}$	0.201%	0.134%
$\rho_{sv,\min} = 0.24\frac{f_t}{f_{yv}} = 0.24 \times \frac{1.43}{270} = 0.127\%$		

KL1 的配筋如图 10-66 所示。

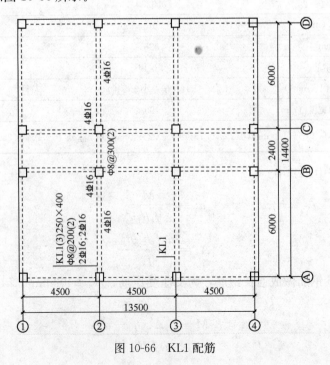

图 10-66　KL1 配筋

习　题

10-1（2009.2）某办公楼现浇钢筋混凝土三跨连续梁如图 10-67 所示，其结构安全等级为二级，设计年限为 50 年，梁上作用的恒荷载标准值（含自重）$g_k＝25kN/m$，活荷载标准值 $q_k＝20kN/m$。

提示：计算梁内力时应考虑活荷载的不利布置，连续梁内力系数见表 10-21。

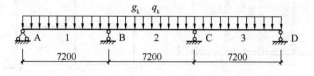

10-67　习题 10-1 附图

表 10-21　连续梁内力系数表（弯矩 $M＝$ 表中系数 $\times ql^2$，剪力 $V＝$ 表中系数 $\times ql$）

序号	荷载简图	跨内最大弯矩		支座弯矩		支座剪力		
		M_1	M_2	M_B	M_C	V_A	$V_{B左}$	$V_{B右}$
1		0.080	0.025	−0.100	−0.100	0.400	−0.600	0.500
2		0.101	−0.050	−0.050	−0.050	0.450	−0.550	0.000
3		−0.025	0.075	−0.050	−0.050	−0.050	−0.050	0.500
4		0.073	0.054	−0.117	−0.033	0.383	−0.617	0.583

（1）试问，该梁 B 支座截面的最大弯矩设计值 M_B（kN·m），与下列何项数值最为接近？

（A）251　　　　　　　　　　　　（B）301

（C）325　　　　　　　　　　　　（D）352

（2）试问，该梁 BC 跨靠近 B 支座截面的最大剪力设计值 $V_{B右}$（kN），与下列何项数值最为接近？

（A）226　　　　　　　　　　　　（B）244

（C）254　　　　　　　　　　　　（D）276

10-2（2007.2）某五层现浇钢筋混凝框架结构多层办公楼，安全等级为二级，框架抗震等级为二级，其局部平面布置图与计算简图如图 10-68 所示。框架柱截面尺寸均为 $b \times h＝$ 450mm×600mm；框架梁截面尺寸均为 $b \times h＝300mm×550mm$，其自重为 4.5kN/m；次梁截面尺寸均为 $b \times h＝200mm×450mm$，其自重为 3.5kN/m；混凝土强度等级均为 C30，梁、柱纵向钢筋采用 HRB335 级钢筋，梁、柱箍筋采用 HPB235 级钢筋。2～5 层楼面永久荷载标准值为 5.5kN/m²，可变荷载标准值为 2.5kN/m²；屋面永久荷载标准值为 6.5kN/m²，可变荷载标准值为 0.5kN/m²；除屋面梁外，其他各层框架梁上均作用有均布永久线荷载，其标准值为 6.0kN/m。在计算以下各题时均不考虑梁、柱的尺寸效应影响，楼（屋）面永久荷载标准值已包括板自重、粉刷及吊顶等。

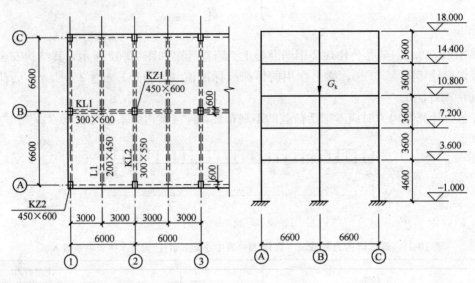

图 10-68　习题 10-2 附图

试问，在计算简图 18.000m 标高处，次梁 L1 作用在主梁 KL1 上的集中荷载设计值 F (kN)，应与下列何项数值最为接近？

提示：①当板长边/板短边＞2 时，按单向板推导荷载；

②次梁 L1 在中间支座处的剪力系数为 0.625。

(A) 211　　　　　　　　　　　　(B) 224

(C) 256　　　　　　　　　　　　(D) 268

10-3　两跨连续梁如图 10-69 所示，梁上作用恒载设计值 $G=40$kN，可变荷载设计值 $Q=80$kN，试求：

(1) 按弹性计算的弯矩包络图；

(2) 考虑塑性内力重分布，中间支座弯矩调幅系数取 0.9 后的弯矩包络图。

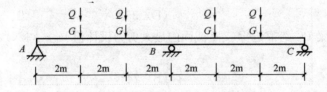

图 10-69　习题 10-3 附图

10-4　试画图 10-70 所示结构形成破坏机构时的塑性铰线。

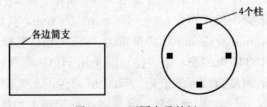

图 10-70　不同支承的板

附录 A　平法标注[11]

A1　梁平法施工图制图规则

梁平面注写包括集中标注与原位标注，集中标注表达梁的通用数值，原位标注表达梁的特殊数值。当集中标注中的某项数值不适用于梁的某部位时，则将该项数值原位标注，施工时，原位标注取值优先。

1. 集中标注

梁编号由梁类型代号、序号、跨数及有无悬挑代号组成，并应符合表 A-1 的规定。

梁集中标注的内容，有五项必注值及一项选注值（集中标注可以从梁的任意一跨引出），规定如下：

（1）梁编号，见表 A-1，该项为必注值。其中，对井字梁编号应符合相关规定。

表 A-1　梁编号

梁类型	代　号	序　号	跨数及是否带有悬挑
楼层框架梁	KL	××	(××)、(××A) 或 (××B)
屋面框架梁	WKL	××	(××)、(××A) 或 (××B)
框支梁	KZL	××	(××)、(××A) 或 (××B)
非框架梁	L	××	(××)、(××A) 或 (××B)
悬挑梁	XL	××	
井字梁	JZL	××	(××)、(××A) 或 (××B)

注：(××A) 为一端有悬挑，(××B) 为两端有悬挑，悬挑不计入跨数。

【例 1】 KL7（5A）表示第 7 号框架梁，5 跨，一端有悬挑；

L9（7B）表示第 9 号非框架梁，7 跨，两端有悬挑。

（2）梁截面尺寸，该项为必注值。当为等截面梁时，用 $b \times h$ 表示；当有悬挑梁且根部和端部的高度不同时，用斜线分隔根部与端部的高度值，即 $b \times h_1/h_2$。

（3）梁箍筋，包括钢筋级别、直径、加密区与非加密区间距及肢数，该项为必注值。

箍筋加密区与非加密区的不同间距及肢数需用斜线"/"分隔；当梁箍筋为同一种间距及肢数时，则不需用斜线；当加密区与非加密区的箍筋肢数相同时，则将肢数注写一次；箍筋肢数应写在括号内。加密区范围见相应抗震等级的标准构造详图。

【例 2】 Φ10@100/200（4），表示箍筋为 HPB300 钢筋，直径Φ10，加密区间距为 100，非加密区间距为 200，均为四肢箍。

Φ8@100（4）/150（2），表示箍筋为 HPB300 钢筋，直径Φ8，加密区间距为 100，四肢箍；非加密区间距为 150，两肢箍。

当抗震设计中的非框架梁、悬挑梁、井字梁，及非抗震设计中的各类梁采用不同的箍筋及肢数时，也用斜线"/"将其分隔开来。注写时，先注写梁支座端部的箍筋（包括箍筋的箍数、钢筋级别、直径、间距与肢数），在斜线后注写梁跨中部分的箍筋间距及肢数。

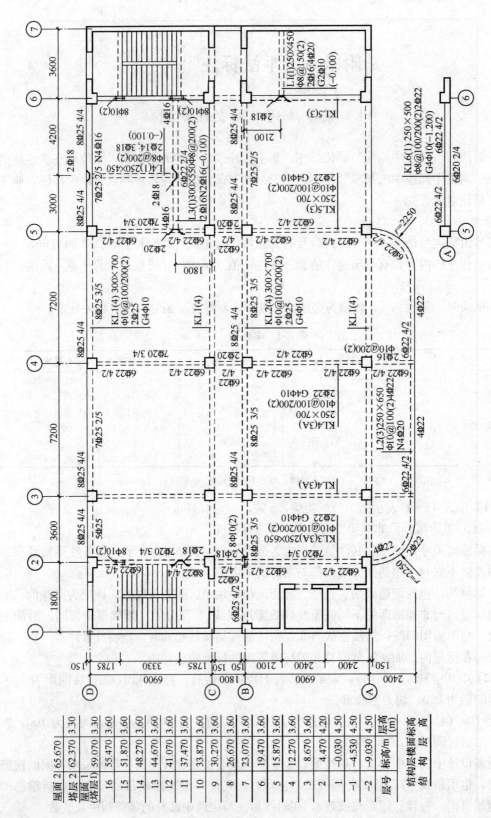

图 A-1　15.870～26.670 梁平法施工图

【**例3**】13Φ10@150/200（4），表示箍筋为 HPB300 钢筋，直径Φ10；梁的两端各有13个四肢箍，间距为150；梁跨中部分间距为200，四肢箍。

18Φ12@150（4）/200（2），表示箍筋为 HPB300 钢筋，直径Φ12；梁的两端各有18个四肢箍，间距为150；梁跨中部分，间距为200，双肢箍。

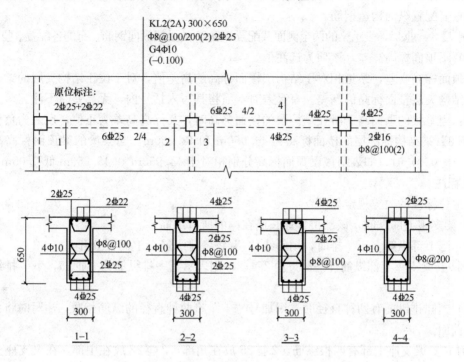

图 A-2 平面注写方式实例

注：本图四个梁截面系采用传统表示方法绘制，用于对比按平面注写方式表达的同样内容。实际采
用平面注写方式表达时，不需绘制梁截面配筋图和图 A-2 中的相应截面号。

（4）梁上部通长筋或架立筋配置（通长筋可为相同或不同直径采用搭接连接、机械连接或焊接的钢筋），该项为必注值。所注规格与根数应根据结构受力要求及箍筋肢数等构造要求而定。当同排纵筋中既有通长筋又有架立筋时，应用加号"＋"将通长筋和架立筋相联。注写时需将角部纵筋写在加号的前面，架立筋写在加号后面的括号内，以示不同直径及与通长筋的区别。当全部采用架立筋时，则将其写入括号内。

【**例4**】2Φ22用于双肢箍；2Φ22＋（4Φ12）用于六肢箍，其中2Φ22为通长筋，4Φ12为架立筋。

当梁的上部纵筋和下部纵筋为全跨相同，且多数跨配筋相同时，此项可加注下部纵筋的配筋值，用分号"；"将上部与下部纵筋的配筋值分隔开来，少数跨不同者，可采用原位标注。

【**例5**】3Φ22；3Φ20 表示梁的上部配置3Φ22的通长筋，梁的下部配置3Φ20的通长筋。

（5）梁侧面纵向构造钢筋或受扭钢筋配置，该项为必注值。

当梁腹板高度 $h_w \geqslant 450mm$ 时，需配置纵向构造钢筋，所注规格与根数应符合规范规定。此项注写值以大写字母 G 打头，接着注写设置在梁两个侧面的总配筋值，且对称配置。

【例6】 G4Φ12，表示梁的两个侧面共配置4Φ12的纵向构造钢筋，每侧各配置2Φ12。

当梁侧面需配置受扭纵向钢筋时，此项注写值以大写字母N打头，接着注写配置在梁两个侧面的总配筋值，且对称配置。受扭纵向钢筋应满足梁侧面纵向构造钢筋的间距要求，且不再重复配置纵向构造钢筋。

【例7】 N6Φ22，表示梁的两个侧面共配置6Φ22的受扭纵向钢筋，每侧各配置3Φ22。

（6）梁顶面标高高差，该项为选注值。

梁顶面标高高差，系指相对于结构层楼面标高的高差值，对于位于结构夹层的梁，则指相对于结构夹层楼面标高的高差。有高差时，需将其写入括号内，无高差时不注。

注：当某梁的顶面高于所在结构层的楼面标高时，其标高高差为正值，反之为负值。

【例8】 某结构标准层的楼面标高为44.950m和48.250m，当某梁的梁顶面标高高差注写为（-0.050）时，即表明该梁顶面标高分别相对于44.950m和48.250m低0.05m。

2. 原位标注

梁原位标注的内容规定如下：

1）梁支座上部纵筋，该部位含通长筋在内的所有纵筋。

（1）当上部纵筋多于一排时，用斜线"/"将各排纵筋自上而下分开。

【例9】 梁支座上部纵筋注写为6Φ254/2，则表示上一排纵筋为4Φ25，下一排纵筋为2Φ25。

（2）当同排纵筋有两种直径时，用加号"+"将两种直径的纵筋相联，注写时将角部纵筋写在前面。

【例10】 梁支座上部有四根纵筋，2Φ25放在角部，2Φ22放在中部，在梁支座上部应注写为2Φ25+2Φ22。

（3）当梁中间支座两边的上部纵筋不同时，须在支座两边分别标注；当梁中间支座两边的上部纵筋相同时，可仅在支座的一边标注配筋值，另一边省去不注，如图A-3所示。

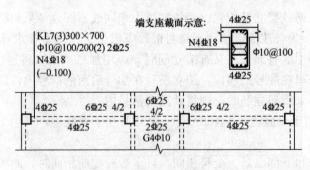

图A-3　大小跨梁的注写示意

设计时应注意：

Ⅰ. 对于支座两边不同配筋值的上部纵筋，宜尽可能选用相同直径（不同根数），使其贯穿支座，避免支座两边不同直径的上部纵筋均在支座内锚固。

Ⅱ. 对于以边柱、角柱为端支座的屋面框架梁，当能够满足配筋截面面积要求时，其梁的上部钢筋应尽可能只配置一层，以避免梁柱纵筋在柱顶处因层数过多、密度过大导致不方便施工和影响混凝土浇筑质量。

2）梁下部纵筋

（1）当下部纵筋多于一排时，用斜线"/"将各排纵筋自上而下分开。

【例 11】梁下部纵筋注写为 6 Φ 252/4，则表示上一排纵筋为 2 Φ 25，下一排纵筋为 4 Φ 25，全部伸入支座。

（2）当同排纵筋有两种直径时，用加号"＋"将两种直径的纵筋相联，注写时角筋写在前面。

（3）当梁下部纵筋不全部伸入支座时，将梁支座下部纵筋减少的数量写在括号内。

【例 12】梁下部纵筋注写为 6 Φ 252(－2)/4，则表示上排纵筋为 2 Φ 25，且不伸入支座；下一排纵筋为 4 Φ 25，全部伸入支座。

梁下部纵筋注写为 2 Φ 25＋3 Φ 22(－3)/5 Φ 25，表示上排纵筋为 2 Φ 25 和 3 Φ 22，其中 3 Φ 22 不伸入支座；下一排纵筋为 5 Φ 25，全部伸入支座。

（4）当梁的集中标注中已经注写了梁上部和下部均为通长的纵筋值时，则不需在梁下部重复做原位标注。

3）当在梁上集中标注的内容（即梁截面尺寸、箍筋、上部通长筋或架立筋，梁侧面纵向构造钢筋或受扭纵向钢筋，以及梁顶面标高高差中的某一项或几项数值）不适用于某跨或某悬挑部分时，则将其不同数值原位标注在该跨或该悬挑部位，施工时应按原位标注数值取用。

4）附加箍筋或吊筋，将其直接画在平面图中的主梁上，用线引注总配筋值（附加箍筋的肢数注在括号内），如图 A-4 所示。当多数附加箍筋或吊筋相同时，可在梁平法施工图上统一注明，少数与统一注明值不同时，再原位引注。

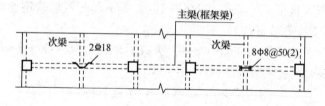

图 A-4　附加箍筋和吊筋的画法示例

A2　板平法施工图制图规则

板平法配筋在很多地方广泛应用。板平法标注分为板块集中标注和板支座原位标注。

为方便设计表达和施工识图，规定结构平面的坐标方向为：

（1）当两向轴网正交布置时，图面从左至右为 X 向，从下至上为 Y 向；

（2）当轴网转折时，局部坐标方向顺轴网转折角度做相应转折；

（3）当轴网向心布置时，切向为 X 向，径向为 Y 向。

此外，对于平面布置比较复杂的区域，如轴网转折交界区域、向心布置的核心区域等，其平面坐标方向应由设计者另行规定并在图上明确表示。

1. 板块集中标注

板块集中标注的内容为：板块编号，板厚（h），贯通纵筋，以及当板面标高不同时的标高高差。LB 表示楼面板，WB 表示屋面板，XB 表示悬挑板。

对于普通楼面，两向均以一跨为一板块；对于密肋楼盖，两向主梁（框架梁）均以一跨为一板块（非主梁密肋不计）。所有板块应逐一编号，相同编号的板块可择其一做集中标注，其他仅注写置于圆圈内的板编号，以及当板面标高不同时的标高高差。

板厚注写为 $h=\times\times\times$（为垂直于板面的厚度）；当悬挑板的端部改变截面厚度时，用斜线分隔根部与端部的高度值，注写为 $h=\times\times\times/\times\times\times$；当设计已在图注中统一注明板厚时，此项可不注。

贯通纵筋按板块的下部和上部分别注写（当板块上部不设贯通纵筋时则不注），并以 B 代表下部，以 T 代表上部，B&T 代表下部与上部；当两向轴网正交布置时，图面从左至右为 X 向，从下至上为 Y 向；X 向贯通纵筋以 X 打头，Y 向贯通纵筋以 Y 打头，两向贯通纵筋配置相同时则以 X&Y 打头。

【例 13】有一楼面板块注写为：LB5　$h=110$

B：X Φ 12@120；Y Φ 10@110

表示 5 号楼面板，板厚 110，板下部配置的贯通纵筋 X 向为 Φ 12@120，Y 向为 Φ 10@110；板上部未配置贯通纵筋。

当为单向板时，分布筋可不必注写，而在图中统一注明。

当在某些板内（例如在悬挑板 XB 的下部）配置有构造钢筋时，则 X 向以 Xc，Y 向以 Yc 打头注写。

【例 14】有一悬挑板注写为：XB2　$h=150/100$

B：Xc&Yc Φ 8@200

表示 2 号悬挑板，板根部厚 150，端部厚 100，板下部配置构造钢筋双向均为 Φ 8@200（上部受力钢筋见板支座原位标注）。

当贯通筋采用两种规格钢筋"隔一布一"方式时，表达为 Axx/yy@xxx。

【例 15】有一楼面板块注写为：LB5　$h=110$

B：X Φ 10/12@100；Y Φ 10@110

表示 5 号楼面板，板厚 110，板下部配置的贯通纵筋 X 向为 Φ 10、Φ 12 隔一布一，Φ 10 与 Φ 12 之间间距为 100；Y 向为 Φ 10@110；板上部未配置贯通纵筋。

同一编号板块的类型、板厚和贯通纵筋均应相同，但板面标高、跨度、平面形状以及板支座上部非贯通纵筋可以不同。

2. 板块原位标注

板支座原位标注的内容为：板支座上部非贯通纵筋和悬挑板上部受力钢筋。

板支座原位标注的钢筋，应在配置相同跨的第一跨表达（当在梁悬挑部位单独配置时则在原位表达）。在配置相同跨的第一跨（或梁悬挑部位），垂直于板支座（梁或墙）绘制一段适宜长度的中粗实线（当该筋通长设置在悬挑板或短跨板上部时，实线段应画至对边或贯通短跨），以该线段代表支座上部非贯通纵筋，并在线段上方注写钢筋编号（如①、②等）、配筋值、横向连续布置的跨数（注写在括号内，且当为一跨时可不注），以及是否横向布置到梁的悬挑端。

【例 16】(XX) 为横向布置的跨数，(XXA) 为横向布置的跨数及一端的悬挑梁部位，(XXB) 为横向布置的跨数及两端的悬挑梁部位。

在板平面布置图中，不同部位的板支座上部非贯通纵筋及悬挑板上部受力钢筋，可仅在一个部位注写，对其他相同者则仅需在代表钢筋的线段上注写编号及按本条规则注写横向连续布置的跨数即可。

【例 17】在板平面布置某部位，横跨支撑梁绘制的对称线段上注有⑦ Φ 12@100（5A）和 1500，表示支座上部⑦号非贯通纵筋为 Φ 12@100，从该跨起沿支撑梁连续布置 5 跨加梁一端的悬挑端，该筋自支座中线向两侧跨内的伸出长度均为 1500。在同一板平面布置图的另一部位横跨梁支座绘制的对称线段上注有⑦（2）者，系表示该筋同⑦号纵筋，沿支撑梁连续布置 2 跨，且无梁悬挑端布置。

板支座上部非贯通筋自支座中线向跨内伸出长度，注写在线段的下方位置。

当中间支座上部非贯通筋向支座两侧对称伸出时，可仅在支座一侧线段下方标注伸出长度，另一侧不注，如图 A-5 所示。

当向支座两侧非对称伸出时，应分别在支座两侧线段下方注写伸出长度，如图 A-6 所示。

对线段画至对边贯通全跨或贯通全悬挑长度的上部通长纵筋，贯通全跨或伸出至全悬挑一侧的长度值不注，只注明非贯通筋另一侧的伸出长度值。如图 A-7 所示。

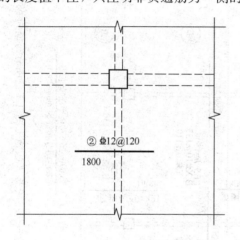

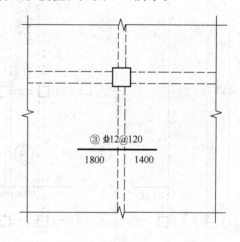

图 A-5 板支座上部非贯通筋对称伸出　　图 A-6 板支座上部非贯通筋非对称伸出

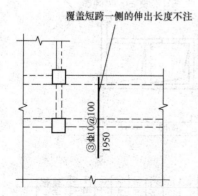

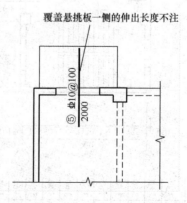

图 A-7 板支座非贯通筋贯通全跨或伸出至悬挑端

对线段画至对边贯通全跨或贯通全悬挑长度的上部通长纵筋，贯通全跨或伸出至全悬挑一侧的长度值不注，只注明非贯通筋另一侧的伸出长度值。如图 A-7 所示。

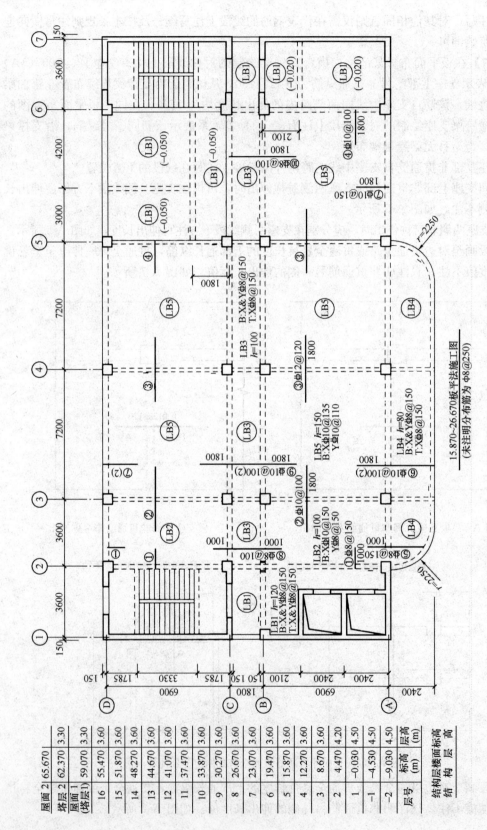

图 A-8 15.870～26.670 板平法施工图（未注明分布筋为 φ8@250）

当板的上部已经配置有贯通纵筋，但需增配板支座上部非贯通纵筋时，应结合已配置的同向贯通纵筋的直径与间距采取"隔一布一"方式配置。

【例18】板上部已配置贯通纵筋⚡12@250，该跨同向配置的上部支座非贯通纵筋为⑤⚡12@250，表示在该支座上部设置的纵筋实际为⚡12@125，其中，1/2为贯通纵筋，1/2为⑤号非贯通纵筋（伸出长度值略）。

【例19】板上部已配置贯通纵筋⚡10@250，该跨配置的上部同向支座非贯通纵筋为③⚡12@250，表示该跨实际设置的上部纵筋为⚡10和⚡12间隔布置，二者之间间距为125。

A3 柱平法施工图制图规则

柱平法施工图系在柱平面布置图上采用列表注写方式或截面注写方式表达。

柱平面布置图，可采用适当比例单独绘制，也可与剪力墙平面布置图合并绘制。当绘制柱平面布置图时，如果局部区域发生重叠、过挤现象，可在该区域采用另外一种比例绘制予以消除。

按平法设计绘制结构施工图时，应当用表格或其他方式注明包括地下和地上各层的结构层楼（地）面标高、结构层高及相应的结构层号。其结构层楼面标高和结构层高在单项工程中必须统一，以保证基础、柱与墙、梁、板、楼梯等用同一标准竖向定位。为施工方便，应将统一的结构层楼面标高和结构层高分别放在柱、墙、梁等各类构件的平法施工图中。

注：结构层楼面标高系指将建筑图中的各层地面和楼面标高值扣除建筑面层及垫层做法厚度后的标高，结构层号应与建筑楼层号对应一致。

在柱平法施工图中，尚应注明上部结构嵌固部位位置。

1. 列表注写方式

列表注写方式，系在柱平面布置图上（一般只需采用适当比例绘制一张柱平面布置图，包括框架柱、框支柱、梁上柱和剪力墙上柱），分别在同一编号的柱中选择一个（有时需要选择几个）截面标注几何参数代号；在柱表中注写柱编号、柱段起止标高、几何尺寸（含柱截面对轴线的偏心情况）与配筋的具体数值，并配以各种柱截面形状及其箍筋类型图的方式，来表达柱平法施工图。

柱表注写内容规定如下：

（1）注写柱编号，柱编号由类型代号和序号组成，应符合表A-2的规定。

（2）注写各段柱的起止标高，自柱根部往上以变截面位置或截面未变但配筋改变处为界分段注写。框架柱和框支柱的根部标高系指基础顶面标高；芯柱的根部标高系指根据结构实际需要而定的起始位置标高；梁上柱的根部标高系指梁顶面标高；剪力墙上柱的根部标高为墙顶面标高。

表 A-2 柱编号

柱类型	代号	序号
框架柱	KZ	××
框支柱	KZZ	××
芯柱	XZ	××
梁上柱	LZ	××
剪力墙上柱	QZ	××

注：编号时，当柱的总高、分段截面尺寸和配筋均对应相同，仅截面与轴线的关系不同时，仍可将其编为同一柱号，但应在图中注明截面与轴线的关系。

（3）对于矩形柱，注写柱截面尺寸 $b \times h$ 及与轴线关系的几何参数代号 b_1、b_2 和 h_1、h_2 的具体数值，需对应于各段柱分别注写。其中 $b = b_1 + b_2$，$h = h_1 + h_2$。当截面的某一边收缩变化至与轴线重合或偏到轴线的另一侧时，b_1、b_2、h_1、h_2 中的某项为零或为负值。

对于圆柱，表中 $b \times h$ 一栏改用在圆柱直径数字前加 d 表示。为表达简单，圆柱截面与轴线的关系也用 b_1、b_2 和 h_1、h_2 表示，并使 $d = b_1 + b_2 = h_1 + h_2$。

对于芯柱，根据结构需要，可以在某些框架柱的一定高度范围内，在其内部的中心位置设置（分别引注其柱编号）。芯柱截面尺寸按构造确定，并按图集施工，设计不需注写；当设计者采用与图集不同的做法时，应另行注明。芯柱定位随框架柱，不需要注写其与轴线的几何关系。

（4）注写柱纵筋。当柱纵筋直径相同，各边根数也相同时（包括矩形柱、圆柱和芯柱），将纵筋注写在"全部纵筋"一栏中；除此之外，柱纵筋分角筋、截面 b 边中部筋和 h 边中部筋三项分别注写（对于采用对称配筋的矩形截面柱，可仅注写一侧中部筋，对称边省略不注）。

（5）注写箍筋类型号及箍筋肢数。具体工程所设计的各种箍筋类型图以及箍筋复合的具体方式，需画在表的上部或图中的适当位置，并在其上标注与表中相对应的 b、h 和类型号。

注：当为抗震设计时，确定箍筋肢数时要满足对柱纵筋"隔一拉一"以及箍筋肢距的要求。

（6）注写柱箍筋，包括钢筋级别、直径与间距。

当为抗震设计时，用斜线"/"区分柱端箍筋加密区与柱身非加密区长度范围内箍筋的不同间距。施工人员需根据标准构造详图的规定，在规定的几种长度值中取其最大者作为加密区长度。当框架节点核芯区内箍筋与柱端箍筋设置不同时，应在括号中注明核芯区箍筋直径及间距。

【例20】 $\Phi 10@100/250$，表示箍筋为 HPB300 级钢筋，直径 $\Phi 10$，加密区间距为 100，非加密区间距为 250。

$\Phi 10@100/250$（$\Phi 12@100$），表示柱中箍筋为 HPB300 级钢筋，直径 $\Phi 10$，加密区间距为 100，非加密区间距为 250。框架节点核芯区箍筋为 HPB300 级钢筋，直径 $\Phi 12$，间距为 100。

当箍筋沿柱全高为一种间距时，则不使用"/"线。

【例21】 $\Phi 10@100$，表示沿柱全高范围内箍筋均为 HPB300 级钢筋，直径 $\Phi 10$，间距为 100。

当圆柱采用螺旋箍筋时，需在箍筋前加"L"。

【例22】 $L\Phi 10@100/200$，表示采用螺旋箍筋，HPB300 级钢筋，直径中 $\Phi 10$，加密区间距为 100，非加密区间距为 200。

2. 截面注写方式

截面注写方式，系在柱平面布置图的柱截面上，分别在同一编号的柱中选择一个截面，以直接注写截面尺寸和配筋具体数值的方式来表达柱平法施工图。

对除芯柱之外的所有柱截面按表 A-2 规定进行编号，从相同编号的柱中选择一个截面，按另一种比例原位放大绘制柱截面配筋图，并在各配筋图上继其编号后再注写截面尺寸 $b \times h$、角筋或全部纵筋（当纵筋采用一种直径且能够图示清楚时）、箍筋的具体数值，以及在柱截面配筋图上标注柱截面与轴线关系 b_1、b_2、h_1、h_2 的具体数值。

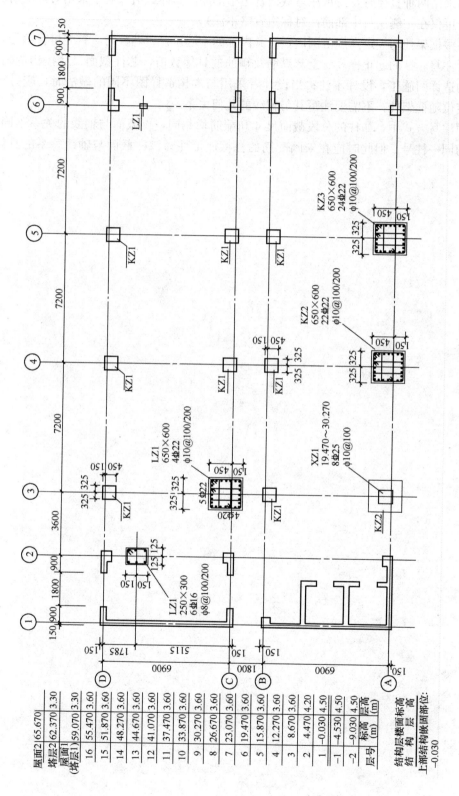

图 A-9 19.470～37.470 柱平法施工图

当纵筋采用两种直径时，需再注写截面各边中部筋的具体数值（对于采用对称配筋的矩形截面柱，可仅在一侧注写中部筋，对称边省略不注）。

当在某些框架柱的一定高度范围内，在其内部的中心位设置芯柱时，首先进行编号，继其编号之后注写芯柱的起止标高、全部纵筋及箍筋的具体数值，芯柱截面尺寸按构造确定，并按标准构造详图施工，设计不注；当设计者采用与本构造详图不同的做法时，应另行注明。芯柱定位随框架柱，不需要注写其与轴线的几何关系。

在截面注写方式中，如柱的分段截面尺寸和配筋均相同，仅截面与轴线的关系不同时，可将其编为同一柱号。但此时应在未画配筋的柱截面上注写该柱截面与轴线关系的具体尺寸。

附录 B 楼面活荷载

表 B-1 民用建筑楼面均布活荷载标准值及其组合值、频遇值和准永久值

项次	类 别			标准值 (kN/m²)	组合值系数	频遇值系数	准永久值系数
1	(1) 住宅、宿舍、旅馆、办公楼、医院病房、托儿所、幼儿园			2.0	0.7	0.5	0.4
	(2) 试验室、阅览室、会议室、医院门诊室			2.0	0.7	0.6	0.5
2	教室、食堂、餐厅、一般资料档案室			2.5	0.7	0.6	0.5
3	(1) 礼堂、剧场、影院、有固定座位的看台			3.0	0.7	0.5	0.3
	(2) 公共洗衣房			3.0	0.7	0.6	0.5
4	(1) 商店、展览厅、车站、港口、机场大厅及其旅客等候室			3.5	0.7	0.6	0.5
	(2) 无固定座位的看台			3.5	0.7	0.5	0.3
5	(1) 健身房、演出舞台			4.0	0.7	0.6	0.5
	(2) 运动场、舞厅			4.0	0.7	0.6	0.3
6	(1) 书库、档案库、贮藏室			5.0	0.9	0.9	0.8
	(2) 密集柜书库			12.0	0.9	0.9	0.8
7	通风机房、电梯机房			7.0	0.9	0.9	0.8
8	汽车通道及客车停车库	(1) 单向板楼盖（板跨不小于 2m）和双向板楼盖（板跨不小于 3m×3m）	客车	4.0	0.7	0.7	0.6
			消防车	35.0	0.7	0.5	0.0
		(2) 双向板楼盖（板跨不小于 6m×6m）和无梁楼盖（柱网不小于 6m×6m）	客车	2.5	0.7	0.7	0.6
			消防车	20.0	0.7	0.5	0.0
9	厨房	(1) 餐厅		4.0	0.7	0.7	0.7
		(2) 其他		2.0	0.7	0.6	0.5
10	浴室、卫生间、盥洗室			2.5	0.7	0.6	0.5
11	走廊、门厅	(1) 宿舍、旅馆、医院病房、托儿所、幼儿园、住宅		2.0	0.7	0.5	0.4
		(2) 办公楼、餐厅、医院门诊部		2.5	0.7	0.6	0.5
		(3) 教学楼及其他可能出现人员密集的情况		3.5	0.7	0.5	0.3
12	楼梯	(1) 多层住宅		2.0	0.7	0.5	0.4
		(2) 其他		3.5	0.7	0.5	0.3
13	阳台	(1) 可能出现人员密集的情况		3.5	0.7	0.6	0.5
		(2) 其他		2.5	0.7	0.6	0.5

注：1. 本表所给各项活荷载适用于一般使用条件，当使用荷载较大、情况特殊或有专门要求时，应按实际情况采用；

2. 第 6 项书库活荷载当书架高度大于 2m 时，书库活荷载尚应按每米书架高度不小于 2.5kN/m² 确定；

3. 第 8 项中的客车活荷载仅适用于停放载人少于 9 人的客车；消防车活荷载适用于满载总重为 300kN 的大型车辆；当不符合本表的要求时，应将车轮的局部荷载按结构效应的等效原则，换算为等效均布荷载；

4. 第 8 项消防车活荷载，当双向板楼盖板跨介于 3m×3m～6m×6m 之间时，应按跨度线性插值确定；

5. 第 12 项楼梯活荷载，对预制楼梯踏步平板，尚应按 1.5kN 集中荷载验算；

6. 本表各项荷载不包括隔墙自重和二次装修荷载；对固定隔墙的自重应按永久荷载考虑，当隔墙位置可灵活自由布置时，非固定隔墙的自重应取不小于 1/3 的每延米长墙重（kN/m）作为楼面活荷载的附加值（kN/m²）计入，且附加值不应小于 1.0kN/m²。

设计楼面梁、墙、柱及基础时，表 B-1 中楼面活荷载标准值的折减系数取值不应小于下列规定：

1. 设计楼面梁时：

（1）第 1（1）项当楼面梁从属面积超过 $25m^2$ 时，应取 0.9；

（2）第 1（2）～7 项当楼面梁从属面积超过 $50m^2$ 时，应取 0.9；

（3）第 8 项对单向板楼盖的次梁和槽形板的纵肋应取 0.8，对单向板楼盖的主梁应取 0.6，对双向板楼盖的梁应取 0.8；

（4）第 9～13 项应采用与所属房屋类别相同的折减系数。

2. 设计墙、柱和基础时：

（1）第 1（1）项应按表 2 规定采用；

（2）第 1（2）～7 项应采用与其楼面梁相同的折减系数；

（3）第 8 项的客车，对单向板楼盖应取 0.5，对双向板楼盖和无梁楼盖应取 0.8；

（4）第 9～13 项应采用与所属房屋类别相同的折减系数。

注：楼面梁的从属面积应按梁两侧各延伸二分之一梁间距的范围内的实际面积确定。

表 B-2　活荷载按楼层的折减系数

墙、柱、基础计算截面以上的层数	1	2～3	4～5	6～8	9～20	＞20
计算截面以上各楼层活荷载总和的折减系数	1.00 (0.90)	0.85	0.70	0.65	0.60	0.55

注：当楼面梁的从属面积超过 $25m^2$ 时，应采用括号内的系数。

附录 C 梁、板结构内力

C1 等截面等跨连续梁在常用荷载作用下的内力系数表

1. 在均布及三角形荷载作用下：$M=$ 表中系数 $\times ql_0^2$；

                                         $V=$ 表中系数 $\times ql_0$；

2. 在集中荷载作用下： $M=$ 表中系数 $\times Pl_0$；

                                         $V=$ 表中系数 $\times P$；

3. 内力正负号规定：

          M——使截面上部受压，下部受拉为正；

          V ——对邻近截面所产生的力矩沿顺时针方向者为正。

4. 符号说明

          V^l，V^r——支座截面左侧、右侧的剪力。

表 C-1 两 跨 梁

荷 载 图	跨内最大弯矩		支座弯矩	剪 力		
	M_1	M_2	M_B	V_A	V_B^l V_B^r	V_C
	0.070	0.0703	−0.125	0.375	−0.625 0.625	−0.375
	0.096	—	−0.063	0.437	−0.563 0.063	0.063
	0.048	0.048	−0.078	0.172	−0.328 0.328	−0.172
	0.064	—	−0.039	0.211	−0.289 0.039	0.039
	0.156	0.156	−0.188	0.312	−0.688 0.688	−0.312
	0.203	—	−0.094	0.406	−0.594 0.094	0.094
	0.222	0.222	−0.333	0.667	−1.333 1.333	−0.667
	0.278	—	−0.167	0.833	−1.167 0.167	0.167

表 C-2 三 跨 梁

荷 载 图	跨内最大弯矩		支座弯矩		剪 力			
	M_1	M_2	M_B	M_C	V_A	V_B^l V_B^r	V_C^l V_C^r	V_D
	0.080	0.025	−0.100	−0.100	0.400	−0.600 0.500	−0.500 0.600	−0.400
	0.101	—	−0.050	−0.050	0.450	−0.550 0	0 0.550	−0.450
	—	0.075	−0.050	−0.050	−0.050	−0.050 0.500	−0.500 0.050	0.050
	0.073	0.054	−0.117	−0.033	0.383	−0.617 0.583	−0.417 0.033	0.033
	0.094	—	−0.067	0.017	0.433	−0.567 0.083	0.083 −0.017	−0.017
	0.054	0.021	−0.063	−0.063	0.188	−0.313 0.250	−0.250 0.313	−0.188
	0.068	—	−0.031	−0.031	0.219	−0.281 0	0 0.281	−0.219
	—	0.052	−0.031	−0.031	−0.031	−0.031 0.250	−0.250 0.031	0.031
	0.050	0.038	−0.073	−0.021	0.177	−0.323 0.302	−0.198 0.021	0.021
	0.063	—	−0.042	0.010	0.208	−0.292 0.052	0.052 −0.010	−0.010
	0.175	0.100	−0.150	−0.150	0.350	−0.650 0.500	−0.500 0.650	−0.350

荷 载 图	跨内最大弯矩		支座弯矩		剪 力			
	M_1	M_2	M_B	M_C	V_A	V_B^l V_B^r	V_C^l V_C^r	V_D
	0.213	—	−0.075	−0.075	0.425	−0.575 0	0 0.575	−0.425
	—	0.175	−0.075	−0.075	−0.075	−0.075 0.500	−0.500 0.075	0.075
	0.162	0.137	−0.175	−0.050	0.325	−0.675 0.625	−0.375 0.050	0.050
	0.200	—	−0.100	0.025	0.400	−0.600 0.125	0.125 −0.025	−0.025
	0.244	0.067	−0.267	0.267	0.733	−1.267 1.000	−1.000 1.267	−0.733
	0.289	—	0.133	−0.133	0.866	−1.134 0	0 1.134	−0.866
	—	0.200	−0.133	0.133	−0.133	−0.133 1.000	−1.000 0.133	0.133
	0.229	0.170	−0.311	−0.089	0.689	−1.311 1.222	−0.778 0.089	0.089
	0.274	—	−0.178	0.044	0.822	−1.178 0.222	0.222 −0.044	−0.044

229

表C-3 四跨梁

荷载图	跨内最大弯矩				支座弯矩			剪力				
	M_1	M_2	M_3	M_4	M_B	M_C	M_D	V_A	V_B^l / V_B	V_C^l / V_C	V_D^l / V_D	V_E
1	0.077	0.036	0.036	0.077	−0.107	−0.071	−0.107	0.393	−0.607 / 0.536	−0.464 / 0.464	−0.536 / 0.607	−0.393
2	0.100	—	0.081	—	−0.054	−0.036	−0.054	0.446	−0.554 / 0.018	0.018 / 0.482	−0.518 / 0.054	0.054
3	0.072	0.061	—	0.098	−0.121	−0.018	−0.058	0.380	−0.620 / 0.603	−0.397 / −0.040	−0.040 / 0.558	−0.442
4	—	0.056	0.056	—	−0.036	−0.107	−0.036	−0.036	−0.036 / 0.429	−0.571 / 0.571	−0.429 / 0.036	0.036
5	0.094	—	—	0.052	−0.067	0.018	−0.004	0.433	−0.567 / 0.085	0.085 / −0.022	−0.022 / 0.004	0.004
6	—	0.071	—	—	−0.049	−0.054	0.013	−0.049	−0.049 / 0.496	−0.504 / 0.067	0.067 / −0.013	−0.013
7	0.052	0.028	0.028	0.052	−0.067	−0.045	−0.067	0.183	−0.317 / 0.272	−0.228 / 0.228	−0.272 / 0.317	−0.183

续表

荷载图	跨内最大弯矩				支座弯矩			剪力				
	M_1	M_2	M_3	M_4	M_B	M_C	M_D	V_A	V_B^l / V_B	V_C^l / V_C	V_D^l / V_D	V_E
	0.067	—	0.055	—	−0.034	−0.022	−0.034	0.217	−0.284 / 0.011	0.011 / 0.239	−0.261 / 0.034	0.034
	0.049	0.042	—	0.066	−0.075	−0.011	−0.036	0.175	−0.325 / 0.314	−0.186 / −0.025	−0.025 / 0.286	−0.214
	—	0.040	0.040	—	−0.022	−0.067	−0.022	−0.022	−0.022 / 0.205	−0.295 / 0.295	−0.205 / 0.022	0.022
	0.063	—	—	—	−0.042	0.011	−0.003	0.208	−0.292 / 0.053	0.053 / −0.014	−0.014 / 0.003	0.003
	—	0.051	—	—	−0.031	−0.034	0.008	−0.031	−0.031 / 0.247	−0.253 / 0.042	0.042 / −0.008	−0.008
	0.169	0.116	0.116	0.169	−0.161	−0.107	−0.161	0.339	−0.661 / 0.554	−0.446 / 0.446	−0.554 / 0.661	−0.339
	0.210	0.116	0.183	—	−0.080	−0.054	−0.080	0.420	−0.580 / 0.027	0.027 / 0.473	−0.527 / 0.080	0.080
	0.159	0.146	—	0.206	−0.181	−0.027	−0.087	0.319	−0.681 / 0.654	−0.346 / −0.060	−0.060 / 0.587	−0.413

续表

荷载图	M_1	M_2	M_3	M_4	M_B	M_C	M_D	V_A	V_B^l / V_B^r	V_C^l / V_C^r	V_D^l / V_D^r	V_E
（图）	—	0.142	0.142	—	−0.054	−0.161	−0.054	−0.054	−0.054 / 0.393	−0.607 / 0.607	−0.393 / 0.054	0.054
（图）	0.200	—	—	—	−0.100	0.027	−0.007	0.400	−0.600 / 0.127	0.127 / −0.033	−0.033 / 0.007	0.007
（图）	—	0.173	—	—	−0.074	−0.080	0.020	−0.074	−0.074 / 0.493	−0.507 / 0.100	0.100 / −0.020	−0.020
（图）	0.238	0.111	0.111	0.238	−0.286	−0.191	−0.286	0.714	−1.286 / 1.095	−0.905 / 0.905	−1.095 / 1.286	−0.714
（图）	0.286	—	0.222	—	−0.143	−0.095	−0.143	0.857	−1.143 / 0.048	0.048 / 0.952	−1.048 / 0.143	0.143
（图）	0.226	0.194	—	0.282	−0.321	−0.048	−0.155	0.679	−1.321 / 1.274	−0.726 / −0.107	−0.107 / 1.155	−0.845
（图）	—	0.175	0.175	—	−0.095	−0.286	−0.095	−0.095	−0.095 / 0.810	−1.190 / 1.190	−0.810 / 0.095	0.095
（图）	0.274	—	—	—	−0.178	0.048	−0.012	0.822	−1.178 / 0.226	0.226 / −0.060	−0.060 / 0.012	0.012
（图）	—	0.198	—	—	−0.131	−0.143	0.036	−0.131	−0.131 / 0.988	−1.012 / 0.178	0.178 / −0.036	−0.036

跨内最大弯矩 · 支座弯矩 · 剪力

表 C-4　五　跨　梁

荷载图	跨内最大弯矩			支座弯矩				剪　力					
	M_1	M_2	M_3	M_B	M_C	M_D	M_E	V_A	V^l_B / V_B	V^l_C / V_C	V^l_D / V_D	V^l_E / V_E	V_F
	0.078	0.033	0.046	−0.105	−0.079	−0.079	−0.105	0.394	−0.606 / 0.526	−0.474 / 0.500	−0.500 / 0.474	−0.526 / 0.606	−0.394
	0.100	—	0.085	−0.053	−0.079	−0.040	−0.053	0.447	−0.553 / 0.013	0.013 / 0.500	−0.500 / −0.013	−0.013 / 0.553	−0.447
	—	0.079	—	−0.053	−0.040	−0.040	−0.053	−0.053	−0.053 / −0.513	0.013 / 0.500	0 / 0.487	−0.513 / 0.053	0.053
	0.073	②$\dfrac{0.059}{0.078}$	0.064	−0.119	−0.022	−0.044	−0.051	0.380	−0.620 / 0.598	−0.402 / −0.023	−0.023 / 0.493	−0.507 / 0.052	0.052
	①$\dfrac{-}{0.098}$	0.055	—	−0.035	−0.111	−0.020	−0.057	−0.035	0.035 / 0.424	0.576 / 0.591	−0.409 / −0.037	−0.037 / 0.557	−0.443
	0.094	—	—	−0.067	0.018	−0.005	0.001	0.433	0.567 / 0.085	0.085 / 0.023	0.023 / 0.006	0.006 / −0.001	0.001
	—	0.074	—	−0.049	−0.054	0.014	−0.004	−0.019	−0.049 / 0.495	−0.505 / 0.068	0.068 / −0.018	−0.018 / 0.004	0.004
	—	—	0.072	0.013	0.053	0.053	0.013	0.013	0.013 / −0.066	−0.066 / 0.500	−0.500 / 0.066	0.066 / −0.013	−0.013

荷载图	跨内最大弯矩			支座弯矩				剪　力					
	M_1	M_2	M_3	M_B	M_C	M_D	M_E	V_A	V_B^l / V_B^r	V_C^l / V_C^r	V_D^l / V_D^r	V_E^l / V_E^r	V_F
（荷载图）	0.053	0.026	0.034	−0.066	−0.049	0.049	−0.066	0.184	−0.316 / 0.266	−0.234 / 0.250	−0.250 / 0.234	−0.266 / 0.316	0.184
（荷载图）	0.067	—	0.059	−0.033	−0.025	−0.025	0.033	0.217	−0.283 / 0.008	0.008 / 0.250	−0.250 / −0.008	−0.008 / 0.283	0.217
（荷载图）	—	0.055	—	−0.033	−0.025	−0.025	−0.033	−0.033	−0.033 / 0.258	−0.242 / 0	0 / 0.242	−0.258 / 0.033	0.033
（荷载图）	① −0.066	② 0.041 / 0.053	—	−0.075	−0.014	−0.028	−0.032	0.175	0.325 / 0.311	−0.189 / −0.014	−0.014 / 0.246	−0.023 / 0.286	0.032
（荷载图）	0.063	0.039	0.044	−0.042	−0.070	−0.013	−0.036	−0.022	−0.022 / 0.202	−0.298 / 0.307	−0.193 / −0.023	−0.255 / 0.032	−0.214
（荷载图）	—	0.051	—	−0.031	0.011	0.009	0.001	0.208	−0.292 / 0.053	0.053 / −0.014	−0.014 / 0.004	0.004 / −0.001	−0.001
（荷载图）	—	—	—	−0.031	−0.034	−0.033	−0.002	−0.031	−0.031 / 0.247	−0.253 / 0.043	0.043 / −0.011	−0.011 / 0.002	0.002
（荷载图）	—	—	0.050	0.008	−0.033	−0.033	0.008	0.008	0.008 / −0.041	−0.041 / 0.250	−0.250 / 0.041	0.041 / −0.008	−0.008

续表

荷载图	跨内最大弯矩			支座弯矩				剪力					
	M_1	M_2	M_3	M_B	M_C	M_D	M_E	V_A	V_B^l / V_B	V_C^l / V_C	V_D^l / V_D	V_E^l / V_E	V_F
(荷载简图)	0.171	0.112	0.132	−0.158	−0.118	−0.118	−0.158	0.342	−0.658 / 0.540	−0.460 / 0.500	−0.500 / 0.460	−0.540 / 0.658	−0.342
(荷载简图)	0.211	—	0.191	−0.079	−0.059	−0.059	−0.079	0.421	−0.579 / 0.020	0.020 / 0.500	−0.500 / −0.020	−0.020 / 0.579	0.421
(荷载简图)	—	0.181	—	−0.079	−0.059	−0.059	−0.079	−0.079	−0.079 / 0.520	−0.480 / 0.000	0.000 / 0.480	−0.520 / 0.079	0.079
(荷载简图)	①— / 0.207	②0.144 / 0.178	—	−0.179	−0.032	−0.066	−0.077	0.321	−0.679 / 0.647	−0.353 / −0.034	−0.034 / 0.489	−0.511 / 0.077	0.077
(荷载简图)	0.200	0.140	0.151	−0.052	−0.167	−0.031	−0.086	−0.052	−0.052 / 0.385	−0.615 / 0.637	−0.363 / −0.056	−0.056 / 0.586	−0.414
(荷载简图)	—	0.173	—	−0.100	0.027	−0.007	0.002	0.400	−0.600 / 0.127	0.127 / −0.034	−0.034 / 0.009	0.009 / −0.002	−0.002
(荷载简图)	—	—	—	−0.073	−0.081	0.022	−0.005	−0.073	−0.073 / 0.493	−0.507 / 0.102	0.102 / −0.027	−0.027 / 0.005	0.005
(荷载简图)	—	—	0.171	0.020	−0.079	−0.079	0.020	0.020	0.020 / −0.099	−0.099 / 0.500	−0.500 / 0.099	0.099 / −0.020	−0.020

续表

荷载图	跨内最大弯矩			支座弯矩				剪力					
	M_1	M_2	M_3	M_B	M_C	M_D	M_E	V_A	V_B^l / V_B^r	V_C^l / V_C^r	V_D^l / V_D^r	V_E^l / V_E^r	V_F
(PP PP PP PP)	0.240	0.100	0.122	−0.281	−0.211	0.211	−0.281	0.719	−1.281 / 1.070	−0.930 / 1.000	−1.000 / 0.930	−1.070 / 1.281	−0.719
(PP PP)	0.287	—	0.228	−0.140	−0.105	−0.105	−0.140	0.860	−1.140 / 0.035	0.035 / 1.000	1.000 / −0.035	−0.035 / 1.140	−0.860
(PP)	—	0.216	—	−0.140	−0.105	−0.105	−0.140	−0.140	−0.140 / 1.035	−0.965 / 1.000	0.000 / 0.965	−1.035 / 0.140	0.140
(PP PP)	0.227	②0.189 / 0.209	0.198	−0.319	−0.057	−0.118	−0.137	0.681	−1.319 / 1.262	−0.738 / −0.061	−0.061 / 0.981	−1.019 / 0.137	0.137
(PP)	① — / 0.282	0.172	—	−0.093	−0.297	−0.054	−0.153	−0.093	−0.093 / 0.796	−1.204 / 1.243	−0.757 / −0.099	−0.099 / 1.153	−0.847
(PP)	0.274	—	—	−0.179	0.048	−0.013	0.003	0.821	−1.179 / 0.227	0.227 / −0.061	−0.061 / 0.016	0.016 / −0.003	−0.003
(PP)	—	0.198	—	−0.131	−0.144	0.038	−0.010	−0.131	−0.131 / 0.987	−1.013 / 0.182	0.182 / −0.048	−0.048 / 0.010	0.010
(PP)	—	—	0.193	0.035	−0.140	−0.140	0.035	0.035	0.035 / −0.175	−0.175 / 1.000	−1.000 / 0.175	0.175 / −0.035	−0.035

表中：① 分子及分母分别为 M_1 及 M_5 的弯矩系数；② 分子及分母分别为 M_2 及 M_4 的弯矩系数。

C2 双向板计算系数表

符 号 说 明

$$B_C = \frac{Eh^3}{12\,(1-\nu^2)}\text{刚度};$$

式中　　　　E——弹性模量；

　　　　　　h——板厚；

　　　　　　ν——泊松比。

　　　f，$f_{\max}$——分别为板中心点的挠度和最大挠度；

　　f_{01}，f_{02}——分别为平行于 l_{01} 和 l_{02} 方向自由边的中点挠度；

m_{01}、$m_{01,\max}$——分别为平行于 l_{01} 方向板中心点单位板宽内的弯矩和板跨内最大弯矩；

m_{02}、$m_{02,\max}$——分别为平行于 l_{02} 方向板中心点单位板宽内的弯矩和板跨内最大弯矩；

　　m_{01}、m_{02}——分别为平行于 l_{01} 和 l_{02} 方向自由边的中点单位板宽内的弯矩；

　　　　　　m'_1——固定边中点沿 l_{01} 方向单位板宽内的弯矩；

　　　　　　m'_2——固定边中点沿 l_{02} 方向单位板宽内的弯矩。

　　‖‖‖‖‖‖‖‖‖‖‖‖代表固定边；————代表简支边；

正负号的规定：

弯矩——使板的受荷面受压者为正；

挠度——变位方向与荷载方向相同者为正。

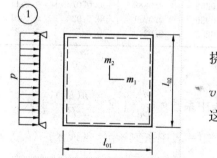

挠度＝表中系数$\times\dfrac{pl_{01}^4}{B_C}$；

$v=0$，弯矩＝表中系数$\times pl_{01}^2$；

这里 $l_{01}<l_{02}$。

表 C-5　四 边 简 支

l_{01}/l_{02}	f	m_1	m_2	l_{01}/l_{02}	f	m_1	m_2
0.50	0.01013	0.0965	0.0174	0.80	0.00603	0.0561	0.0334
0.55	0.00940	0.0892	0.0210	0.85	0.00547	0.0506	0.0348
0.60	0.00867	0.0820	0.0242	0.90	0.00496	0.0456	0.0358
0.65	0.00796	0.0750	0.0271	0.95	0.00449	0.0410	0.0364
0.70	0.00727	0.0683	0.0296	1.00	0.00406	0.0368	0.0368
0.75	0.00663	0.0620	0.0317				

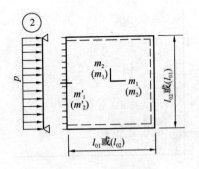

②

$$\text{挠度} = \text{表中系数} \times \frac{pl_{01}^4}{B_C} \left(\text{或} \times \frac{p(l_{01})^4}{B_C} \right);$$

$$\nu = 0, \text{弯矩} = \text{表中系数} \times pl_{01}^2 \ (\text{或} \times p \ (l_{01})^2);$$

这里 $l_{01} < l_{02}$，$(l_{01}) < (l_{02})$。

表 C-6　三边简支一边固定

l_{01}/l_{02}	$(l_{01}) / (l_{02})$	f	f_{max}	m_1	m_{1max}	m_2	m_{2max}	m_1' 或 (m_2')
0.50		0.00488	0.00504	0.0583	0.0646	0.0060	0.0063	−0.1212
0.55		0.00471	0.00492	0.0563	0.0618	0.0081	0.0087	−0.1187
0.60		0.00453	0.00472	0.0539	0.0589	0.0104	0.0111	−0.1158
0.65		0.00432	0.00448	0.0513	0.0559	0.0126	0.0133	−0.1124
0.70		0.00410	0.00422	0.0485	0.0529	0.0148	0.0154	−0.1087
0.75		0.00388	0.00399	0.0457	0.0496	0.0168	0.0174	−0.1048
0.80		0.00365	0.00376	0.0428	0.0463	0.0187	0.0193	−0.1007
0.85		0.00343	0.00352	0.0400	0.0431	0.0204	0.0211	−0.0965
0.90		0.00321	0.00329	0.0372	0.0400	0.0219	0.0226	−0.0922
0.95		0.00299	0.00306	0.0345	0.0369	0.0232	0.0239	−0.0880
1.00	1.00	0.00279	0.00285	0.0319	0.0340	0.0243	0.0249	−0.0839
	0.95	0.00316	0.00324	0.0324	0.0345	0.0280	0.0287	−0.0882
	0.90	0.00360	0.00368	0.0328	0.0347	0.0322	0.0330	−0.0926
	0.85	0.00409	0.00417	0.0329	0.0347	0.0370	0.0378	−0.0970
	0.80	0.00464	0.00473	0.0326	0.0343	0.0424	0.0433	−0.1014
	0.75	0.00526	0.00536	0.0319	0.0335	0.0485	0.0494	−0.1056
	0.70	0.00595	0.00605	0.0308	0.0323	0.0553	0.0562	−0.1096
	0.65	0.00670	0.00680	0.0291	0.0306	0.0627	0.0637	−0.1133
	0.60	0.00752	0.00762	0.0268	0.0289	0.0707	0.0717	−0.1166
	0.55	0.00838	0.00848	0.0239	0.0271	0.0792	0.0801	−0.1193
	0.50	0.00927	0.00935	0.0205	0.0249	0.0880	0.0888	−0.1215

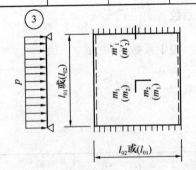

③

$$\text{挠度} = \text{表中系数} \times \frac{pl_{01}^4}{B_C} \left(\text{或} \times \frac{p(l_{01})^4}{B_C} \right);$$

$$\nu = 0, \text{弯矩} = \text{表中系数} \times pl_{01}^2 \ (\text{或} \times p \ (l_{01})^2);$$

这里 $l_{01} < l_{02}$，$(l_{01}) < (l_{02})$。

表 C-7　对边简支、对边固定

l_{01}/l_{02}	$(l_{01}) / (l_{02})$	f	m_1	m_2	m_1' 或 (m_2')
0.50		0.00261	0.0416	0.0017	−0.0843
0.55		0.00259	0.0410	0.0028	−0.0840
0.60		0.00255	0.0402	0.0042	−0.0834
0.65		0.00250	0.0392	0.0057	−0.0826
0.70		0.00243	0.0379	0.0072	−0.0814

续表

l_{01}/l_{02}	$(l_{01})/(l_{02})$	f	m_1	m_2	m'_1或（m'_2）
0.75		0.00236	0.0366	0.0088	−0.0799
0.80		0.00228	0.0351	0.0103	−0.0782
0.85		0.00220	0.0335	0.0118	−0.0763
0.90		0.00211	0.0319	0.0133	−0.0743
0.95		0.00201	0.0302	0.0146	−0.0721
1.00	1.00	0.00192	0.0285	0.0158	−0.0698
	0.95	0.00223	0.0296	0.0189	−0.0746
	0.90	0.00260	0.0306	0.0224	−0.0797
	0.85	0.00303	0.0314	0.0266	−0.0850
	0.80	0.00354	0.0319	0.0316	−0.0904
	0.75	0.00413	0.0321	0.0374	−0.0959
	0.70	0.00482	0.0318	0.0441	−0.1013
	0.65	0.00560	0.0308	0.0518	−0.1066
	0.60	0.00647	0.0292	0.0604	−0.1114
	0.55	0.00743	0.0267	0.0698	−0.1156
	0.50	0.00844	0.0234	0.0798	−0.1191

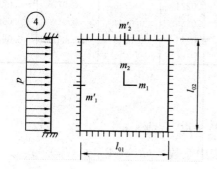

挠度＝表中系数×$\dfrac{pl_{01}^4}{B_{\mathrm{C}}}$

$\nu=0$，弯矩＝表中系数×pl_{01}^2

这里 $l_{01} < l_{02}$。

表 C-8 四边固定

l_{01}/l_{02}	f	m_1	m_2	m'_1	m'_2
0.50	0.00253	0.0400	0.0038	−0.0829	−0.0570
0.55	0.00246	0.0385	0.0056	−0.0814	−0.0571
0.60	0.00236	0.0367	0.0076	−0.0793	−0.0571
0.65	0.00224	0.0345	0.0095	−0.0766	−0.0571
0.70	0.00211	0.0321	0.0113	−0.0735	−0.0569
0.75	0.00197	0.0296	0.0130	−0.0701	−0.0565
0.80	0.00182	0.0271	0.0144	−0.0664	−0.0559
0.85	0.00168	0.0246	0.0156	−0.0626	−0.0551
0.90	0.00153	0.0221	0.0165	−0.0588	−0.0541
0.95	0.00140	0.0198	0.0172	−0.0550	−0.0528
1.00	0.00127	0.0176	0.0176	−0.0513	−0.0513

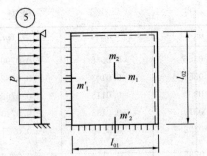

$$挠度 = 表中系数 \times \frac{pl_{01}^4}{B_C}$$

$\nu = 0$，弯矩 $= 表中系数 \times pl_{01}^2$

这里 $l_{01} < l_{02}$。

表 C-9 　邻边简支、邻边固定

l_{01}/l_{02}	f	f_{max}	m_1	m_{1max}	m_2	m_{2max}	m_1'	m_2'
0.50	0.00468	0.00471	0.0559	0.0562	0.0079	0.0135	−0.1179	−0.0786
0.55	0.00445	0.00454	0.0529	0.0530	0.0104	0.0153	−0.1140	−0.0785
0.60	0.00419	0.00429	0.0496	0.0498	0.0129	0.0169	−0.1095	−0.0782
0.65	0.00391	0.00399	0.0461	0.0465	0.0151	0.0183	−0.1045	−0.0777
0.70	0.00363	0.00368	0.0426	0.0432	0.0172	0.0195	−0.0992	−0.0770
0.75	0.00335	0.00340	0.0390	0.0396	0.0189	0.0206	−0.0938	−0.0760
0.80	0.00308	0.00313	0.0356	0.0361	0.0204	0.0218	−0.0883	−0.0748
0.85	0.00281	0.00286	0.0322	0.0328	0.0215	0.0229	−0.0829	−0.0733
0.90	0.00256	0.00261	0.0291	0.0297	0.0224	0.0238	−0.0776	−0.0716
0.95	0.00232	0.00237	0.0261	0.0267	0.0230	0.0244	−0.0726	−0.0698
1.00	0.00210	0.00215	0.0234	0.0240	0.0234	0.0249	−0.0677	−0.0677

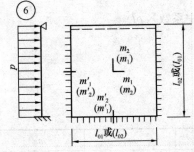

挠度 $= 表中系数 \times pl_{01}^4$ （或 $\times p\,(l_{01})^4$）；

$\nu = 0$，弯矩 $= 表中系数 \times pl_{01}^2$ （或 $\times p\,(l_{01})^2$）；

这里 $l_{01} < l_{02}$，$(l_{01}) < (l_{02})$。

表 C-10 　三边固定、一边简支

l_{01}/l_{02}	$(l_{01})/(l_{02})$	f	f_{max}	m_1	m_{1max}	m_2	m_{2max}	m_1'	m_2'
0.50		0.00257	0.00258	0.0408	0.0409	0.0028	0.0089	−0.0836	−0.0569
0.55		0.00252	0.00255	0.0398	0.0399	0.0042	0.0093	−0.0827	−0.0570
0.60		0.00245	0.00249	0.0384	0.0386	0.0059	0.0105	−0.0814	−0.0571
0.65		0.00237	0.00240	0.0368	0.0371	0.0076	0.0116	−0.0796	−0.0572
0.70		0.00227	0.00229	0.0350	0.0354	0.0093	0.0127	−0.0774	−0.0572
0.75		0.00216	0.00219	0.0331	0.0335	0.0109	0.0137	−0.0750	−0.0572
0.80		0.00205	0.00208	0.0310	0.0314	0.0124	0.0147	−0.0722	−0.0570
0.85		0.00193	0.00196	0.0289	0.0293	0.0138	0.0155	−0.0693	−0.0567
0.90		0.00181	0.00184	0.0268	0.0273	0.0159	0.0163	−0.0663	−0.0563
0.95		0.00169	0.00172	0.0247	0.0252	0.0160	0.0172	−0.0631	−0.0558

l_{01}/l_{02}	$(l_{01})/(l_{02})$	f	f_{max}	m_1	m_{1max}	m_2	m_{2max}	m_1'	m_2'
1.00	1.00	0.00157	0.00160	0.0227	0.0231	0.0168	0.0180	−0.0600	−0.0550
	0.95	0.00178	0.00182	0.0229	0.0234	0.0194	0.0207	−0.0629	−0.0599
	0.90	0.00201	0.00206	0.0228	0.0234	0.0223	0.0238	−0.0656	−0.0653
	0.85	0.00227	0.00233	0.0225	0.0231	0.0255	0.0273	−0.0683	−0.0711
	0.80	0.00256	0.00262	0.0219	0.0224	0.0290	0.0311	−0.0707	−0.0772
	0.75	0.00286	0.00294	0.0208	0.0214	0.0329	0.0354	−0.0729	−0.0837
	0.70	0.00319	0.00327	0.0194	0.0200	0.0370	0.0400	−0.0748	−0.0903
	0.65	0.00352	0.00365	0.0175	0.0182	0.0412	0.0446	−0.0762	−0.0970
	0.60	0.00386	0.00403	0.0153	0.0160	0.0454	0.0493	−0.0773	−0.1033
	0.55	0.00419	0.00437	0.0127	0.0133	0.0496	0.0541	−0.0780	−0.1093
	0.50	0.00449	0.00463	0.0099	0.0103	0.0534	0.0588	−0.0784	−0.1146

附录 D 《混凝土结构设计规范》(GB 50010—2010)的有关规定

表 D-1 钢筋的公称直径、公称截面面积及理论重量

公称直径 (mm)	不同根数钢筋和公称截面面积 (mm²)									单根钢筋理论重量 (kg/m)
	1	2	3	4	5	6	7	8	9	
6	28.3	57	85	113	142	170	198	226	255	0.222
8	50.3	101	151	201	252	302	352	402	453	0.395
10	78.5	157	236	314	393	471	550	628	707	0.617
12	113.1	226	339	452	565	678	791	904	1017	0.888
14	153.9	308	461	615	769	923	1077	1231	1385	1.21
16	201.1	402	603	804	1005	1206	1407	1608	1809	1.58
18	254.5	509	763	1017	1272	1527	1781	2036	2290	2.00 (2.11)
20	314.2	628	942	1256	1570	1884	2199	2513	2827	2.47
22	380.1	760	1140	1520	1900	2281	2661	3041	3421	2.98
25	490.9	982	1473	1964	2454	2945	3436	3927	4418	3.85 (4.10)
28	615.8	1232	1847	2463	3079	3695	4310	4926	5542	4.83
32	804.2	1609	2413	3217	4021	4826	5630	6434	7238	6.31 (6.65)
36	1017.9	2036	3054	4072	5089	6107	7125	8143	9161	7.99
40	1256.6	2513	3770	5027	6283	7540	8796	10053	11310	9.87 (10.34)
50	1963.5	3928	5892	7856	9820	11784	13748	15712	17676	15.42 (16.28)

注：括号内为预应力螺纹钢筋的数值。

表 D-2 每米板宽各种钢筋间距时的钢筋截面面积

钢筋间距 (mm)	当钢筋直径 (mm) 为下列数值时的钢筋截面面积 (mm²)													
	3	4	5	6	6/8	8	8/10	10	10/12	12	12/14	14	14/16	16
70	101	179	281	404	561	719	920	1121	1369	1616	1908	2199	2536	2872
75	94.3	167	262	377	524	671	859	1047	1277	1508	1780	2053	2367	2681
80	88.4	157	245	354	491	629	805	981	1198	1414	1669	1924	2218	2513
85	83.2	148	231	333	462	592	758	924	1127	1331	1571	1811	2088	2365
90	78.5	140	218	314	437	559	716	872	1064	1257	1484	1710	1972	2234
95	74.5	132	207	298	414	529	678	826	1008	1190	1405	1620	1868	2116
100	70.6	126	196	283	393	503	644	785	958	1131	1335	1539	1775	2011
110	64.2	114	178	257	357	457	585	714	871	1028	1214	1399	1614	1828
120	58.9	105	163	236	327	419	537	654	798	942	1112	1283	1480	1676
125	56.5	100	157	226	314	402	515	628	766	905	1068	1232	1420	1608
130	54.4	96.6	151	218	302	387	495	604	737	870	1027	1184	1366	1547

续表

钢筋间距 (mm)	当钢筋直径 (mm) 为下列数值时的钢筋截面面积 (mm²)													
	3	4	5	6	6/8	8	8/10	10	10/12	12	12/14	14	14/16	16
140	50.5	89.7	140	202	281	359	460	541	684	808	954	1100	1268	1436
150	47.1	83.8	131	189	262	335	429	523	639	754	890	1026	1183	1340
160	44.1	78.5	123	177	246	314	403	491	599	707	834	962	1110	1257
170	41.5	73.9	115	166	231	296	379	462	564	665	786	906	1044	1183
180	39.2	69.8	109	157	218	279	358	436	532	628	742	855	985	1117
190	37.2	66.1	103	149	207	265	339	413	504	595	702	810	934	1058
200	35.3	62.8	98.2	141	196	251	322	393	479	565	668	770	888	1005
220	32.1	57.1	89.3	129	178	228	292	357	436	514	607	700	807	914
240	29.4	52.4	81.9	118	164	209	268	327	399	471	556	641	740	838
250	28.3	50.2	78.5	113	157	201	258	314	383	452	534	616	710	804
260	27.2	48.3	75.5	109	151	193	248	302	368	435	514	592	682	773
280	25.2	44.9	70.1	101	140	180	230	281	342	404	477	550	634	718
300	23.6	41.9	66.5	94	131	168	215	262	320	377	445	513	592	670
320	22.1	39.2	61.4	88	123	157	201	245	299	353	417	481	554	628

注：表中钢筋直径中的 6/8、8/10、…，系指两种直径的钢筋间隔放置。

表 D-3 混凝土轴心抗压强度标准值 (N/mm²)

强度	混凝土强度等级													
	C15	C20	C25	C30	C35	C40	C45	C50	C55	C60	C65	C70	C75	C80
f_{ck}	10.0	13.4	16.7	20.1	23.4	26.8	29.6	32.4	35.5	38.5	41.5	44.5	47.4	50.2

表 D-4 混凝土轴心抗拉强度标准值 (N/mm²)

强度	混凝土强度等级													
	C15	C20	C25	C30	C35	C40	C45	C50	C55	C60	C65	C70	C75	C80
f_{tk}	1.27	1.54	1.78	2.01	2.20	2.39	2.51	2.64	2.74	2.85	2.93	2.99	3.05	3.11

表 D-5 混凝土轴心抗压强度设计值 (N/mm²)

强度	混凝土强度等级													
	C15	C20	C25	C30	C35	C40	C45	C50	C55	C60	C65	C70	C75	C80
f_c	7.2	9.6	11.9	14.3	16.7	19.1	21.1	23.1	25.3	27.5	29.7	31.8	33.8	35.9

表 D-6 混凝土轴心抗拉强度设计值 (N/mm²)

强度	混凝土强度等级													
	C15	C20	C25	C30	C35	C40	C45	C50	C55	C60	C65	C70	C75	C80
f_t	0.91	1.10	1.27	1.43	1.57	1.71	1.80	1.89	1.96	2.04	2.09	2.14	2.18	2.22

表 D-7　混凝土的弹性模量（$\times 10^4\,\mathrm{N/mm^2}$）

混凝土强度等级	C15	C20	C25	C30	C35	C40	C45	C50	C55	C60	C65	C70	C75	C80
E_c	2.20	2.55	2.80	3.00	3.15	3.25	3.35	3.45	3.55	3.60	3.65	3.70	3.75	3.80

注：1. 当有可靠试验依据时，弹性模量值也可根据实测数据确定；

2. 当混凝土中掺有大量矿物掺合料时，弹性模量可按规定龄期根据实测值确定。

表 D-8　普通钢筋强度设计值（$\mathrm{N/mm^2}$）

牌　　号	抗拉强度设计值 f_y	抗压强度设计值 f'_y
HPB300	270	270
HRB335、HRBF335	300	300
HRB400、HRBF400、RRB400	360	360
HRB500、HRBF500	435	410

表 D-9　预应力筋强度设计值（$\mathrm{N/mm^2}$）

种类	f_{ptk}	抗拉强度设计值 f_{py}	抗压强度设计值 f'_{py}
中强度预应力钢丝	800	510	
	970	650	410
	1270	810	
消除应力钢丝	·1470	1040	
	1570	1110	410
	1860	1320	
钢绞线	1570	1110	
	1720	1220	390
	1860	1320	
	1960	1390	
预应力螺纹钢筋	980	650	
	1080	770	410
	1230	900	

注：当预应力筋的强度标准值不符合上表的规定时，其强度设计值应进行相应的比例换算。

表 D-10　钢筋的弹性模量（$\times 10^5\,\mathrm{N/mm^2}$）

牌号或种类	弹性模量 E_s
HPB300 钢筋	2.10
HRB335、HRB400、HRB500 钢筋 HRBF335、HRBF400、HRBF500 钢筋 RRB400 钢筋 预应力螺纹钢筋、中强度预应力钢丝	2.00
消除应力钢丝	2.05
钢绞线	1.95

注：必要时可采用实测的弹性模量。

表 D-11 混凝土结构的环境类别

环境类别	条件
一	室内干燥环境; 无侵蚀性静水浸没环境
二 a	室内潮湿环境; 非严寒和非寒冷地区的露天环境; 非严寒和非寒冷地区与无侵蚀性的水或土壤直接接触的环境; 严寒和寒冷地区的冰冻线以下与无侵蚀性的水或土壤直接接触的环境
二 b	干湿交替环境; 水位频繁变动环境; 严寒和寒冷地区的露天环境; 严寒和寒冷地区冰冻线以上与无侵蚀性的水或土壤直接接触的环境
三 a	严寒和寒冷地区冬季水位变动区环境; 受除冰盐影响环境; 海风环境
三 b	盐渍土环境; 受除冰盐作用环境; 海岸环境
四	海水环境
五	受人为或自然的侵蚀性物质影响的环境

注：1. 室内潮湿环境是指构件表面经常处于结露或湿润状态的环境;

2. 严寒和寒冷地区的划分应符合国家现行标准《民用建筑热工设计规范》(GB 50176)的有关规定;

3. 海岸环境和海风环境宜根据当地情况，考虑主导风向及结构所处迎风、背风部位等因素的影响，由调查研究和工程经验确定;

4. 受除冰盐影响环境是指受到除冰盐盐雾影响的环境;受除冰盐作用环境是指被除冰盐溶液溅射的环境以及使用除冰盐地区的洗车房、停车楼等建筑;

5. 暴露的环境是指混凝土结构表面所处的环境。

表 D-12 结构构件的裂缝控制等级及最大裂缝宽度的限值 (mm)

环境类别	钢筋混凝土结构		预应力混凝土结构	
	裂缝控制等级	w_{lim}	裂缝控制等级	w_{lim}
一	三级	0.30 (0.40)	三级	0.20
二 a				0.10
二 b		0.20	二级	—
三 a、三 b			一级	—

注：1. 对处于年平均相对湿度小于60%地区一级环境下的受弯构件，其最大裂缝宽度限值可采用括号内的数值;

2. 在一类环境下，对钢筋混凝土屋架、托架及需作疲劳验算的吊车梁，其最大裂缝宽度限值应取为0.20mm;对钢筋混凝土屋面梁和托梁，其最大裂缝宽度限值应取为0.30mm;

3. 在一类环境下，对预应力混凝土屋架、托架及双向板体系，应按二级裂缝控制等级进行验算;对一类环境下的预应力混凝土屋面梁、托梁、单向板，应按表中二 a 类环境的要求进行验算;在一类和二 a 类环境下的需作疲劳验算的预应力混凝土吊车梁，应按裂缝控制等级不低于二级的构件进行验算;

4. 表中规定的预应力混凝土构件的裂缝控制等级和最大裂缝宽度限值仅适用于正截面的验算;预应力混凝土构件的斜截面裂缝控制验算应符合本规范第7章的有关规定;

5. 对于烟囱、筒仓和处于液体压力下的结构，其裂缝控制要求应符合专门标准的有关规定;

6. 对于处于四、五类环境下的结构构件，其裂缝控制要求应符合专门标准的有关规定;

7. 表中的最大裂缝宽度限值为用于验算荷载作用引起的最大裂缝宽度。

表 D-13　受弯构件的挠度限值

构件类型		挠度限值
吊车梁	手动吊车	$l_0/500$
	电动吊车	$l_0/600$
屋盖、楼盖及楼梯构件	当 $l_0<7$m 时	$l_0/200$（$l_0/250$）
	当 7m$\leqslant l_0\leqslant9$m 时	$l_0/250$（$l_0/300$）
	当 $l_0>9$m 时	$l_0/300$（$l_0/400$）

注：1. 表中 l_0 为构件的计算跨度；计算悬臂构件的挠度限值时，其计算跨度 l_0 按实际悬臂长度的 2 倍取用；

2. 表中括号内的数值适用于使用上对挠度有较高要求的构件；

3. 如果构件制作时预先起拱，且使用上也允许，则在验算挠度时，可将计算所得的挠度值减去起拱值；对预应力混凝土构件，尚可减去预加力所产生的反拱值；

4. 构件制作时的起拱值和预加力所产生的反拱值，不宜超过构件在相应荷载组合作用下的计算挠度值。

表 D-14　混凝土保护层的最小厚度 c（mm）

环境类别	板墙壳	梁柱
一	15	20
二 a	20	25
二 b	25	35
三 a	30	40
三 b	40	50

注：1. 混凝土保护层厚度即最外层钢筋外侧表面到混凝土截面边缘的距离；

2. 构件中受力钢筋的保护层厚度不应小于钢筋的公称直径；

3. 设计使用年限为 50 年的混凝土结构，最外层钢筋的保护层厚度应符合附表 D-14 的规定；设计使用年限为 100 年的混凝土结构，最外层钢筋的保护层厚度不应小于附表 D-14 中数值的 1.4 倍；

4. 混凝土强度等级不大于 C25 时，表中保护层厚度数值应增加 5mm；

5. 钢筋混凝土基础宜设置混凝土垫层，其受力钢筋的混凝土保护层厚度应从垫层顶面算起，且不应小于 40mm。

表 D-15　刚性屋盖单层房屋排架柱的计算长度 l_0

柱的类别		l_0		
		排架方向	垂直排架方向	
			有柱间支撑	无柱间支撑
无吊车房屋柱	单跨	$1.5H$	$1.0H$	$1.2H$
	两跨及多跨	$1.25H$	$1.0H$	$1.2H$
有吊车房屋柱	上柱	$2.0H_u$	$1.25H_u$	$1.5H_u$
	下柱	$1.0H_l$	$0.8H_l$	$1.0H_l$

注：1. 表中 H 为从基础顶面算起的柱子全高；H_l 为从基础顶面至装配式吊车梁底面或现浇式吊车梁顶面的柱子下部高度；H_u 为从装配式吊车梁底面或现浇式吊车梁顶面算起的柱子上部高度；

2. 表中有吊车房屋排架柱的计算长度，当计算中不考虑吊车荷载时，可按无吊车房屋柱的计算长度采用，但上柱的计算长度仍可按有吊车房屋采用；

3. 表中有吊车房屋排架柱的上柱在排架方向的计算长度，仅适用于 H_u/H_l 不小于 0.3 的情况；当 H_u/H_l 小于 0.3 时，计算长度宜采用 $2.5H_u$。

表 D-16 框架结构各层柱的计算长度 l_0

楼盖类型	柱的类别	l_0
现浇楼盖	底层柱	$1.0H$
	其余各层柱	$1.25H$
装配式楼盖	底层柱	$1.25H$
	其余各层柱	$1.5H$

注：表中 H 为底层柱从基础顶面到一层楼盖顶面的高度；对其余各层柱为上下两层楼盖顶面之间的高度。

表 D-17 钢筋混凝土轴心受压构件的稳定系数

l_0/b	$\leqslant 8$	10	12	14	16	18	20	22	24	26	28
l_0/d	$\leqslant 7$	8.5	10.5	12	14	15.5	17	19	21	22.5	24
l_0/i	$\leqslant 28$	35	42	48	55	62	69	76	83	90	97
φ	1.0	0.98	0.95	0.92	0.87	0.81	0.75	0.70	0.65	0.60	0.56

l_0/b	30	32	34	36	38	40	42	44	46	48	50
l_0/d	26	28	29.5	31	33	34.5	36.5	38	40	41.5	43
l_0/i	104	111	118	125	132	139	146	153	160	167	174
φ	0.52	0.48	0.44	0.40	0.36	0.32	0.29	0.26	0.23	0.21	0.19

注：1. l_0 为构件的计算长度，按表 D-15、D-16 取用；
    2. b 为矩形截面的短边尺寸，d 为圆形截面的直径，i 为截面的最小回转半径。

表 D-18 纵向受力钢筋的最小配筋百分率 ρ_{min}（%）

受力类型		最小配筋百分率
受压构件	全部纵向钢筋 强度级别 500MPa	0.50
	强度级别 400MPa	0.55
	强度级别 300MPa、335MPa	0.60
	一侧纵向钢筋	0.20
受弯构件、偏心受拉、轴心受拉构件一侧的受拉钢筋		0.20 和 $45f_t/f_y$ 中的较大值

注：1. 受压构件全部纵向钢筋最小配筋百分率，当采用 C60 及以上强度等级的混凝土时，应按表中规定增加 0.10；
    2. 板类受弯构件（不包括悬臂板）的受拉钢筋，当采用强度级别 400MPa、500MPa 的钢筋时，其最小配筋百分率应允许采用 0.15 和 $45f_t/f_y$ 中的较大值；
    3. 偏心受拉构件中的受压钢筋，应按受压构件一侧纵向钢筋考虑；
    4. 受压构件的全部纵向钢筋和一侧纵向钢筋的配筋率，以及轴心受拉构件和小偏心受拉构件一侧受拉钢筋的配筋率均应按构件的全截面面积计算；
    5. 受弯构件、大偏心受拉构件一侧受拉钢筋的配筋率应按全截面面积扣除受压翼缘面积 $(b'_f - b)h'_f$ 后的截面面积计算；
    6. 当钢筋沿构件截面周边布置时，"一侧纵向钢筋"系指沿受力方向两个对边中一边布置的纵向钢筋。

习题答案

第 2 章

2-1（B）

第 3 章

3-1（D）

3-2（A）

3-3（A） 45d，d 取 20mm；

第 5 章

5-1（B） 附加箍筋承受的集中荷载为 163kN；

5-2（1）（D）

（2）（B） 抗震等级是二级，故相对受压区高度控制在 0.35。$\gamma_{RE}=0.75$，$x=102$mm

5-3（A） $\rho=1.39\%$

5-4（B） $\alpha_s=0.0895$，$\xi=0.0939$，$A_s=559$mm^2

5-6（1）（C）；（2）（C）

5-7（C） $\gamma_0 M=\alpha_1 f_c bx\left(h_0-\dfrac{x}{2}\right)$，$\gamma_0=1.1$，$A_s=4290$mm^2

5-8（1）（C） 取 $x=\xi_b h_0$；（2）（B） 当 $x\geqslant 2a'_s$时，对受压钢筋的作用点取矩可得

$$M\leqslant f_y A_s(h_0-a'_s)-\alpha_1 f_c bx\left(\dfrac{x}{2}-a'_s\right)$$

$x=2a'_s$时，M 最大。

5-9（D）

$$x=\frac{300\times 628+360\times 2454-360\times 1964}{1.0\times 14.3\times 400}$$

$$=64\text{mm}<2a'_s=100\text{mm}$$

$$M=\frac{1}{0.75}\ (300\times 628+360\times 2454)\ (650-50)\ =857\times 10^6\text{N}\cdot\text{mm}$$

第 6 章

6-3（C）

6-4（B）

第 7 章

7-3 受剪承载力 $V=267$kN。次梁按非抗震设计。

第 8 章

8-1 （D）符合最小直径、最大间距和最小面积配箍率的要求。

8-2 （C）

抗扭和抗剪所需的总箍筋面积 $A_{sv,t}=0.65\times100\times2+2.15\times100=345mm^2$

单肢箍筋面积 $A_{sv,t1}=\dfrac{345}{4}=86.25mm^2$

外圈单肢抗扭箍筋面积 $A_{st1}=0.65\times100=65mm^2$

取较大值 $86.25mm^2$。

8-3 （1）（A）；（2）（C）

第 9 章

9-1 （C）

9-2 （1）（B）

（2）（C）

（3）（C）

第 10 章

10-1 （1）（C）

（2）（A）

10-2 （D）次梁 L1 上的均布荷载设计值 $q=32.52kN/m$，$2\times0.625ql=268.29kN$

参 考 文 献

[1]　中华人民共和国住房和城乡建设部．GB 50010—2010 混凝土结构设计规范[S]．北京：中国建筑工业出版社，2011.5.

[2]　中华人民共和国住房和城乡建设部．GB 50153—2008 工程结构可靠性设计统一标准[S]．北京：中国建筑工业出版社，2009.5.

[3]　中华人民共和国住房和城乡建设部．GB 50009—2012 建筑结构荷载规范[S]．北京：中国建筑工业出版社，2012.9.

[4]　中华人民共和国住房和城乡建设部．JGJ 3—2010 高层建筑混凝土结构技术规程[S]．北京：中国建筑工业出版社，2011.6.

[5]　中华人民共和国住房和城乡建设部．JGJ/T 275—2013 密肋复合板结构技术规程[S]．北京：中国建筑工业出版社，2014.4.

[6]　中华人民共和国住房和城乡建设部．JGJ/T 268—2012 现浇混凝土空心楼盖技术规程[S]．北京：中国建筑工业出版社，2012.7.

[7]　中华人民共和国住房和城乡建设部．JGJ/T 207—2010 装配箱混凝土空心楼盖结构技术规程[S]．北京：中国建筑工业出版社，2010.7.

[8]　中华人民共和国住房和城乡建设部．GB/T 50001—2010 房屋建筑制图统一标准[S]．北京：中国计划出版社，2010.2.

[9]　中华人民共和国住房和城乡建设部．GB/T 50104—2010 建筑制图标准[S]．北京：中国计划出版社，2011.2.

[10]　中华人民共和国住房和城乡建设部．GB/T 50105—2010 建筑结构制图标准[S]．北京：中国建筑工业出版社，2010.11.

[11]　中国建筑标准设计研究院．11G101—1 混凝土结构施工图平面整体表示方法制图规则和构造详图（现浇混凝土框架、剪力墙、梁、板）[S]．北京：中国计划出版社，2011.8.

[12]　徐有邻，刘刚．混凝土结构设计规范理解与应用[M]．北京：中国建筑工业出版社，2013.12.

[13]　金新阳．建筑结构荷载规范理解与应用[M]．北京：中国建筑工业出版社，2013.9.

[14]　住房和城乡建设部工程质量安全监管司，中国建筑标准设计研究院．全国民用建筑工程设计技术措施结构（混凝土结构）（2009 年版）[M]．北京：中国计划出版社，2012.4.

[15]　住房和城乡建设部工程质量安全监管司，中国建筑标准设计研究院．全国民用建筑工程设计技术措施结构（结构体系）（2009 年版）[M]．北京：中国计划出版社，2009.12.

[16]　北京市建筑设计研究院．建筑结构专业技术措施[M]．北京：中国建筑工业出版社，2007.2.

[17]　中国有色工程有限公司．混凝土结构构造手册[M]．北京：中国建筑工业出版社，2012.11.

[18]　徐建．建筑结构设计常见及疑难问题解析（第二版）[M]．北京：中国建筑工业出版社，2014.1.

[19]　叶列平．混凝土结构（第 2 版上册）[M]．北京：清华大学出版社，2006.8.

[20]　叶列平．混凝土结构（第 2 版下册）[M]．北京：清华大学出版社，2006.2.

[21]　叶列平．混凝土结构（第二版）上册[M]．北京：清中国建筑工业出版社，2014.8.

[22]　叶列平．混凝土结构（下册）[M]．北京：中国建筑工业出版社，2013.3.

[23]　东南大学，天津大学，同济大学．混凝土结构上册（第五版）[M]．北京：中国建筑工业出版社，2012.1.

[24] 东南大学，同济大学，天津大学. 混凝土结构中册(第五版)[M]. 北京：中国建筑工业出版社，2012.8.

[25] 顾祥林. 混凝土结构基本原理(第二版)[M]. 上海：同济大学出版社，2011.1.

[26] 顾祥林. 建筑混凝土结构设计[M]. 上海：同济大学出版社，2011.6.

[27] 沈蒲生. 混凝土结构设计原理(第4版)[M]. 北京：高等教育出版社，2012.2.

[28] 沈蒲生. 混凝土结构设计(第4版)[M]. 北京：高等教育出版社，2012.2.

[29] 沈蒲生，罗国强，廖莎，刘霞. 混凝土结构(上册)(第五版)[M]. 北京：中国建筑工业出版社，2011.12.

[30] 沈蒲生，罗国强，廖莎，刘霞. 混凝土结构(下册)(第五版)[M]. 北京：中国建筑工业出版社，2011.12.

[31] 陈宗平，薛建阳. 混凝土结构设计原理[M]. 北京：中国电力出版社，2010.4.

[32] 张季超. 新编混凝土结构设计原理[M]. 北京：科学出版社，2011.8.

[33] 李斌. 混凝土结构设计原理[M]. 北京：清华大学出版社、北京交通大学出版社，2011.9.

[34] 李斌，薛刚，牛建刚. 混凝土结构设计原理[M]. 北京：清华大学出版社，2014.8.

[35] 周爱军，白建方. 混凝土结构设计与施工细部计算示例(第2版)[M]. 北京：机械工业出版社，2011.9.

[36] 马芹永. 混凝土结构基本原理[M]. 北京：机械工业出版社，2005.9.

[37] 孙维东. 混凝土结构设计[M]. 北京：机械工业出版社，2007.2.

[38] 周新刚，刘建平，逯静洲，李坤. 混凝土结构设计原理[M]. 北京：机械工业出版社，2011.8.

[39] 蔺伯华，杨广林. 钢筋混凝土结构[M]. 北京：中国铁道出版社，2011.8.

[40] 丁小军，杨霞林. 新编混凝土结构设计原理学习指导[M]. 北京：机械工业出版社，2013.1.

[41] 吴承霞. 混凝土与砌体结构[M]. 北京：中国建筑工业出版社，2012.8.

[42] 熊丹安，吴建林. 混凝土结构设计[M]. 北京：北京大学出版社，2012.9.

[43] 郭继武. 混凝土结构[M]. 北京：中国建筑工业出版社，2011.9.

[44] 吕晓寅，刘林. 混凝土建筑结构设计[M]. 北京：中国建筑工业出版社，2013.1.

[45] 安静波. 混凝土结构设计[M]. 北京：中国电力出版社，2010.7.

[46] 蓝宗建. 混凝土结构(下册)[M]. 北京：中国电力出版社，2012.2.

[47] 李平，彭亚萍，翟爱良. 混凝土结构设计[M]. 北京：中国水利水电出版社，2010.3.

[48] 吴力宁，安蕊梅. 混凝土结构设计原理[M]. 北京：人民交通出版社，2014.9.

[49] 朱彦鹏. 钢筋混凝土结构课程设计指南[M]. 北京：中国建筑工业出版社，2010.6.

[50] 徐秀丽. 混凝土框架结构设计[M]. 北京：中国建筑工业出版社，2008.8.

[51] 中国建筑西北设计研究院有限公司. 建筑结构施工图设计示例——混凝土结构和砌体结构[M]. 北京：中国建筑工业出版社，2012.11.

[52] 陈卓. 建筑与结构施工图识图详解[M]. 北京：中国建筑工业出版社，2013.10.

[53] 黄鹤. 建筑施工图设计实例集[M]. 武汉：华中科技大学出版社，2013.6.

[54] 赵海龙. 混凝土结构建筑施工图实例详解[M]. 江苏：江苏科学技术出版社，2014.6.

[55] 褚振文. 怎样看建筑施工图[M]. 北京：机械工业出版社，2012.5.

[56] 褚振文. 建筑识图入门[M]. 北京：化学工业出版社，2014.3.

[57] 褚振文. 建筑施工图实例导读[M]. 北京：中国建筑工业出版社，2013.7.

[58] 李建钊. 建筑工程专业课程设计与毕业设计资料集[M]. 湖南：湖南大学出版社，209.10.

[59] 住房和城乡建设部执业资格注册中心. 全国一级注册结构工程师专业考试历年试题及标准解答2014[M]. 北京：机械工业出版社，2014.3.

[60] 住房和城乡建设部执业资格注册中心. 全国二级注册结构工程师专业考试历年试题及标准解答2014

［M］. 北京：机械工业出版社，2014.3.

［61］ 住房和城乡建设部执业资格注册中心. 全国一级注册结构工程师专业考试历年试题及标准解答 2013
　　　［M］. 北京：机械工业出版社，2013.3.

［62］ 住房和城乡建设部执业资格注册中心. 全国二级注册结构工程师专业考试历年试题及标准解答 2013
　　　［M］. 北京：机械工业出版社，2013.3.

［63］ 住房和城乡建设部执业资格注册中心. 全国一级注册结构工程师专业考试历年试题及标准解答 2012
　　　［M］. 北京：机械工业出版社，2012.3.

［64］ 住房和城乡建设部执业资格注册中心. 全国二级注册结构工程师专业考试历年试题及标准解答 2012
　　　［M］. 北京：机械工业出版社，2012.3.

［65］ 住房和城乡建设部执业资格注册中心. 全国一级注册结构工程师专业考试历年试题及标准解答 2010
　　　［M］. 北京：机械工业出版社，2010.4.

［66］ 住房和城乡建设部执业资格注册中心. 全国二级注册结构工程师专业考试历年试题及标准解答 2010
　　　［M］. 北京：机械工业出版社，2010.4.